Integrated Practice of
Compound Feed Production

配合饲料生产
综合实践

◎ 张心壮　白　晨　主编

中国农业科学技术出版社

图书在版编目（CIP）数据

配合饲料生产综合实践／张心壮，白晨主编. --北京：中国农业科学
技术出版社，2023. 6

ISBN 978-7-5116-6078-7

Ⅰ.①配… Ⅱ.①张…②白… Ⅲ.①配合饲料–生产工艺 Ⅳ.①S816.8

中国版本图书馆 CIP 数据核字（2022）第 231322 号

责任编辑 金　迪
责任校对 贾若妍　李向荣
责任印制 姜义伟　王思文

出　版　者	中国农业科学技术出版社
	北京市中关村南大街 12 号　　邮编：100081
电　　　话	（010）82106625（编辑室）　　（010）82109702（发行部）
	（010）82109709（读者服务部）
网　　　址	https://castp.caas.cn
经　销　者	各地新华书店
印　刷　者	北京建宏印刷有限公司
开　　　本	185 mm×260 mm　1/16
印　　　张	16.5
字　　　数	401 千字
版　　　次	2023 年 6 月第 1 版　2023 年 6 月第 1 次印刷
定　　　价	89.00 元

《配合饲料生产综合实践》
编写人员

主　　编：张心壮　白　晨

副 主 编：哈斯额尔敦　萨茹丽　石彩霞

参编人员：贾　阳　曹琪娜　郑彦楷　木其尔

　　　　　王雪焦　李　岩　张亚伟　赵宇琪

前　言

　　随着我国养殖业的快速发展，规模化集约化养殖占比增加，畜禽的生产性能不断提高，对于饲料需求逐渐增加，国内工业饲料产量也随之不断增长，随着工业饲料行业产业结构的调整，饲料工业发展也呈现出新的业态和要求。配合饲料是根据动物营养需要合理选择饲料原料，采用科学的配方经过一定的加工工艺制成的，是畜禽养殖中新理论、新思想、新技术的最终体现形式。

　　《配合饲料生产综合实践》系统地介绍了饲料原料的种类以及营养特点、动物营养需要、饲料配方设计、饲料加工工艺、饲料质量管理与控制、饲料卫生与安全，通过阅读本书可以进一步加深对配合饲料配方设计方法、加工设备的工作原理、加工工艺等基本理论知识的理解，进一步熟悉配合饲料的优点及在生产中的作用，掌握配合饲料原料的接收与检测方法、配合饲料生产流程与加工工艺、成品料的评价与管理。本书的编写人员均为一线教师和行业从业人员，具有扎实的理论基础和丰富的实践经验，本书内容具有科学性、实践性，可以作为饲料企业原料采购、产品设计、质量控制、产品推广等从业人员的专业参考书籍，也可以作为动物科学、水产科学、马业科学等专业的教学参考教材。

　　本书的出版得益于内蒙古自治区"草原英才"项目资助，特此感谢。

　　由于本书由多位作者执笔，撰写风格各有不同，虽然在统稿过程中做了改动和调整，但内容上仍可能存在不妥之处，恳请同行专家和广大读者指正，以便再版时改进和完善。

编　者

2022 年 12 月于呼和浩特

目　录

第一章

配合饲料的历史及发展趋势

"牧以畜为体，畜以饲为天"。自有文字记载开始，就有了动物饲喂的记录。畜禽规模化、集约化生产方式的转变以及生产性能的提高对饲料行业发展起到了重要的推进作用。2023 年我国饲料产量已经超过 3 亿吨，居世界第一。现代饲料业的发展历史可追溯到 1810 年德国开发出饲料常规分析法。该分析方法能够对饲料中常规营养物质粗蛋白质、粗纤维、灰分和水分等含量进行分析测定，并应用到饲料配方设计中。之后，饲料业的发展进入了新阶段。20 世纪 20 年代后期，饲料行业迈出改革创新的一步，开始生产并使用颗粒饲料。随着经济的发展和人民生活水平的提高，城镇化进程加快，动物性产品需求仍呈刚性增长，小农散养的格局正在逐步变化，养殖业朝着规模化、集约化方向发展，这将直接带动工业饲料需求的增长，促使饲料产业成为世界发达国家工业中不可或缺的重要组成部分。按产品特征划分，饲料可分为配合饲料、浓缩饲料和添加剂预混合饲料，随着饲料总产量的持续稳步增长，产品结构快速调整，配合饲料成为饲料工业的主要增长点。随着饲料产业的发展，饲料工艺也在不断地发展与进步。

一、配合饲料的简介

配合饲料是饲料企业依据动物的营养需要和消化生理特点，结合当地饲料资源情况，将多种饲料原料和饲料添加剂按照一定配比结合特定的加工工艺配制而成营养价值全面、混合均匀的产品，该产品能够满足动物的生长需求及营养需要。

对于反刍动物饲料而言，全混合日粮（TMR）已经广泛应用，尤其是奶牛养殖场。TMR 饲料的本质也是配合饲料，是将反刍动物所需的所有饲料原料（包括粗料与精料补充料），按饲料配方比例，充分混合均匀后的一种配合饲料。

饲料的加工是配合饲料体系所含众多环节中较为关键的一步。配合饲料加工工艺是指从饲料原料接收到成品出厂的生产全过程，一般是由原料的接收与清理、粉碎、配料混合、成型（制粒、膨胀、膨化、冷却干燥、破碎、筛分）、成品包装及储存运输等主要工段和工序以及液体添加、蒸汽、压缩空气、通风除尘等辅助工序组成。配合饲料产品形式有粉状和颗粒状两种，其详细的加工工艺如图 1-1 所示。

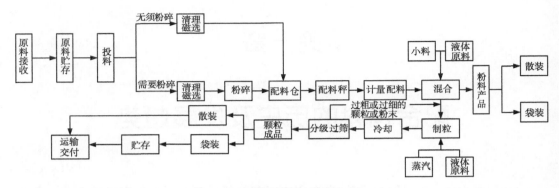

图 1-1　配合饲料加工工艺流程

二、饲料行业的发展

国外饲料工业兴起较早，19 世纪末，美国伊利诺伊州兴建了第一个初级饲料厂。20 世纪 60 年代，发达国家的饲料工业发展迅速，发展中国家也建立了饲料厂，同时开始研究饲料的感官品质及其加工条件和加工设备，并对加工饲料的设备进行了优化设计和完善。工业化饲料工业设备主要是在蒸汽机和电动机等动力机械逐渐完善和推广后的产物，欧洲和美国在 20 世纪初就有了工业化的饲料生产机械，20 世纪 80 年代，国际上推出的饲料加工工艺及设备主要有微量配料系统、饲料高温瞬间调质工艺与设备、液体质量流体计、变频技术等，由此可见，饲料设备逐渐向大型化、精准化发展。进入 20 世纪 90 年代，微量组分精准添加技术、微量液体添加设备、制粒后喷涂设备、水产饲料用膨化系统和双螺杆膨化技术、膨胀器和膨胀工艺、双轴和双螺带式混合机、微粉碎机、加压调质器、远程在线调节制粒机压辊-环模间隙系统等新型设备和工艺被广泛应用。2000 年以后，饲料加工设备与工艺向自动化、数字化、智能化方向发展，并展开了生产特色饲料产品的设备与工艺研发。

我国最早的饲料工厂起步于 1965 年至 1967 年，黑龙江农垦总局友谊农场、北京农业大学、上海牛奶公司等单位开始建设实验饲料工厂。经历了半个世纪的发展和变革，我国饲料工业取得了历史性的成就，2011 年我国饲料产量达到 1.81 亿 t，首次超过美国，成为世界第一饲料生产国。从 2011 年到现在，我国饲料产量长期稳居世界第一，2021 年我国饲料总产量达到 2.93 亿 t 的历史新高，其中配合饲料约 2.7 亿 t，浓缩饲料 1 551.1 万 t，添加剂预混合饲料 663.1 万 t，饲料工业总产值 12 234.1 亿元，约占当年全国 GDP 的 1.07%（数据来源：中国饲料工业协会官网）。随着新时期饲料加工产业的不断发展与健全，饲料加工产业对加工工艺与设备的要求不断提高，整个加工工艺和设备的质量将直接影响饲料生产的质量。

中国饲料业的发展大概可以分为 4 个阶段。①1965—1984 年起步阶段。1972 年正昌集团在溧阳油脂厂建成米糠制粒生产线，成为我国第一家进行米糠制粒的企业。1974 年上海市进出口公司土产分公司兴建江桥公社配合饲料加工车间，生产了"大象"牌饲料，成为我国首家生产配合饲料的企业。1976 年中国自行设计建造的北京市南苑配合饲料厂和采用匈牙利进口设备的北京东莎配合饲料厂的建成，标志着我国饲料产业化的起步。1978 年全国配合饲料产量为 300 万 t，该时期的产品较为单一。20 世纪 80 年代初，生产的配合饲料产量虽低但其增幅较大。改革开放后，国家高度重视饲料工业的发展，在"七五"期间，先后从美国、法国、瑞士等多个国家引进饲料加工设备。饲料机械方面，研制出小型的粉碎机、混合机和制粒机以及饲料加工成套设备。②1985—1997 年产业快速增长阶段。1985 年开始我国配合饲料产量迅速增加。1992 年配合饲料占工业饲料比重的 70%。1993—1997 年饲料产量增长势头迅猛，饲料生产机械化水平提高，饲料机械产业快速成长，部分设备实现计算机控制，先后建立了饲料粉碎粒度、混合均匀度的测定方法、与环模制粒机相关等饲料加工方面的国标和行标，饲料加工设备开始走向国际市场。③1998—2010 年饲料工业化处于稳步增长阶段。该阶段饲料总产量稳步增长、产品结构调整明显、产品科技含量逐步升高、产品质量管理体系不断完善，饲料装备专业化发展快速，饲料机械工业技术和设备达到国际先进水平，不仅可以满足国内需求，而且远销国际市场。④2011 年至今，饲料工业产业处于强化安全、健康、稳步调整与扩张阶段。随着饲料科技成果的应用，配合饲料转化率大幅度提高，饲料对养殖业的科技贡献率达到 50% 以上。我国饲料机械产业稳步调整与扩张，饲料工业面临规模化、集约化以及与国际竞争的新格局，如何健康稳步发展成为未来 10 年的关注点。饲料机械的品质和安全性更受重视，进入了制定标准层次的竞争。

自饲料工业化以来，全球饲料生产迈入了新的阶段，各类饲料产量不断攀升。2013—2020 年这 7 年间全球饲料产量逐年上升，分别从 9.6 亿 t 上升至 11.88 亿 t。未来随着全球畜牧业的继续发展，全球饲料工业将会进一步发展，全球饲料产业将进一步提升，与此同时，行业的发展将带动整个饲料生产过程工艺设备的发展。我国饲料机械早在 20 世纪 50 年代已开始小批量生产，在改革开放后逐步发展成为一个专业化的机械制造业。近年来，饲料生产设备已取得长足的进步，生产的各系列产品，不仅可以满足国内饲料生产的需要，而且能够出口到国外满足国际上的需求。饲料机械产品主要出口到东南亚、新西兰、俄罗斯和非洲等国家和地区。现阶段，我国饲料生产虽已取得了重要进步，但加工工艺生产过程仍在不断完善，因此，在后续的发展过程中，仍需要从多角度考虑，尤其在生产体系设备构建的过程中，需要考虑如何优化自动化的生产设备，确保饲料生产过程中达到较好的效果，提高饲料加工生产的整体质量水平（吴狄华，2019）。

三、配合饲料及其加工的发展趋势

配合饲料是养殖业的重要物质基础，更是饲料工业的主体，是以科学合理的配方为依据，经特定的加工工艺，生产适合不同需要的系列化、规格化、标准化产品。配合饲料生产始于 20 世纪 50 年代初，目前针对动物对氨基酸、维生素和微量元素需要量的相关研究更加细致具体。配合饲料的产量增长迅速，它的应用先在欧美普及，并很快推广到亚洲、其他地区和国家。随着饲料工业的规模化和产业化发展，配合饲料市场的竞争日趋激烈，对配合饲料产品的技术要求更加严格，也推动着配合饲料产业向着精细化、现代化发展大步前进。

配合饲料的精细化发展需要保证各个环节同步发展，从动物营养需要量的明确，到饲料原料的选择与品控，以及生产加工过程中的质控与加工设备的更新等，均需平衡进步。

1. 配合饲料生产的发展趋势

（1）向高标准高要求方向发展。

随着对不同品种、品系动物，不同生理阶段动物等更加详细的营养需要量的深入研究与推广，为精确满足动物的需求，对饲料配方的设计提出了更高的要求，尤其在微量元素及其之间的相互作用、降氮增效、节能减排、减少环境污染等方面更是促进了饲料配方制订时的精细化和有效应用性。同时，随着国家法律法规的不断完善，国家标准对企业的约束越来越高，其中《饲料生产企业许可条件》（中华人民共和国农业部公告第1849号）对设立添加剂预混合饲料、浓缩饲料、配合饲料和精料补充料的生产企业提出了具体要求，涉及企业选址、厂区内的布局与设施、生产厂区总使用面积、生产设备的配置和自动化程度，关键设备的产能、性能参数都给出了明确的要求。《饲料和饲料添加剂生产许可管理办法》（中华人民共和国农业部令2012年第3号）要求饲料企业应当有与生产饲料及添加剂相适应的厂房、设备和仓储设施。《饲料质量安全管理规范》（中华人民共和国农业部令2014年第1号）涵盖了从原料采购与管理、生产过程控制、产品质量控制、产品储存与运输、产品投诉与召回到培训、卫生和记录管理要求等一系列的管理要求。企业实现从原料采购到产品销售全过程的质量安全把控，所有的国标与法律要求，以及与此相关的饲料、饲料添加剂的监督管理的国务院农业行政主管部门的命令对饲料加工工艺都会产生影响（马永喜等，2021）。

（2）更加注意生物安全的把控。

饲料质量安全是保障养殖产品安全和食品安全的第一关，也是最重要的一关。现阶段，饲料安全问题不仅是行业内关注的重点，更是社会大众关注的焦点。自2001年开始，农业部组织开展饲料质量监督例行检测和饲料中违禁药品监测相关活动，该结果证明饲料和畜产品中违禁药物检出率逐年下降。2021年是全面推进乡村振兴和十四五规划开篇之年，更是饲料全面禁抗后的关键之年。被大家所熟知的非洲猪瘟（ASF）给养猪行业带来了重大挑战，归根结底还是生物安全的相关工作未做到位，当前亚洲、越南和中国的养猪业正在从ASF中恢复，在生猪养殖过程中重视生物安全管理，做好生物防控措施，禁止使用抗生素，从源头保证动物源食品安全。与此同时，饲料加工工艺流程及其相应参数也需要进行科学合理的调整。工业饲料生产是一个系统化过程，从原料采购到生产加工再到成品销售运输各环节较为繁杂，一般主要是在原料采购、生产加工、运输和销售过程中，饲料产品与外界环境接触频繁，存在着被ASF病毒污染和传播的风险。因此如何通过安全的加工手段确保配合饲料中检测不到非洲猪瘟病毒，对稳定生猪生产、保障饲料质量有重要意义。

（3）饲料加工环节向低碳环保、降本增效的方向发展。

2021年畜牧业可持续发展的重要性上升，行业加强了对环境和碳足迹的关注。在我国能源格局中，产生碳排放的化石能源占能源消耗总量的 84%（畜牧产业，2022）。当前部分饲料企业以能源为代价，过度追求不必要的粉碎细度、颗粒光洁度以及混合均一度，导致生产加工过程中能耗较高。饲料加工环节作为饲料工业能耗的主要环节之一，如何将压力转变为动力，找到降低产品自身能耗、能源替代以及能量回收的突破口，将是饲料加工实现低碳发展的关键。

2. 配合饲料加工设备的发展趋势

（1）向成套设备方向发展。

当前各企业使用的加工设备虽有与粉碎、配料混合及成品加工等相关的设备，但多数中小企业的生产线不是很完善，只能实现不同工序的分段加工处理，但整体的加工配合程度不高，影响产品品质，因此应用大型成套设备来合理进行饲料生产是未来发展的必然趋势。

（2）向高技术方向发展。

目前使用的饲料加工机械多以机械装置为主，加工品质和工作状态的调节和控制比较难。后续会集中向高技术方向发展，这主要是因为饲料加工机械通过与现代电子控制技术、传感器技术、监测技术、网络技术等紧密融合，有利于在确保饲料生产的同时降低机械故障的产生，确保加工过程的科学合理。

（3）向大型设备方向发展。

我国秸秆产量大，与其相关的回收再利用工作受到了国家的高度重视。规模较小的饲料企业由于产能有限，无法实现大批量秸秆的高效利用。因此，未来饲料加工企业向引进大型成套设备及饲料加工机组的方向发展，这样不仅能够解决秸秆的利用问题，还能为下游养殖端提供更加优质的饲料供应。

我国的饲料加工技术经过了多年的经验积累，已经取得了长足的进步，在相关领域有较高的技术储备。但技术与实际应用结合得不紧密，生产中存在工序复杂、能源利用率低、成本高等问题，只有将现阶段存在的问题进一步地改进和优化，才能确保饲料产品价值的进一步提升。

随着饲料行业和养殖业深度融合式的一体化发展，在关注饲养动物营养需要的同时，加大新饲料资源的开发力度，加强饲料加工控制，提高生产效率，实现安全、高效生产，这是现代饲料加工业健康发展的必由之路。

第二章

配合饲料的原料

第一节　饲料原料的种类及营养成分

一、饲料原料的分类

饲料原料品种很多，其营养成分和营养价值也多种多样，所以根据营养特点对饲料原料加以细分就非常有必要。1956 年美籍专家 Harris 首先建立了国际饲料分类原则和编码体系，被许多发达国家广泛接受，将此法则称为国际饲料分类法。20 世纪 80 年代，在张子仪院士的主持下，根据中国常规饲料分类法和国际饲料分类法，建立了中国饲料分类法和编码体系。

（一）国际饲料分类法

Harris 按饲料营养特性将饲料分为八大类，分别是粗饲料、青绿饲料、青贮饲料、能量饲料、蛋白质补充饲料、矿物质饲料、维生素饲料和饲料添加剂。每一类饲料都有一个标准号，此标准号由 6 位数字组成，这便是国际饲料编码（international feeds number，IFN），格式为□-□□-□□□，第 1 位数字代表饲料 8 大类中的一类（1~8），第 2、第 3 位数字和第 4~6 位数字作为填写具体饲料样的编号，共有 0-01~99-999 个序号。如苜蓿青干草的 IFN 为 1-00-092，1 表示属于第 1 大类，粗饲料类，而 92 表示为饲料样数的第 92 号。

国际饲料分类法分类依据和编码形式见表 2-1。

表 2-1　国际饲料分类法分类依据和编码形式

饲料分类号	饲料类别	分类依据	IFN
1	粗饲料	饲料干物质中粗纤维含量在 18% 以上的饲料原料，饲料通常以风干物形式饲喂，一般含有豆科禾本科干草、秸秆、秕壳、夹壳等	1-00-000
2	青绿饲料	自然水分含量在 60% 以上的新鲜饲草，人工栽培的牧草、草原牧草、树叶、非淀粉类植物的根茎、瓜果蔬菜类等	2-00-000

（续表）

饲料分类号	饲料类别	分类依据	IFN
3	青贮饲料	以鲜嫩的青绿多汁的植物类饲料作为原料，再通过乳酸菌厌氧发酵而调制成的饲料。如玉米青贮、草类青贮等	3-00-000
4	能量饲料	饲料干物质中粗纤维含量低于18%，粗蛋白质含量低于20%的饲料原料。如玉米、大麦、麸皮、淀粉类的根茎等	4-00-000
5	蛋白质补充饲料	饲料干物质中粗纤维含量低于18%，粗蛋白质含量大于等于20%的饲料原料，主要包括鱼粉、肉骨粉、豆类及其饼粕、氨基酸等	5-00-000
6	矿物质饲料	可作为饲用的天然矿物质、化学组成的水溶性无机盐等、有机配位结合物和各种金属离子螯合物。如石粉、贝壳粉、磷酸氢钙、食盐等	6-00-000
7	维生素饲料	由人工制备或提纯出的维生素制剂，单一的或复合型的，不包括维生素含量较丰富的天然青绿饲料	7-00-000
8	饲料添加剂	为了提高养殖效益，提高饲养质量，在日粮中添加的微量或少量非营养性成分。如抗霉剂、香味剂、着色剂或抗氧化剂等	8-00-000

（二）我国饲料分类法

1987 年，张子仪院士等在国际饲料分类法的基础上，根据中国饲料的来源、形态、产品加工方式等属性，又重新将中国饲料分类为 17 亚类，饲料亚类及其对应号码见表 2-2。

表 2-2　饲料亚类及其对应号码

号码	饲料亚类	号码	饲料亚类	号码	饲料亚类
01	青绿多汁类饲料	07	谷实类饲料	13	动物性饲料
02	树叶类饲料	08	糠麸类饲料	14	矿物质饲料
03	青贮饲料	09	豆类饲料	15	维生素饲料
04	块根、块茎、瓜果类饲料	10	饼粕类饲料	16	饲料添加剂
05	干草类饲料	11	糟渣类饲料	17	油脂类饲料及其他
06	农副产品类饲料	12	草籽树实类饲料		

两者结合，形成了中国饲料编码（Chinese feeds number，CFN），由 7 位数字组成，格式为□-□□-□□□□，首位数字为 IFN 8 大类中的一类（1~8），第 2、第 3 位数字为 17 亚类中一种，第 4~7 位数字为具体饲料样的序号（0001-9999）。如黑麦草的 CFN 编码为 1-05-0608，首位 1 代表第 1 大类，粗饲料类，05 代表亚类中第 5 类，干

草类饲料，0608 代表饲料样总数第 608 号饲料。

二、粗饲料

在自然情况下，干物质中粗纤维含量一般在 18% 以上，而含水量在 45% 以下，且能量价值较低的饲料，则通称为粗饲料，如干草、秸秆类、秕壳、树叶或糟渣类等。

粗饲料的营养特点。①粗纤维含量很丰富，可达到 25%~45%。②有效的营养成分低，有机物消化率一般在 70% 以内，主要起填充作用。③粗蛋白质和维生素含量较低，且变化范围较大。④灰分中钙多磷少，且硅酸盐含量较高，后者影响对其他营养物质的消化吸收。

粗饲料的饲用价值。①质地坚硬，适口性差。②来源广泛，产量高，产量是粮食产量的 1~4 倍。③反刍动物和单胃动物日粮中重要组成部分，可促进单胃草食动物胃肠蠕动，增强消化力。

（一）干草类饲料

天然草地青草，或将栽培牧草和禾谷类作物在结实前刈割后，经天然或人工风干生产的饲料叫做干草（hay）。此类草料由青绿植物制成，仍具有特定的青绿色，也称为青干草（green hay）。

1. 干草类饲料的营养价值特性

①青干草水分含量在 15%~18%，干草粉水分含量为 13%~15%。②干物质中粗蛋白质含量一般为 7%~17%，但有些牧草高达 20%。③干物质中粗纤维含量为 20%~35%，但消化率较高。④消化能 8~10MJ/kg。⑤矿物质含量较高，尤其钙含量较高。⑥维生素 D 和胡萝卜素含量较丰富。

2. 干草分类

（1）天然草地干草。

中国大部分的天然草地干草，包括禾本科牧草：芦苇、羊胡子草、黑麦草等；豆科牧草：苜蓿、三叶草等；菊科牧草：野艾、苦蒿等；莎草科牧草：莎草等。此类牧草中粗纤维含量丰富，通常在 25%~30%；无氮浸出物在 40%~50%；粗蛋白质含量通常都在 20% 以内，少数品种达到 20%；维生素含量较丰富；钙、磷的比例也比较平衡；在天然牧草品种中，以豆科牧草营养价值最大，而禾本科粗纤维含量较高；菊科（除绵羊以外）牲畜不喜欢食用，而莎草科植物味淡，口感较硬，因此饲用价值也低于禾本科、豆科及其他种类，较嫩者则含有的硝酸盐多。

（2）人工草地干草。

主要是豆科和禾本科类。豆科干草包括苜蓿、三叶草、大豆、花生、牛角花等。此类干草粗蛋白质含量丰富，含有大量的钙和胡萝卜素，营养价值丰富，在草食家畜日粮中用于补充蛋白质。豆科植物应在开花初期收割。

禾本科干草包括羊草、黑麦草、狼尾草、苏丹草、冰草等。干物质中粗蛋白质含量相对较少，只占 8%~12%，但碳水化合物含量却相当丰富，达到了 50% 以上，是牧区、半农半牧区的主要饲草。禾本科植物宜在抽穗期收割。

（二）秸秆类饲料

秸秆（straw），即粮食作物籽实收割后的茎秆和残存叶片，如稻草、玉米秸、麦秸、豆秸、藤蔓和谷草等。

1. 营养价值特性

①干物质中粗纤维含量较丰富，通常在 30%~45%，其中木质素和硅酸盐含量很高，如燕麦秆木质素含量为 14.6%，而硅酸盐含量占总灰分的 30%左右。木质素严重降低饲料能量值，消化率低。②粗蛋白质含量低，平均只有 2%~8%，蛋白质品质差。③粗灰分含量较高。如稻草一般在 17%以上，硅酸盐含量较大。④钙、磷含量低。⑤饲料容积大，适口性差，牲畜采食受限。

2. 营养成分

部分秸秆干物质中主要的营养成分见表 2-3。

表 2-3　部分秸秆的营养成分　　　　单位:%

饲料	干物质	粗纤维	粗蛋白质	粗脂肪	粗灰分	钙	磷
稻草	92.2	30.8	4.66	1.58	16.8	0.32	0.20
小麦秸	87.8	38.3	3.2	1.4	6.3	0.14	0.07
大麦秸	86.9	36.2	3.6	1.7	6.0	0.31	0.09
黑麦秸	89.4	41.5	2.8	1.3	3.7	0.25	0.09
玉米秸	86.3	33.2	6.3	1.2	9.8	0.59	0.09
大豆秸	87.5	38.8	4.5	1.3	5.0	1.33	0.22
豌豆秸	84.7	43.7	7.6	1.5	5.5	—	—

注：引自刁其玉，2013。

（三）秕壳类饲料

秕壳（hulls），指包有作物籽实的颖壳、荚皮和外皮等的部分，主要包括稻壳、高粱壳等谷类皮壳、豆荚类以及棉籽壳、花生壳等。

1. 营养价值特性

①干物质中粗纤维含量高，通常在 30%~50%，其中木质素含量在 6.5%~12%。②粗蛋白质含量较少，在 2%~8%，蛋白质品质不好，缺乏必需氨基酸。③有效能的消化率低，一般在 40%~50%。④粗灰分含量较高，主要为硅酸盐。⑤钙、磷含量低。

2. 营养成分

部分秕壳干物质中主要的营养成分见表 2-4。

表 2-4 部分秕壳的营养成分　　　　　　　　　　　单位:%

饲料	干物质	粗纤维	粗蛋白质	粗脂肪	粗灰分	钙	磷
稻壳	92.4	41.1	2.8	0.8	18.4	0.08	0.07
高粱壳	88.3	31.4	3.8	0.5	15.0	—	—
小麦壳	92.6	29.8	5.1	1.5	16.7	0.20	0.14
花生壳	91.5	59.8	6.6	1.2	4.4	0.25	0.06
棉籽壳	90.9	34.9	4.0	1.4	2.6	0.13	0.06

三、青绿饲料

青绿饲料种类相当广阔，是含有叶绿素，且水分含量都在60%以上的一类植物性饲料，分为许多类型：牧草（天然、人工）、蔬菜、作物的茎叶、水生植物、树叶等。

1. 营养价值特性

（1）水分含量较高。陆生植被的水分含量一般为60%~80%，而水生植物的则高达90%~95%。鲜草的干物质含量少，热能值也较低。

（2）蛋白质含量较高。通常禾本科牧草和叶菜类饲料的粗蛋白质含量在1.5%~3%，而豆科青饲料则在3.2%~4.4%。如按干物质计算，前者粗蛋白质含量高达13%~15%，而后者则高达18%~24%，其氨基酸构成也较为合理，包括了各种必需氨基酸，尤其是赖氨酸、色氨酸含量较高，蛋白质的生物学价值通常在70%以上。

（3）粗纤维含量较低。幼嫩的青饲草含粗纤维较低，木质素少，且无氮浸出物较高。如以干物质为基础，则其粗纤维为15%~30%，无氮浸出物在40%~50%。而粗纤维和木质素的含量随着植株成熟期的长短而提高。植株开花及抽穗时，粗纤维含量较低。

（4）钙磷配比适宜。青饲料中含有较多的矿物质。钙多磷少，一般钙的含量为0.4%~0.8%，磷的含量为0.2%~0.35%，配比较为适宜。尤其是豆科牧草钙的含量较高。

（5）维生素含量丰富。青饲料是动物维生素的优质来源。尤其是胡萝卜素含量较高，每千克饲料达50~80mg。在青饲料中B族维生素、维生素E、维生素C和维生素K的含量也较充足。而青饲料中缺乏维生素D，维生素B_6的含量亦较少。

（6）适口性好。青绿饲料细嫩、松软和多汁，并富含各种酶、激素和有机酸，且容易消化吸收，是草食动物饲养的重要饲料原料，杂食动物利用有限。

（一）牧草

1. 禾本科牧草

常见的禾本科牧草一般有黑麦草、羊草、无芒雀麦、象草等。

（1）黑麦草。黑麦草约有20多种，大多生长在温带湿润区域，较常见的有多年生黑麦草和多花黑麦草，中国主要在长江流域以南、沿海等区域广泛栽培。喜湿润的温带海洋性气候，适合在夏天清凉、冬季暖和的地方种植。黑麦草产量较高，细嫩多汁，适口性较好，开花前期刈割营养价值最高，鲜嫩的黑麦草干物质含量达 17%，粗蛋白质 2.0%，产奶净能 1.26MJ/kg。

（2）羊草。又名碱草，是中国北方地区一类较优质的栽培牧草，在中国东部、西北、内蒙古等地方广为栽培。羊草抗寒、耐干旱、耐盐、耐碱。羊草的茎秆细嫩、叶子多，营养丰富，适口性好，是牛、羊、马等的良好饲料，其鲜草干物质含量为 28.64%，粗蛋白质含量为 3.49%，粗脂肪含量为 0.82%，粗纤维含量为 8.23%，无氮浸出物含量为 14.66%，粗灰分含量为 1.44%。

（3）无芒雀麦。又名无芒草、和萱草，是全球范围内主要的禾本科牧草之一，在中国东北、西北、华北等地域均有种植。无芒雀麦适应性较好，抗寒、抗旱、耐碱、耐湿。无芒雀麦产量高，茎少叶多，味道鲜美，品质好，再生力和耐牧性较强，适宜放牧。

2. 豆科牧草

常见的豆科牧草一般有苜蓿、三叶草、草木樨、紫云英等。

（1）苜蓿。又名紫花苜蓿，早在公元前 126 年，苜蓿就开始在中国栽培了，在国内外的分布范围很广，号称"牧草之王"，在中国主要遍布于西北、华北、东北、内蒙古等地。苜蓿最适生长环境温度为 25~30℃，半干燥性气候，耐干旱，不耐潮。苜蓿的营养价值很高，富含蛋白质和矿物质，而维生素和微量元素含量也很充足，特别是胡萝卜素和维生素 K 含量高。在初花期刈割后，干物质含量为 22.5%，粗蛋白质含量为 20.5%，粗脂肪含量为 3.1%，粗纤维含量为 25.8%，粗灰分含量为 9.3%。

（2）三叶草。三叶草种类繁多，但一般栽种较多的是红三叶和白三叶。在长江流域以南地区大面积栽种，喜凉爽湿润的气候，较能耐寒、耐湿、耐酸，但不耐碱。三叶草质地细腻，叶片数多，营养丰富，适口性好，饲用价值很高。鲜草白三叶的粗蛋白质含量较高于红三叶，但粗纤维含量相对少于红三叶。

（二）蔬菜类

数量甚多，包含了各种蔬菜类的根、茎、叶。主要有十字花科的白菜、青菜、瓢儿白、油菜、萝卜等；藜科的菠菜、甜菜、牛皮菜等；豆科的菜豆、白豆、胡豆等；伞形科的胡萝卜等；茄科的马铃薯等；葫芦科的各种瓜等；薯预科的红苕等。

营养特点：水分含量高，通常都在 70%~90%。适口性好，干物质的营养价值较高。粗蛋白质含量因品种差异而变化很大，一般在 16%~30%，有些品种甚至超过紫花苜蓿等豆科牧草，而其多数为非蛋白氮，但非淀粉质根茎瓜类则富含较多易消化的淀粉和糖类，因此能量较高。粗纤维含量相对较少，钙磷比例适中。维生素含量很丰富，特别是胡萝卜素、维生素 C 和 B 族维生素。

（三）水生植物

主要为水浮莲、水葫芦、水花生、浮萍。

营养特点：水分含量非常高，达到了 95% 左右。生长速度快，产量高，含有丰富的维生素，且能量价值低，消化能每千克鲜料不足 100 大卡（1 大卡 = 1kcal =

4. 186kJ），可以当做动物的辅料进行饲喂，但这种饲料中多寄生有寄生虫和致病菌等有害物质，生喂动物容易产生寄生虫病，因此最好洗净饲喂或煮熟饲喂，煮熟是杀死致病菌、虫卵等的最佳方式。

四、青贮饲料

青贮饲料，是指在密闭的青贮场地（壕、窖、塔、袋等）中，经过微生物（主要是乳酸菌）发酵后，使青绿多汁饲料长时间储存的一类饲料。青贮饲料已经在全球范围内推广应用，有着许多好处，对畜牧生产中有很大影响。

青贮饲料的特点。①青贮饲料可高效地贮存青绿饲料的营养物质。一般青绿饲料在生长成熟晒干后，营养价值减少了30%~50%，但青贮饲料品质却仅减少3%~10%。因此青贮饲料可有效保存青绿植物中的蛋白质和维生素（胡萝卜素）。②青贮饲料适口性好，消化率高。青贮饲料能保留原青绿饲料的新鲜汁液，并带有芳香的酸味，松软细嫩，适口性好，可增进家畜的食欲，并促进消化液的分泌和胃肠道的蠕动，进而增强消化吸收功能。③青贮饲料可以扩大饲料来源。动物不愿采食或根本无法采食的杂草、野菜、树叶等青绿植物，通过青贮发酵，可转变成动物爱吃的饲料。如向日葵、菊芋、蒿草等，有的青绿饲料有异味，有的质地较粗硬，动物并不爱吃，但通过调制成青贮饲料后，不仅改善了品质，而且软化并提高了可食部分。④青贮是储存饲料经济而又安全有效的方法。青贮饲料比贮存干草需要的空间小，如果操作正确，可以长久储存，既不致因风吹日晒和雨水侵蚀而变质，又不致引起失火和意外的发生。⑤青贮饲料可于任何季节供动物采食。在奶牛养殖业中，青贮饲料已成为维持和创造高产水平所不能缺少的重要饲料之一。由于牲畜经常饲喂青贮饲料，一年四季均能采食到青绿多汁饲料，因而使牲畜经常维持着高质量的营养状况和产量，并克服了冬春时节缺少青绿饲料的问题。

（一）青贮饲料的分类

1. 根据原料形态分类

（1）切短青贮。将饲料切成2~3cm，便于装窖后踩实压紧，利于厌氧环境的形成。

（2）全株青贮。只适用于收割期较短或者非常时期中。

2. 根据原料组成分类

（1）单一青贮。只单独将一种青绿饲料进行青贮。

（2）混合青贮。为了调节饲料水分含量或者提高适口性和营养价值等目的，将多种饲料原料按一定比例进行混合青贮。

（3）添加剂青贮。为了缩短青贮饲料成熟时间，降低营养损失，并改善青贮饲料的质量，可在青贮饲料中加入乳酸菌制剂、酶制剂、微生物等促进乳酸菌增殖。

3. 根据水分含量分类

（1）高水分青贮。青绿饲料收割后，在水分含量在70%以上时立即青贮。

（2）凋萎青贮。青绿饲料收割后，通过适当晾晒，水分含量保持在60%~70%时进行青贮。

（3）半干青贮。青绿饲料收割后，放置1~2天，使水分含量降至45%~60%时再进行青贮。

（二）青贮饲料发酵过程

（1）好氧细菌活动阶段。青绿饲料在切碎下窖后，植物细胞并不会马上死亡，1~3天内仍进行呼吸，直到氧气耗尽，才能停止呼吸。植物细胞呼吸作用和好氧微生物（如酵母菌、腐败菌、霉菌等）利用植株中可发酵碳水化合物大量消耗氧气，释放二氧化碳和热量，使青贮窖内剩余的氧气迅速被耗尽，产生厌氧环境。

（2）迟缓阶段。植物细胞膜破裂，微生物利用细胞液生长，此阶段为厌氧菌生长阶段。

（3）乳酸菌发酵阶段。厌氧条件形成后，乳酸菌大量繁殖形成了优势菌群，通过可发酵碳水化合物形成乳酸，pH 值降低，因此抑制了其他微生物的生长活性，当 pH 值降低至 4.2 以下时，其他微生物停止繁殖，乳酸菌繁殖速度也减慢下来。此过程的持续时间最长，一般玉米青贮发酵时间为 20~30 天。

（4）稳定阶段。当 pH 值逐渐降低至 3.8 以下时，乳酸菌本身也被彻底抑制，则青贮物中所有生物的化学过程也都彻底终止，营养就不再损失，此时青贮饲料基本制成，如果厌氧和酸性环境不变化，青贮饲料可一直保存较长时间。

五、能量饲料

能量饲料是指干物质中粗纤维含量低于 18%，而粗蛋白质含量低于 20% 的饲料原料，包含谷实类、糠麸类、块根、块茎和瓜果蔬菜类、动植物油脂和糖蜜等。能量饲料是畜禽养殖中重要的能量来源，具有很高的地位。

（一）谷实类饲料

谷实类饲料主要包括玉米、小麦、稻谷、大麦、高粱、黑麦、燕麦等。

1. 营养价值特性

①无氮浸出物比例高，通常都在 70%~80%，其中淀粉含量在 50%~60%。②粗纤维含量低，通常在 5% 以内，只有带颖壳的大麦、燕麦、稻谷等达到 10% 左右。③粗蛋白质含量较少，平均在 10% 左右，变动范围在 7%~13%。蛋白质品质不好。赖氨酸和色氨酸都相对欠缺。④矿物质含量不均衡，钙少磷多，而磷大多以植酸磷的形态存在，利用率低。⑤维生素含量不均衡，维生素 B_1 和维生素 E 含量比较丰富，缺乏维生素 C 和维生素 D。⑥适口性较好，所有动物均喜食。

2. 营养成分

部分谷实类饲料的营养成分见表 2-5。

表 2-5 部分谷实类饲料的营养成分　　　　　　单位:%

种类	干物质	粗蛋白质	粗脂肪	无氮浸出物	粗纤维	粗灰分	钙	磷
玉米	86.0	8.1	3.8	70.5	1.9	1.2	0.02	0.27
小麦	87.0	13.9	1.7	67.6	1.9	1.9	0.17	0.41

（续表）

种类	干物质	粗蛋白质	粗脂肪	无氮浸出物	粗纤维	粗灰分	钙	磷
稻谷	86.0	7.8	1.6	63.8	8.2	4.6	0.03	0.36
糙米	87.0	8.8	2.0	74.2	0.7	1.3	0.03	0.35
碎米	88.0	10.4	2.2	72.7	1.1	1.6	0.06	0.35
皮大麦	87.0	11.0	1.7	67.1	4.8	2.4	0.09	0.33
裸大麦	87.0	13.0	2.1	67.7	2.0	2.2	0.04	0.39
高粱	86.0	9.0	3.4	70.4	1.4	1.8	0.13	0.36

（二）糠麸类饲料

糠麸类是指谷实经机械加工后所产生的部分副产品，包括米糠、小麦麸、大麦麸、玉米糠、高粱糠、谷糠等。

1. 营养价值特性

①无氮浸出物比例低，仅 40%~50%。②粗蛋白质含量较高（12%~15%），处于禾本科籽实和豆科中间。③粗纤维含量比籽实高，在 10%左右。④粗脂肪含量较高，在13%左右。多为不饱和脂肪酸，但容易酸败，使糠变苦。⑤矿物质含量较丰富。比籽实高，钙少磷多，但多数动物利用率较低。⑥B 族维生素含量丰富。

2. 营养成分

部分糠麸类饲料的营养成分见表 2-6。

表 2-6　部分糠麸类饲料的营养成分　　　　　　　　　　　单位：%

种类	干物质	粗蛋白质	粗脂肪	无氮浸出物	粗纤维	粗灰分	钙	磷
小麦麸	87.0	15.7	3.9	53.6	8.9	4.9	0.11	0.92
米糠	87.0	12.8	16.5	44.5	5.7	7.5	0.07	1.43
米糠饼	88.0	14.7	9.0	48.2	7.4	8.7	0.14	1.69
米糠粕	87.0	15.1	2.0	53.6	7.5	8.8	0.15	1.82

（三）块根、块茎及其加工副产品饲料

块根、块茎及其加工副产品饲料主要有红薯、马铃薯、胡萝卜、木薯、甜菜渣、南瓜、糖蜜等。

1. 营养价值特性

①水分含量很高，超过了 75%，去籽南瓜可达 93.6%，但相对的干物质含量极少。②粗蛋白质含量较少，鲜样中仅含 1%~2%。氨基酸配比不均衡，赖氨酸、蛋氨酸缺

乏。③粗纤维含量较低，在干物质中粗纤维含量只有2.1%~8%。④无氮浸出物比例很高，达67.5%~88.1%，并且主要含有易消化的糖分、淀粉或戊聚糖，故其含有的消化能很高。⑤矿物质含量不均衡，钙磷含量低，但钾含量丰富。⑥维生素含量不均衡，胡萝卜中富含胡萝卜素，红薯和南瓜中均含有胡萝卜素。⑦适口性好，易消化，反刍动物消化率可达90%以上，单胃动物消化率可达70%以上。

2. 营养成分

部分块根、块茎及其加工副产品饲料的营养成分见表2-7。

表2-7　部分块根、块茎及其加工副产品饲料的营养成分　　　　单位:%

种类	干物质	粗蛋白质	粗脂肪	无氮浸出物	粗纤维	粗灰分
甘薯干	87.0	4.0	0.8	76.4	2.8	3.0
马铃薯块茎	28.4	4.6	0.5	11.5	5.9	5.9
干马铃薯渣	86.5	3.9	1.0	71.4	8.7	1.5
木薯干	87.0	2.5	0.7	79.4	2.5	1.9
干甜菜渣	90.0	8.7	—	8.4	18.2	4.8
甘蔗糖蜜	93.5	10.0	—	66.8	—	13.4
甜菜糖蜜	78.7	7.8	—	62.1		8.8

（四）动植物油脂

自然界中产生的油脂品种繁多，根据产品来源又可分为如下几种。①动物性油脂：牛油、猪油、禽油等。②植物性油脂：棕榈油等。③海产动物油脂：鱼油、鱼肝油等，较少用于畜禽饲料。④饲料级水解油脂：主要成分为脂肪酸。⑤粉末油脂。

1. 油脂的营养价值特性

①油脂是高能量来源，由于油脂含有很高的能量，所以添加油脂更易配制出高能饲料产品。②油脂是必需脂肪酸的主要来源之一，必需脂肪酸缺乏时容易导致畜禽损伤，发生角质化，生长抑制，生产性能降低等。③利用油脂产生的额外热能效应，通过添加油脂促进对非脂类物质的消化吸收。④油脂还可提高对色素和脂溶性维生素的吸收率，饲料中的色素及脂溶性维生素都要溶入油脂后，才能被动物体溶解、吸收和利用。⑤油脂的热增耗低，可减轻家畜热应激。

2. 配合饲料添加油脂的益处

①提高饲料适口性，提高采食量。②防止粉尘。在配合饲料加工过程中会引起粉尘飞扬，而添加油脂就可以大大减小粉尘污染程度。③降低机械损耗，延长机械使用寿命。

六、蛋白质饲料

蛋白质饲料是指干物质中粗纤维含量在18%以内，粗蛋白质含量超过20%的饲料原料。一般包括动物性蛋白质饲料、植物性蛋白质饲料、微生物性蛋白质饲料和非蛋白氮饲料。蛋白质饲料是配合饲料中最重要的饲料原料之一，饲料成本高，资源较缺乏。

（一）动物性蛋白质饲料

动物性蛋白质饲料，一般包括鱼粉、肉骨粉、血粉、蚕蛹粉、水解蛋白粉、蚯蚓粉等。

1. 营养价值特性

①粗蛋白质含量很高，在40%~85%，大部分的动物性蛋白质饲料都在50%以上。②碳水化合物含量较少，不含有粗纤维，消化率高，但粗脂肪含量变化大，脂肪易酸败，不宜贮藏。③矿物质含量比较丰富，且比例很均衡，钙磷含量超过了植物性饲料。④维生素含量较丰富，尤其是B族维生素含量较丰富，鱼粉中脂溶性维生素A和维生素D含量都较高。⑤动物生长因子（UGF）。在一些动物蛋白中含有动物生长因子，可以促进动物生长。

2. 几种常见的动物性蛋白质饲料

（1）鱼粉。鱼粉的品种众多，随着鱼类的来源、生产方法的差异，饲用价值也会不同。中国市场的鱼粉主要分为国产鱼粉和进口鱼粉，进口鱼粉则以秘鲁鱼粉居多。鱼粉中粗蛋白质含量越高，饲料价值越高，水分和脂肪含量越少，质量越好，蛋白质不易变质，脂肪不易氧化酸败。进口鱼粉的粗蛋白质含量（60%~70%）高于国产鱼粉（50%~60%），质量更优。鱼粉的氨基酸组成合理，赖氨酸和蛋氨酸含量充足，矿物质和维生素含量较丰富。鱼粉中富含较多的不饱和脂肪酸，并具有鱼腥味，在畜禽日粮中不宜过多使用，用量一般控制在5%~10%。

（2）肉骨粉。肉骨粉主要是由动物脏器、骨骼等不适宜食用的动物组织所制成。但由于原料中肉、骨头之间的配比差异，因此品质档次也参差不齐，其主要营养成分一般粗蛋白质含量为20%~50%，粗脂肪含量为8%~16%，无氮浸出物含量为2%~3%，粗灰分含量为25%~35%，钙含量7%~15%，磷含量3%~8%，是良好的钙磷供源。

（3）蚕蛹粉。蚕蛹粉是丝绸加工的副产品，是一种营养价值较高的蛋白质饲料。粗蛋白质含量较多，不脱脂粗蛋白质含量在50%以上，且氨基酸含量均衡，主要含有赖氨酸、色氨酸。而粗脂肪含量较高，10%以上，脂肪中含有较高不饱和脂肪酸，且有特殊气味，过多饲喂影响适口性，易酸败，不宜保存，生产上在动物日粮中添加量为3%~5%。

（二）植物性蛋白质饲料

植物性蛋白质饲料一般分为豆类籽实（大豆、豌豆、蚕豆等）、饼粕类（大豆饼粕、菜籽饼粕、棉籽饼粕等）和其他植物性蛋白质饲料（玉米蛋白粉、糟渣类）。

1. 植物性蛋白质饲料的营养价值特性

①粗蛋白质含量高，且品质较高，一般在20%~50%，因种类差异，蛋白质含量也会有所不同，饼粕的蛋白质含量超过籽实的。氨基酸含量比例优于谷类中的氨基酸比例。②粗脂肪含量变动差异较大，油籽类含量最高可达15%~30%，而非油籽类则只有1%左右。饼粕内含量变动亦有差别，主要是由于加工工艺差异，含量高的可达7%以上，含量低的则在1%以内。因此饲用价值各不相同。③粗纤维含量一般不高，饼粕类

粗纤维的含量要高些，在 7%~15%。④矿物质含量不均衡，与谷类籽实相近，钙少磷多，磷常以植酸磷形态出现。⑤维生素含量不均衡，但 B 族维生素含量较丰富，却缺少维生素 A 和维生素 D。⑥豆类和饼粕中大都含有抗营养因子，影响饲用价值，需合理加工调制。

2. 几种常见的植物性蛋白质饲料

（1）大豆。大豆属于蛋白质水平和脂肪含量都高的蛋白质饲料，如黄豆和黑豆的平均粗蛋白质含量依次为 37% 和 36.1%，平均粗脂肪含量依次为 16.2% 和 14.5%。而且大豆的蛋白质品质较好，氨基酸构成比较合理，其中赖氨酸含量较高，且脂肪中不饱和脂肪酸含量较高。碳水化合物含量不高，无氮浸出物仅为 26% 左右。矿物质中钾、磷、钠含量居多。大豆中具有异黄酮，具有多种生物学作用。生大豆中还含有胰蛋白酶抑制因子、大豆凝集素等各种抗营养因子，经湿热加工后可灭活。大豆作为蛋白质饲料饲喂效果好，但不宜过量。

（2）大豆饼粕。大豆饼粕是以大豆为原料提取油后的副产品。大豆饼粕是目前国际上应用最普遍、数量最大的植物性蛋白质饲料。大豆饼粕的粗蛋白质含量很丰富，在 40%~50%，氨基酸构成比较合理，赖氨酸含量丰富，但蛋氨酸含量不足。粗纤维含量不高，在 5% 左右，一般来自大豆皮。无氮浸出物仅为 30%，一般为蔗糖、棉籽糖等，淀粉含量低，可利用能量较低。维生素含量不均衡，胡萝卜素、核黄素含量少，胆碱含量丰富。矿物质中钙少磷多，磷一般以植酸磷形态出现，硒含量较低。大豆饼粕适口性很好，是家畜优质的蛋白质饲料原料，但大豆饼粕中亦含有各种抗营养因子，应对大豆饼粕进行适度的处理。

（3）玉米蛋白粉。玉米蛋白粉是将玉米粒去掉淀粉、胚芽和最外层表皮后所剩下的产品，也是一种优质的蛋白质饲料。玉米蛋白粉的粗蛋白质含量较高，达 40%~60%，但氨基酸构成并不均匀，蛋氨酸和精氨酸的含量较多，缺乏赖氨酸和色氨酸。粗纤维含量低，易消化，代谢能与玉米相近。维生素含量不均衡，胡萝卜素含量较多，B族维生素含量低。矿物质含量低，钙磷含量少，铁元素较多。玉米蛋白粉具有烤玉米味，香气芬芳，适口性较好。

（三）微生物性蛋白质饲料

微生物性蛋白质饲料，主要包括饲料酵母、饲料螺旋藻粉、真菌与非致病性细菌等。

1. 营养价值特点

①粗蛋白质含量较高，40%~80%，氨基酸较均衡，蛋白质生物学价值高。②粗脂肪含量变动范围很大，以不饱和脂肪酸居多。③富含蛋白酶、脂肪酶、纤维酶等多种酶系和 B 族维生素。④富含铁、锌、硒等微量元素。⑤产品具有特殊气味，适口性差，生产上用量一般在 3%~5%。⑥微生物性蛋白质饲料在生产过程中易污染杂菌和有害物质，使用过程中要注意。

2. 微生物性蛋白质饲料的主要优点

①生长繁殖速度快，产量周期短，能进行工厂化生产。②不和农业争地。③不受外部气候条件影响。④原料来源广阔，可充分利用工农业废弃物，"变废为宝"。

（四）非蛋白氮饲料

非蛋白氮饲料，是指一类含氮的非蛋白可饲用物质，通常包括尿素、缩二脲、氨、酰胺、氨基酸、小肽和铵盐等，但大多用于反刍动物，其中使用量最多的是尿素。

非蛋白氮饲料合理利用的要点。①反刍动物瘤胃功能成熟后开始使用，要有 5~7 天的试用期。②非蛋白氮与可消化碳水化学物的供应需同步，以利于微生物蛋白的合成。③理论添加量是总氮需要量与瘤胃可降解蛋白含氮量的差值，一般添加量占精料的 2%~3%。④补充足够的供微生物生长需要的矿物质元素和维生素。⑤避免将非蛋白氮饲料与脲酶含量高的饲料混合搭配使用。

七、矿物质饲料

动植物体内也存在着少量矿物质元素，但在集约化养殖的情况下，动物对这些物质的需要量增多，就必须另外补给，把动物补充矿物质的饲料叫做矿物质饲料。分为常量矿物元素饲料、微量矿物元素饲料和天然矿物元素饲料。

（一）常量矿物元素饲料

常量矿物元素饲料，一般包括钙源性饲料、磷源性饲料、食盐、含硫饲料和含镁饲料等。

1. 钙源性饲料

常用的钙源性饲料包括石灰石粉、贝壳粉、蛋壳粉、石膏等。部分钙源性饲料的钙含量见表 2-8。

表 2-8　部分钙源性饲料的钙含量　　　　　单位：%

种类	钙	饲用价值
石灰石粉	36~38	是补充钙最便宜、最简单的矿物质原料
贝壳粉	≥33	富含微量元素，促进畜禽骨骼生长等，易发霉、腐臭
蛋壳粉	34~36	理想的钙源性饲料，且效率好
石膏	20~23	具有防止鸡啄羽、啄肛的功能。通常在饲料中的用量为 1%~2%

2. 磷源性饲料

常用的磷源性饲料主要包括磷酸氢钙、磷酸氢钠、磷酸氢二钠、磷酸铵、骨粉等。部分磷源性饲料的磷含量见表 2-9。

表 2-9　部分磷源性饲料的磷含量　　　　　单位：%

种类	磷	钙	饲用价值
磷酸二氢钙 $[Ca(H_2PO_4)_2 \cdot H_2O]$	21~23	15~18	主要用于水产动物饲料

种类	磷	钙	饲用价值
磷酸氢钙 ［CaHPO$_4$·2H$_2$O］	17~20	19~26	猪、禽中添加量为2%， 牛中添加量为2%~3%
脱氟磷酸钙 ［Ca$_3$（PO$_4$）$_2$］	15~18	31~34	主要适用于家禽饲料

3. 使用钙磷矿物质饲料的注意事项

（1）在使用前要关注饲料中本底钙和磷的含量，如果在高植酸磷的饲料中加入了植酸酶，则相应减少磷源性饲料的加入量。

（2）注意矿物元素之间的相互作用与平衡，饲料中镁含量过高（>0.5%），可导致动物磷的缺乏。

（3）若饲料中草酸、脂肪酸含量较高，可能导致动物对钙的利用率降低。

（二）微量矿物元素饲料

微量矿物元素饲料主要包括含铁、铜、锰、锌、碘、硒、钴等元素的饲料。

1. 营养学特性

部分微量矿物元素饲料的营养学特性见表2-10。

表2-10　部分微量矿物元素饲料的营养学特性

元素	常用原料类型	物理性状	营养学特性
铁	一水硫酸亚铁	灰白色粉末	补铁
	甘氨酸铁	浅灰色粉末	补铁，可增加肉的鲜艳程度
铜	五水硫酸铜	蓝色晶体	对呼吸道有刺激作用，高剂量对仔猪有促生长作用
	碱式氧化铜	墨绿色晶体	可有效防止维生素、油脂等养分的破坏
锰	一水硫酸锰	淡红色晶体粉末	补锰
锌	氧化锌	浅黄色粉末	大剂量对仔猪有促进发育效果
	蛋氨酸锌	白色粉末	增加产奶量，提高育肥牛增重
碘	碘化钾	白色晶体粉末	在光照和空气中能析出碘
硒	亚硒酸钠	白色晶体粉末	剧毒，不可直接接触皮肤

2. 微量矿物元素饲料的使用要点

（1）在选用各种微量元素时，应当充分考虑微量元素的含量及其生物作用性、化学稳定性、物理性质以及铅、砷、汞等重金属含量等。

（2）NRC的微量元素标准为在较理想的饲养条件下的最低需求量，在实际生产中，可按照饲养标准中的微量元素推荐添加量添加。

（3）特殊饲料原料中所含的微量元素不可忽略，应根据具体情况适当地调整添加量。

（三）天然矿物元素饲料

天然矿物元素饲料，一般包括沸石粉、膨润土、麦饭石、凹凸棒石等，是一种价格低廉的天然矿物质饲料原料。

1. 沸石粉

①具有吸附性，可作为矿物质饲料添加剂载体，使矿物质元素混合更均匀。②具有催化活性和耐酸耐热特性。③含多种微量元素，可提高饲料利用率。④通过消化系统能够选择性吸附 NH_3、CO_2 和霉菌毒素。⑤在动物日粮中添加量为 3%~5%，粒度 80~120 目。

2. 膨润土

①我国资源丰富，使用方便，易保存。②可用作饲料营养的补充品，提高饲料转化率。③是各种微量活性成分的重要载体，起稀释作用。④富含多种常量和微量元素，可增强酶和激素活性。⑤具有脱毒和止泻功能，可代替氧化锌和抗生素。⑥在动物日粮中添加量为 2%~3%。

第二节　饲料添加剂及其应用

随着饲料工业和畜牧养殖业的发展，饲料添加剂在畜禽养殖的各个环节都发挥着越来越重要的作用。特别是在我国禁用促生长类药物饲料添加剂的大背景下，新型、绿色的饲料添加剂作为"替抗"先锋，在资源节约和环境友好的畜禽健康养殖中发挥重要作用。

一、饲料添加剂概念

饲料添加剂（feed additive）是指以微小剂量添加到饲料中起某种作用的可饲物质的总称。随着动物营养学以及动物营养研究技术的发展逐渐深入，对畜禽的氨基酸、维生素、微量元素等微量养分需要量进行系统研究并制定相应的饲养标准，为早期的饲料添加剂开发奠定了基础。饲料添加剂在保障动物健康、提高动物生产性能、改善产品品质等方面都发挥重要的作用，是配合饲料中不可缺少的一部分。饲料添加剂在配合饲料中添加比例较少，一般计量单位为%、mg/kg 或者 g/t。作为饲料添加剂的基本要求主要有以下几点。

（一）安全性

作为配合饲料的重要组成部分，饲料添加剂首要的要求是安全性。饲料添加剂的安全性体现在两个方面。第一，饲料添加剂对动物是安全的，不会损害动物的健康、不影响动物的繁殖性能；第二，饲料添加剂对畜产品是安全的，随着社会的发展和生活水平的提高，人们对食品的要求不仅仅是数量的要求，更加关注食品品质，食品安全越来越受到重视。我国也曾出现过诸如瘦肉精、三聚氰胺、苏丹红等饲料添加剂造成的食品安全事件。抗生素在很长一段时间内作为促生长类饲料添加剂使用对于改善饲料利用率、提高动物生产性能方面发挥了重要作用，但是由于其具有残留、耐药性以及环境污染等问题，目前在世界多个国家被禁止在饲料中作为促生长剂添加使用。我国农业农村部在2019 年发布的第 194 号文件中明确规定自 2020 年 1 月 1 日起，退出除中药外的所有促生长类药物饲料添加剂品种。因此，安全、绿色的饲料添加剂开发必将成为今后发展的趋势。

（二）适口性

饲料添加剂的适口性主要通过刺激动物的味觉和嗅觉，通过神经反射影响动物的采食行为。适口性决定了动物对饲料的接受程度，如果配合饲料中添加有适口性差的饲料添加剂，会影响动物的采食量，进而可能会影响动物的生产性能。饲料添加剂中的诱食剂如香味剂和甜味剂等都具有较好的适口性，甚至可以掩盖饲料中的异味，能够提高动物的采食量。因此，适口性好的饲料添加剂能够被动物采食才是发挥其作用的前提。

（三）有效性

20 世纪七八十年代，我国畜禽的生产方式和养殖水平普遍较低，规模化程度低，全价配合饲料使用不普遍，饲料中的营养水平特别是能量和蛋白质等常量营养不能满足动物的营养需要，导致动物的生产水平不高，加之当时饲料添加剂生产技术落后，产品质量不高，使用效果不明显，导致饲料添加剂的有效性备受质疑，认为饲料添加剂可有可无。随着饲料工业的发展，配合饲料普遍使用，动物生产性能逐渐提高，此时动物的营养需求基本得到满足，依靠常规饲料原料搭配来提升动物的生产性能达到一定的瓶颈。同时，饲料添加剂原料的生产技术更加成熟，产品质量提高，应用效果明显，成为配合饲料中必需的一部分。由于饲料添加剂种类繁多，功能和作用同样具有多样化，在选择使用饲料添加剂种类的时候要根据添加对象、添加的目的以及使用的环境等方面合理选择，保证饲料添加剂的有效性。

（四）稳定性

饲料添加剂的稳定性是保障产品有效性、决定产品有效期的重要因素。饲料添加剂在使用过程中可能会受到温度、湿度、氧化、光照、加工方式等因素的影响。常用饲料添加剂中的维生素稳定性较差，比如维生素 A 可以通过酯化合成维生素 A 乙酸酯或者合成维生素 A 棕榈酸酯，然后添加乙氧喹作为抗氧化剂与明胶混合做成维生素 A 的微粒粉剂提高稳定性。微生态制剂中的微生物以及酶制剂要重点关注其对环境的抗逆性。此外，对于稳定性较差的饲料添加剂原料还可以采用包被的方式提高稳定性。

（五）经济性

目前我国畜牧养殖中蛋白质饲料资源匮乏，成本高，特别是大豆主要依赖进口。现阶段国家大力推行低蛋白日粮，低蛋白日粮的核心理念是氨基酸平衡，即降低日粮粗蛋白水平的同时添加限制性氨基酸起到平衡日粮氨基酸组成，提高氨基酸利用率，降低氮排放，并且不影响动物的生长性能。在使用低蛋白日粮的时候我们就需要考虑添加的限制性氨基酸的成本和饲料中节省的蛋白质原料的成本之间的关系。在饲料添加剂工业发展初期，我国的氨基酸主要依赖进口，生产效率低，成本较高，此时使用低蛋白日粮可能性价比并不高。随着氨基酸生产技术的发展，国产化进程加快，常用的限制性氨基酸如赖氨酸生产效率大大提升，成本降低，在低蛋白日粮中添加赖氨酸达到平衡日粮氨基酸就能取得较高的经济效益。植物提取物中多糖、生物碱、多酚以及黄酮等生物活性成分具有抑菌、抗氧化、调节动物免疫功能的作用，它们是替代抗生素的新型绿色饲料添加剂。植物提取物的开发流程一般是通过物理或者化学的方法定向地富集植物中的生物活性物质，然后经过体外和动物体内的试验验证其有效性，进而开发成商品。通过文献查阅，有非常多的植物提取物种类在试验阶段具有良好的效果，但是在工业化生产过程中生物活性成分的富集和纯化步骤复杂，成本较高，限制了其作为商品进行开发。因此，饲料添加剂在使用的过程中要注意经济性，要考虑投入和产出比。

（六）方便性

饲料添加剂种类多，添加量少，要求在配合饲料中计量精准，混合均匀。为了使用方便，一般将畜禽必需的一些营养性添加剂如维生素和微量的矿物元素与载体和稀释剂均匀混合后，配制成预混料的形式在配合饲料中使用。一些功能性的添加剂可以根据使用的对象和目的进行选择性添加，使用的时候要体现方便性，不增加额外的饲养步骤。

二、饲料添加剂分类

随着饲料添加剂工业的发展，饲料添加剂的种类也越来越多，饲料添加剂的合理分类能够帮助更好地使用和管理饲料添加剂。国内常见的饲料添加剂分类方法主要有以下几种。

（一）按照组成成分分类

从动物营养学的角度，饲料添加剂可以分为营养性添加剂和非营养性添加剂。

1. 营养性添加剂

营养性添加剂是指添加到配合饲料中，起平衡饲料养分、提高饲料利用率、直接对动物发挥营养作用的少量或者微量的可饲物质。动物营养学中，动物需要的6大营养物质分别是水、碳水化合物、蛋白质、脂肪、矿物质和维生素。正常饲喂的条件下，水可以自由饮用，常规饲料原料配方能够满足动物碳水化合物和脂肪的需求。蛋白质、矿物质和维生素由于饲料原料种类不同，含量差异较大，需要通过饲料添加剂中的氨基酸、微量元素、维生素进行补充来满足动物的需要。对于成年的反刍动物还可以添加非蛋白氮替代饲料中的蛋白质饲料，降低饲料成本。

氨基酸和添加剂的关系是存在一定争议的。对于配合饲料中普遍添加的赖氨酸、蛋氨酸等氨基酸以少量和微量的形式添加能够起到平衡饲料氨基酸组成，提高蛋白质利用率，改善动物生长性能，降低氮的排放，减少对环境的污染，是符合饲料添加剂的定义的。但是从氨基酸本质的角度看，氨基酸是组成蛋白质的基本单位，饲料中的蛋白质不属于饲料添加剂。此外还有一些功能性的氨基酸如甘氨酸和谷氨酸，它们虽然不是必需氨基酸，但是在动物的配合日粮中添加能够作为鲜味剂起到促进动物采食的功能。限制性氨基酸是指饲料中的一种或者多种必需氨基酸不能满足动物的营养需要会限制其他氨基酸利用的氨基酸。因此，我们可以对氨基酸和添加剂的关系做一个总结：并不是所有的氨基酸都是添加剂，限制性氨基酸和一些具有特殊功能的氨基酸属于添加剂。

2. 非营养性添加剂

非营养性添加剂是指加入配合饲料中用于改善饲料利用率、保证饲料质量和品质、有利于动物健康或代谢的一些非营养性物质。目前常用的有微生态制剂、酶制剂、酸化剂、黏结剂、抗结块剂、着色剂、诱食剂、抗氧化剂、防霉剂、中草药及植物提取物、多糖和寡糖等。

（二）按照添加剂的用途和功能分类

1. 营养添加剂

主要包括营养性添加剂氨基酸、维生素、微量元素以及成年反刍动物日粮中添加的非蛋白氮。

2. 生长促进剂

指添加到配合饲料中起到提高饲料利用效率，促进动物生长的添加剂。在 2019 年农业农村部第 194 号公告以前，配合饲料中的促生长类添加剂主要指的是抗生素，2021年以后主要指的是酶制剂、微生态制剂、酸化剂、中草药及植物提取物。

3. 驱虫保健剂

指添加到配合饲料中，能防治畜禽寄生虫病，促进畜禽生长和提高饲料利用率的饲料添加剂。低剂量使用时既可预防寄生虫侵袭，又可促进畜禽生长，提高饲料效率；当高剂量使用时主要是驱虫作用。在配合饲料中添加的驱虫保健剂主要包括两类：抗球虫剂和驱螨虫剂。

4. 饲料调制剂

指饲料加工过程中为改善饲料性状（饲料的形状、饲料的混合程度、饲料的软化状态等）而添加的物质。主要包括颗粒饲料加工过程中所用的黏结剂、矿物质添加剂中防止结块而保证混合均匀度的抗结块剂、青贮饲料调制剂和粗饲料调制剂。

5. 饲料调质剂

指能改善饲料的色和味、提高饲料或畜产品感官和质量的一种添加剂。主要包括着色剂和诱食剂。

6. 饲料贮藏剂

指能够延长饲料贮藏期，保障饲料品质的一类添加剂。主要包括防霉剂和抗氧化剂。

7. 肠道健康添加剂

指添加到配合饲料中起到平衡动物肠道微生物菌群，保障动物肠道健康的添加剂。主要包括微生态制剂、酸化剂、多糖和寡糖。

8. 畜产品品质改良剂

指添加到配合饲料中能够改善畜产品的风味及产品品质的饲料添加剂。主要包括植物提取物、中草药、抗氧化剂、畜产品着色剂。

三、饲料添加剂作用

饲料添加剂作为配合饲料的重要组成成分，其作用贯穿整个动物生产过程（图 2-1）。在饲料层面上，可以添加饲料品质保护类的添加剂，如防霉剂、抗氧化剂，增加饲料的耐贮性，延长有效期；还可以添加营养性的添加剂，如氨基酸、维生素、微量元素，提高饲料的营养价值，提高饲料利用率。采食过程中可以添加提高动物食欲、促进采食量的添加剂，如香味剂、甜味剂、辣味剂、鲜味剂。饲料被动物采食后进入消化道，可以添加促进消化吸收的酶制剂、酸化剂、微生态制剂，提高饲料中营养物质的消化吸收。具有保健促生长类添加剂种类较多，广泛使用的有驱虫保健剂、中草药及植物提取物、微生态制剂、酶制剂、酸化剂等。改善畜产品品质的添加剂主要有营养性添加剂，能够改善畜产品的营养价值；抗氧化剂能够提高畜产品货架期，着色剂能够提高畜产品色泽，提高商品性，中草药及植物提取物具有改善畜产品风味的作用。

饲料添加剂的作用多样化，一种添加剂可能具有多种功能，也有多种添加剂协同发挥一种功能。概括起来饲料添加剂的作用主要有以下方面：改善饲料的物理特性，增加饲料耐贮性；改善饲料的营养价值，提高饲料利用率；提高动物生产性能，促进动物生产；增进动物健康，改善动物产品品质；降低生产成本，提高经济效益。

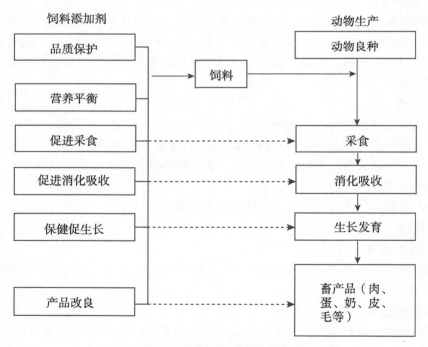

图 2-1　饲料添加剂在动物生产过程中的作用

四、饲料添加剂应用

（一）饲料添加剂发展现状

我国饲料添加剂产业经过几十年的发展，为饲料工业发展起到了积极的推动作用。据统计，1999 年饲料添加剂产量由 0.9 万 t 增加到 2021 年的 1 477.5 万 t，实现 1 600 余倍的增长。随着食品安全越来越被重视，饲料添加剂产业加快绿色、安全的高质量发展道路势在必行。图 2-2 显示的是 2016—2021 年我国饲料添加剂产业发展的总体概况，饲料添加剂总产值从 2016 年的 654 亿元增加到 2021 年的 1 154.9 亿元，正式迈入千亿级产业。期间，2019 年由于非洲猪瘟的原因，猪的存栏量下降，饲料添加剂产值出现波动，由 2018 年的 944 亿元降低到 839.3 亿元，2020 年基本恢复到 2018 年产值水平。从饲料添加剂产值增长率上看，2017 年相较于 2016 年增长率最高达到 37.5%，2018 年增长率下降，2019 年出现负增长，2020 年增长率恢复到 11.2%，2021 年达到 23.8%。饲料添加剂营收在 2016—2021 年的变化规律与饲料添加剂的总产值基本一致。饲料添加剂总产量在 2016—2021 年每年都保持 5.7% 及以上的增长，从 2016 年的 975.9 万 t 增加到 2021 年的 1 477.5 万 t。与饲料添加剂总产值和总营收不同的是，饲料添加剂总产量在 2018 年并没有下降，2018 年饲料添加剂总产量达到 1 094 万 t，与 2017 年同比增加 5.7%，其原因可能是养殖效益导致饲料价格降低，虽然产量增加了，但是营收和总产值反而出现下降。单一的饲料添加剂占饲料添加剂总产量的 90% 以上，2016—2021 年分别为 922.3 万 t、1 089.8 万 t、1 035 万 t、1 130.2 万 t、1 296.4 万 t、1 367.9 万 t，混合型饲料添加剂占饲料添加剂总产量的比例在 5% 左右，2016—2021 年生产总量分别为 53.6 万 t、51.2 万 t、59 万 t、69 万 t、94.9 万 t、109.6 万 t。

根据图 2-3 至图 2-7 的统计结果来看，添加剂的种类占比从高到低分别是矿物元素制剂、氨基酸、维生素、酶制剂、微生态制剂。从近 5 年情况看，饲料添加剂各类产品产量以增为主。2020 年矿物元素及其络（螯）合物占饲料添加剂总产量比重的 53.4%，2020 年同比增长 17.3%。2021 年氨基酸、氨基酸盐及其类似物和维生素及类维生素产量占饲料添加剂总产量比重的 40.8%，是饲料添加剂中核心价值较高的部分，2021 年产量分别达到 425.5 万 t 和 177.3 万 t。

（二）饲料添加剂在动物生产中的应用

饲料添加剂种类繁多，更新换代速度快，针对饲料添加剂的理论研究与生产应用也在不断发生变化，饲料添加剂的品种也在不断发生变化，有的添加剂被禁用，有的添加剂产品迭代更新，有新型的饲料添加剂出现。

1. 矿物元素添加剂

动物营养除了 C、H、O、N 元素外，还需要矿物质元素。矿物质元素是动物机体的重要组成成分，是动物营养中一大类无机营养素。按照生物学作用可以分为必需矿物元素、可能必需矿物元素和非必需矿物元素。一般具备条件的被认为是必需元素：在动物体内具有确定的生理功能；在同一种类动物的不同个体之间，体内该元素的含量不存

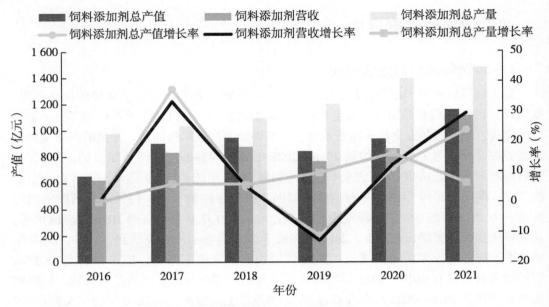

图 2-2　饲料添加剂产业发展情况（2016—2021 年）
（数据来源：中国饲料工业协会）

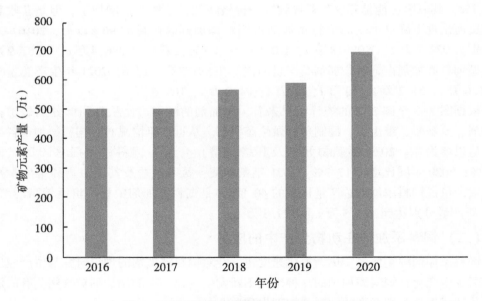

图 2-3　矿物元素制剂产量（2016—2020 年）
（数据来源：中国饲料工业协会）

在较大差异；当日粮中缺乏该元素时，动物出现特定的缺乏症或代谢变化；在日粮中补充该元素，可预防或消除缺乏症或代谢变化。必需矿物元素包括钙、磷、钠、钾、氯、镁、硫、铁、铜、锰、锌、碘、硒、钼、钴、铬、氟、硅、硼。在生产上并不表现缺乏

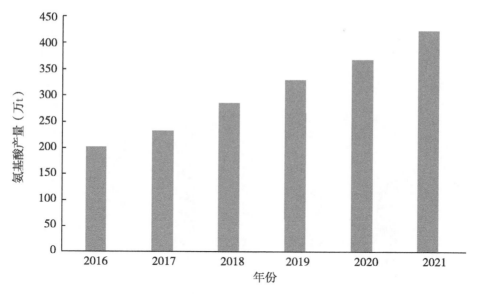

图 2-4　氨基酸产量（2016—2021 年）
（数据来源：中国饲料工业协会）

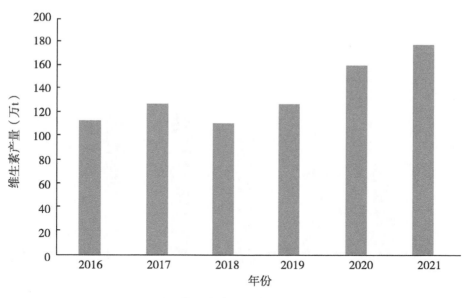

图 2-5　维生素产量（2016—2021 年）
（数据来源：中国饲料工业协会）

症，但可能在体内有一定的营养生理功能。在实验条件下可出现实验性缺乏症或具有某些生理功能，这些元素也可能是动物必需的矿物元素。可能必需元素包括铝、镉、砷、铅、锂、镍、钒、锡、溴。根据矿物元素在动物体内的含量分为常量矿物元素和微量矿物元素。在动物体内含量高于 0.01%（包括 0.01%）的元素称为常量矿物元素，包括

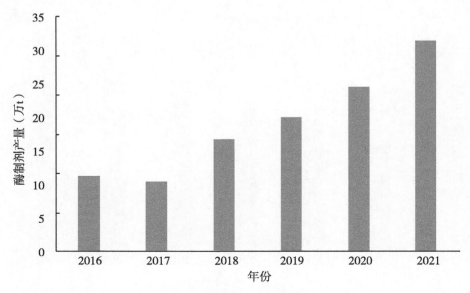

图 2-6 酶制剂产量（2016—2021 年）
（数据来源：中国饲料工业协会）

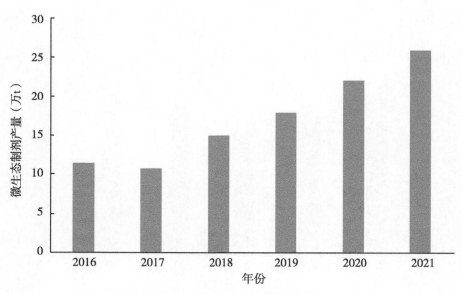

图 2-7 微生态制剂产量（2016—2021 年）
（数据来源：中国饲料工业协会）

钙、磷、钠、钾、氯、镁、硫；在动物体内含量低于 0.01% 的元素称为微量矿物元素，包括铁、铜、锰、锌、硒、碘、钴、钼、氟、铬、硅、硼等。

矿物元素添加剂发展主要经过 3 个阶段。①第一代微量元素添加剂：无机盐的生物学效价很低（溶解度受 pH 值的影响，如硫酸盐，在 pH 值为 4 时在水中溶解；pH 值为

6 以上时，易发生沉淀。动物体小肠是矿物元素吸收的主要部位，它的 pH 值大于 6，难以被动物吸收利用）。植酸在 pH 值 5~6 时与 Fe^{2+}、Co^{2+}、Zn^{2+}、Cu^{2+} 等金属微量元素离子络合，形成难以消化吸收的植酸微量元素络合物。为了满足动物的需要，必须加大使用量。这样便产生两个问题：一是动物排泄大量未被吸收的无机盐对环境产生污染；二是过量使用微量元素产生的安全性问题。许多矿物盐含有结晶水，具有吸湿性、易结块、影响加工，同时对饲料中的维生素具有破坏作用。②第二代微量元素添加剂：其形式通常为乙酸盐、柠檬酸盐、富马酸盐、葡萄糖酸盐等。第二代产品的生物学利用率虽比第一代产品有所提高，但仍不理想，而且生化功能也不够稳定，不同有机酸螯合的盐其作用效果有的差别很大。③第三代微量元素添加剂：氨基酸螯合盐是以二价阳离子与给电子体的氨基形成配位键，又与给电子体的羧基中的氧构成离子键形成五元环或六元环，是化学稳定性和生化稳定性很好的螯合结构。

农业农村部公告 2045 号及后续修订公告汇总，截至 2021 年 12 月，饲料添加剂品种目录中矿物元素及其络（螯）合物包括适用于养殖动物的氯化钠、硫酸钠、磷酸二氢钠、磷酸氢二钠、磷酸二氢钾、磷酸氢二钾、轻质碳酸钙、氯化钙、磷酸氢钙、磷酸二氢钙、磷酸三钙、乳酸钙、葡萄糖酸钙、硫酸镁、氧化镁、氯化镁、柠檬酸亚铁、富马酸亚铁、乳酸亚铁、硫酸亚铁、氯化亚铁、氯化铁、碳酸亚铁、氯化铜、硫酸铜、碱式氯化铜、氧化锌、氯化锌、碳酸锌、硫酸锌、乙酸锌、碱式氯化锌、氯化锰、氧化锰、硫酸锰、碳酸锰、磷酸氢锰、碘化钾、碘化钠、碘酸钾、碘酸钙、氯化钴、乙酸钴、硫酸钴、亚硒酸钠、钼酸钠、蛋氨酸铜络（螯）合物、蛋氨酸铁络（螯）合物、蛋氨酸锰络（螯）合物、蛋氨酸锌络（螯）合物、赖氨酸铜络（螯）合物、赖氨酸锌络（螯）合物、甘氨酸铜络（螯）合物、甘氨酸铁络（螯）合物、酵母铜、酵母铁、酵母锰、酵母硒、氨基酸铜络合物（氨基酸来源于水解植物蛋白）、氨基酸铁络合物（氨基酸来源于水解植物蛋白）、氨基酸锰络合物（氨基酸来源于水解植物蛋白）、氨基酸锌络合物（氨基酸来源于水解植物蛋白）；适用于断奶仔猪、肉仔鸡和蛋鸡的赖氨酸和谷氨酸锌络合物；适用于养殖动物（反刍动物除外）的蛋白铜、蛋白铁、蛋白锌、蛋白锰；适用于奶牛、肉牛、家禽和猪的羟基蛋氨酸类似物络（螯）合锌、羟基蛋氨酸类似物络（螯）合锰、羟基蛋氨酸类似物络（螯）合铜；适用于猪、犬、猫的烟酸铬、酵母铬、蛋氨酸铬、吡啶甲酸铬；适用于猪、奶牛、犬、猫的丙酸铬；适用于猪、犬、猫的甘氨酸锌；适用于猪、牛和家禽的丙酸锌；适用于反刍动物、畜禽的硫酸钾；适用于反刍动物的三氧化二铁、氧化铜；适用于反刍动物、猫、狗的碳酸钴；适用于畜禽、鱼和虾的稀土（铈和镧）壳糖胺螯合盐；生长育肥猪、家禽、犬、猫的乳酸锌（α-羟基丙酸锌）；适用于犬、猫的葡萄糖酸铜、葡萄糖酸锰、葡萄糖酸锌、葡萄糖酸亚铁、焦磷酸铁、碳酸镁、甘氨酸钙、二氢碘酸乙二胺（EDDI）。2045 号公告发布后新批准的新饲料和新饲料添加剂品种包括适用于断奶仔猪的柠檬酸铜；适用于肉仔鸡的碱式氯化锰。

2. 氨基酸添加剂

氨基酸是至少含有一个氨基和一个羧基的化合物，根据结构和性质可以分为中性氨基酸、酸性氨基酸和碱性氨基酸。氨基酸是组成蛋白质的基本单位，组成动物体蛋白的氨基酸都是 α-氨基酸。氨基酸可以分为必需氨基酸和非必需氨基酸。必需氨基酸是指动物自身不能合成或能合成但合成速度慢，且数量少不能满足正常需要，必须由饲料供给的氨基酸。单胃成年动物需 8 种必需氨基酸（赖氨酸、蛋氨酸、色氨酸、缬氨酸、苯丙氨酸、亮氨酸、异亮氨酸、苏氨酸），生长期还需组氨酸、精氨酸；非必需氨基酸是指动物体内合成较多或需要较少而不需要由饲料供给也能保证正常生长发育需要的氨基酸。值得注意的是，非必需氨基酸并不是指动物在生长和维持生命过程中不需要这些氨基酸。

氨基酸作为饲料添加剂使用的基本原理是日粮的氨基酸平衡。氨基酸平衡是指日粮中各种氨基酸的数量和比例与动物维持、生长、繁殖、泌乳等的需要相符合。因此氨基酸平衡包括数量和比例两方面的含义，通常仅指氨基酸之间的比例关系，即理想蛋白质模式。日粮蛋白质的氨基酸在组成和比例上与动物所需蛋白质的氨基酸的组成和比例一致，包括必需氨基酸之间以及非必需氨基酸之间的组成和比例，此时的日粮中蛋白质的利用率理论上是百分之百。实际生产中这种理想蛋白质模式并不存在，饲料原料的氨基酸组成参差不齐，有的超过动物的营养需要，有的低于动物的营养需要。我们把饲料原料中的一种或者多种低于动物营养需要的氨基酸称作限制性氨基酸。《黄帝内经·素问》中提到"五谷宜为养，失豆则不良"，说的就是谷物中小麦、大麦、稻谷等能够作为能量物质，但是氨基酸组成中的赖氨酸极其缺乏，而豆类中蛋白质含量较高，特别是豆粕中赖氨酸含量高。生产中，对于猪，玉米豆粕型日粮，赖氨酸为第一限制性氨基酸；对于家禽，蛋氨酸为第一限制性氨基酸。反刍动物的第一限制性氨基酸并不明确，目前在高产的奶牛上添加过瘤胃的赖氨酸和蛋氨酸能够起到提高产奶量、改善乳品质的作用。因此，在畜禽生产环节通常可以通过添加赖氨酸、蛋氨酸、苏氨酸、色氨酸等限制性氨基酸平衡日粮氨基酸组成，提高蛋白质利用率，提高饲料转化效率，提高动物生产性能。

氨基酸在利用的过程中要注意氨基酸的构型。除了甘氨酸以外，其他 α-氨基酸都具有 D 型（右旋 dextrorotation）和 L 型（左旋 levogyration）两种构型，而动物体蛋白都是由 L 型氨基酸组成。因此，在肠内 D 型不如 L 型氨基酸易吸收，吸收的 D 型氨基酸若不转化成 L 型氨基酸，仍不能构建动物体蛋白质。由于 D 型氨基酸的脱氨基强度不同，因而机体对各种 D 型氨基酸的利用程度也各不相同。D 型氨基酸可以完全替代其 L 型氨基酸，如 D 型苯丙氨酸；D 型可部分替代 L 型的，如 D 型精氨酸；完全不能替代，如 D 型苏氨酸、D 型赖氨酸。对于反刍动物，由于瘤胃微生物作用，一般添加过瘤胃氨基酸来补充限制性氨基酸。过瘤胃的保护方法可以采用合成氨基酸酯、合成氨基酸类似物、使用氨基酸螯合物、包被氨基酸。不管哪种保护氨基酸方式，它们必须是尽可能地防止氨基酸在瘤胃被降解，另外又能在瘤胃后消化道中被有效地释放，而且能以生物学可利用的形式被吸收和利用。

2045 号公告及后续修订公告汇总，截至 2021 年 12 月，饲料添加剂品种目录中氨基酸、氨基酸盐及其类似物包括适用于养殖动物的 L-赖氨酸、液体 L-赖氨酸（L-赖氨酸含量不低于 50%）、L-赖氨酸盐酸盐、L-赖氨酸硫酸盐及其发酵副产物（产自谷氨酸棒杆菌、乳糖发酵短杆菌，L-赖氨酸含量不低于 51%）、DL-蛋氨酸、L-苏氨酸、L-色氨酸、L-精氨酸、L-精氨酸盐酸盐、甘氨酸、L-酪氨酸、L-丙氨酸、天（门）冬氨酸、L-亮氨酸、异亮氨酸、L-脯氨酸、苯丙氨酸、丝氨酸、L-半胱氨酸、L-组氨酸、谷氨酸、谷氨酰胺、缬氨酸、胱氨酸、牛磺酸；适用于畜禽的半胱胺盐酸盐；适用于犬和猫的L-半胱氨酸盐酸盐；适用于猪、鸡、牛和水产养殖动物、犬、猫、鸭的蛋氨酸羟基类似物；适用于猪、鸡、牛和水产养殖动物、犬、猫的蛋氨酸羟基类似物钙盐；适用于反刍动物的蛋氨酸羟基类似物异丙酯和N-羟甲基蛋氨酸钙；适用于鸡的α-环丙氨酸。2045号公告附录二所列新饲料和新饲料添加剂品种包括适用于猪的苏氨酸锌螯合物。2045号公告发布后新批准的新饲料和新饲料添加剂品种包括适用于妊娠母猪、花鲈和泌乳奶牛的N-氨甲酰谷氨酸；适用于肉仔鸡的L-硒代蛋氨酸。

3. 维生素添加剂

维生素是维持动物正常生理机能和生命活动必不可少的一类低分子有机化合物。维生素主要以辅酶和辅基的形式参与体内代谢的多种化学反应，促进营养素的合成与降解，从而保证机体组织器官的细胞结构和功能正常，以维持机体健康和各种生产活动。维生素添加剂合理使用首先要确定维生素的正确添加量，通过查询饲养标准（营养需要），然后确定安全系数，根据我国当前畜牧业生产水平和配合饲料中的能量浓度及蛋白水平，应该在我国畜禽饲养标准及美国NRC饲养标准水平基础上超量添加（超量25%～50%），可带来较好的经济效益。使用维生素添加剂的注意事项包括：掌握需要量和供给量的关系、注意维生素添加剂的保存环境和生产日期、注意维生素添加剂效价、综合考虑畜禽的生产情况、注意维生素添加剂预混合。使用维生素添加剂时特别要注意氯化胆碱的使用方法，氯化胆碱本身稳定，未开封的氯化胆碱至少可储存2年以上。在氯化胆碱的使用中，最值得注意的是胆碱对其他维生素（维生素C、维生素B_1、维生素B_2、泛酸、维生素B_6、烟酰胺在碱性溶液中不稳定）有极强的破坏作用，特别是在有金属元素存在时，对维生素A、维生素D、维生素K的破坏较快。此外，氯比胆碱在饲料中的添加量大。因而维生素添加剂产品的设计中，最好不要将胆碱加入1%的预混料中，一般是把氯化胆碱单独制成预混剂，直接加入配合饲料中去，减少胆碱与其他维生素的接触机会。

农业农村部公告2045号及后续修订公告汇总，截至2021年12月，饲料添加剂品种目录中维生素及类维生素适用于养殖动物的有维生素A、维生素A乙酸酯、维生素A棕榈酸酯、β-胡萝卜素、盐酸硫胺（维生素B_1）、硝酸硫胺（维生素B_1）、核黄素（维生素B_2）、盐酸吡哆醇（维生素B_6）、氰钴胺（维生素B_{12}）、L-抗坏血酸（维生素C）、L-抗坏血酸钙、L-抗坏血酸钠、L-抗坏血酸-2-磷酸酯、L-抗坏血酸-6-棕榈酸酯、维生素D_2、维生素D_3、天然维生素E、dl-α-生育酚、dl-α-生育酚乙酸酯、亚硫酸氢钠甲萘醌（维生素K_3）、二甲基嘧啶醇亚硫酸甲萘醌、亚硫酸氢烟酰胺甲萘醌、烟酸、烟酰胺、D-泛醇、D-泛酸钙、DL-泛酸钙、叶酸、D-生物素、氯化胆碱、肌醇、L-肉碱、L-肉碱盐酸盐、甜菜碱、甜菜碱盐酸盐；适用于猪、家禽的有25-羟基胆钙化醇（25-羟基维生素D_3）；适用于宠物的有L-肉碱酒石酸盐；适用于犬、猫的有维生素K_1、酒石酸氢胆碱。

4. 药物添加剂

饲料中的药物添加剂主要包括抗生素和驱虫保健剂两大类。抗生素：微生物（细菌、真菌、放线菌等）在新陈代谢过程中产生的，具有抑制其他种微生物的生长和活动，甚至杀灭其他种微生物性能的化学物质。饲用抗生素包括促生长类抗生素和用于加药饲料的抗生素。前者指以亚治疗量应用于健康动物饲料中，改善营养状况，促进动物生长，提高饲料效率的抗生素。后者主要用于治疗，即动物在疾病状态下使用的饲料，可以在兽医处方的情况下加入的某种抗生素。根据我国畜牧兽医年鉴和水产统计年报，2020 年我国畜禽肉产量 7 639 万 t，蛋产量 3 468 万 t，奶产量 3 530 万 t，水产品产量 5 224 万 t，总计 19 861 万 t。2020 年各类抗菌药使用总量 32 776 t，据此测算每吨动物产品兽用抗菌药使用量约为 165 g。但是抗生素的大量使用导致耐药性、残留以及对环境的污染等问题，我国农业农村部在 2019 年发布 194 号公告明确禁止抗生素作为促生长剂在饲料中添加使用。可以作为饲料添加剂使用的驱虫保健剂有两类：一类是驱虫性抗生素，另一类是抗球虫剂。

允许在商品饲料中使用的兽药，仅指经过农业农村部批准、正式发布公告的抗球虫类药物和促生长类中药，每个产品均有明确的适用动物范围、添加剂量和休药期等要求，在说明书的注意事项中写明"允许在商品饲料和养殖过程中使用"。饲料企业生产含有允许添加的抗球虫类药物或中药类药物的饲料产品，应当严格遵守兽药使用规定，并严格按照该兽药产品的法定质量标准、标签和说明书等规范使用。不得超适用动物范围、超剂量添加。允许在商品饲料中使用的抗球虫类药物和促生长类中药产品是动态调整的，相关饲料生产企业应当随时关注农业农村部发布的有关公告。

目前允许在特定商品饲料中添加的兽药产品包括：第 246 号公告中的二硝托胺预混剂、马度米星铵预混剂、盐酸氯苯胍预混剂、盐酸氨丙啉乙氧酰胺苯甲酯预混剂、盐酸氨丙啉乙氧酰胺苯甲酯磺胺喹噁啉预混剂、海南霉素钠预混剂、氯羟吡啶预混剂、地克珠利预混剂、盐霉素钠预混剂、盐霉素预混剂、拉沙洛西钠预混剂、甲基盐霉素尼卡巴嗪预混剂、甲基盐霉素预混剂、尼卡巴嗪预混剂、博落回散、山花黄芩提取物散；第 332 号公告中的莫能菌素预混剂；第 350 号公告中的氢溴酸常山酮预混剂。具体的"兽药名称""作用与用途""适应证""功能与主治""用法与用量""注意事项""休药期""规格"等部分内容，饲料企业在使用过程中请以农业农村部公告内容为准。

5. 微生态制剂

微生态制剂指可以直接饲喂动物并通过调节动物肠道微生态平衡达到预防疾病、促进动物生长和提高饲料利用率的活性微生物或其培养物。微生态制剂常用的菌种包括乳酸菌、芽孢杆菌、酵母菌、光合细菌。乳酸菌是一种可以分解糖类产生乳酸的革兰氏阳性菌，厌氧或者兼性厌氧生长。其功能主要包括：促进营养成分的消化吸收；增强机体免疫力；改善肠道菌群环境；降低血清中胆固醇含量；吸附黄曲霉毒素并形成稳定的复合结构。芽孢杆菌是肠道的过路菌，不能定植于肠道中，好氧，无害，能产生芽孢，耐酸碱、耐高温和挤压，在肠道酸性环境中具有高度的稳定性；促进有益菌的生长；拮抗肠道内有害菌；增强机体免疫力，提高抗病能力；能分泌较强活性的蛋白酶及淀粉酶，可明显提高动物生长速度，促进饲料营养物质的消化。酵母菌用于微生态制剂：一种是活性酵母制剂，一种是酵母培养物。酵母细胞富含蛋白质、核酸、维生素和多种酶，具有增强动物免疫力，增加饲料适口性，促进动物对饲料的消化吸收能力等功能，并可提高动物对磷的利用率；其培养物营养丰富，富含 B 族维生素、矿物质、消化酶、促生长因子和较齐全的氨基酸，具有优化瘤胃功能性微生物的生长与平衡；优化瘤胃内环境，维持 pH 值稳定；提高能量和蛋白的供应，进而提高生产效率；提升免疫能力及健康，抵抗应激；吸附霉菌毒素的作用。光合细菌可以直接提供营养，菌体蛋白含量高达 60%~65%，富含 B 族维生素、泛酸、叶酸等生理活性物质；促进动物生长；净化功能，具有氨化、解磷、反硝化、硝化及固氮作用。

农业农村部公告 2045 号及后续修订公告汇总，截至 2021 年 12 月，饲料添加剂品种目录中适用于养殖动物的微生物包括地衣芽孢杆菌、枯草芽孢杆菌、两歧双歧杆菌、粪肠球菌、屎肠球菌、乳酸肠球菌、嗜酸乳杆菌、干酪乳杆菌、德式乳杆菌乳酸亚种（原名：乳酸乳杆菌）、植物乳杆菌、乳酸片球菌、戊糖片球菌、产朊假丝酵母、酿酒酵母、沼泽红假单胞菌、婴儿双歧杆菌、长双歧杆菌、短双歧杆菌、青春双歧杆菌、嗜热链球菌、罗伊氏乳杆菌、动物双歧杆菌、黑曲霉、米曲霉、迟缓芽孢杆菌、短小芽孢杆菌、纤维二糖乳杆菌、发酵乳杆菌、德氏乳杆菌保加利亚亚种（原名：保加利亚乳杆菌）。用于青贮饲料和牛饲料的有产丙酸丙酸杆菌、布氏乳杆菌；用于青贮饲料的有副干酪乳杆菌；用于肉鸡、生长育肥猪和水产养殖动物、犬、猫的有凝结芽孢杆菌；用于肉鸡、肉鸭、猪、虾的有侧孢短芽孢杆菌（原名：侧孢芽孢杆菌）。2045 号公告附录二所列新饲料和新饲料添加剂品种适用于断奶仔猪、肉仔鸡的有丁酸梭菌。

6. 酶制剂

饲用酶制剂是将一种或多种用生物工程技术生产的酶与载体和稀释剂采用一定的加工工艺生产的一种饲料添加剂。饲用酶制剂被公认为是目前唯一能同时有效解决养殖领域中饲料安全、饲料原料缺乏和养殖污染等 3 大问题的新型饲料添加剂。由于酶制剂产业符合"循环经济""低碳经济""绿色经济"等现代社会发展趋势，对推动我国养殖业向资源节约型和环境友好型方向转变具有重要意义，因此受到了国家政策的大力支持。尤其在最近十年，随着以基因工程和蛋白质工程为代表的分子生物学技术的不断进步和成熟，酶制剂产业发展迅猛，前景广阔。饲用酶制剂主要种类包括消化碳水化合物的酶、蛋白酶、脂肪酶、植酸酶、葡萄糖氧化酶等。

农业农村部公告 2045 号及后续修订公告汇总，截至 2021 年 12 月，饲料添加剂品种目录中包括适用于青贮玉米、玉米、玉米蛋白粉、豆粕、小麦、次粉、大麦、高粱、燕麦、豌豆、木薯、小米、大米的淀粉酶（产自黑曲霉、解淀粉芽孢杆菌、地衣芽孢杆菌、枯草芽孢杆菌、长柄木霉、米曲霉、大麦芽、酸解支链淀粉芽孢杆菌）；适用于豆粕的 α-半乳糖苷酶（产自黑曲霉）；适用于玉米、大麦、小麦、麦麸、黑麦、高粱的纤维素酶（产自长柄木霉、黑曲霉、孤独腐质霉、绳状青霉）；适用于小麦、大麦、菜籽粕、小麦副产物、去壳燕麦、黑麦、黑小麦、高粱 β-葡聚糖酶（产自黑曲霉、枯草芽孢杆菌、长柄木霉、绳状青霉、解淀粉芽孢杆菌、棘孢曲霉）；适用于葡萄糖的葡萄糖氧化酶（产自特异青霉、黑曲霉）；适用于动物或植物源性油脂或脂肪的脂肪酶（产自黑曲霉、米曲霉）；适用于麦芽糖的麦芽糖酶（产自枯草芽孢杆菌）；适用于玉米、豆粕、椰子的 β-甘露聚糖酶（产自迟缓芽孢杆菌、黑曲霉、长柄木霉）；适用于犬、猫的 β-半乳糖苷酶（产自黑曲霉）、菠萝蛋白酶（源自菠萝）、木瓜蛋白酶（源自木瓜）、胃蛋白酶（源自猪、小牛、小羊、禽类的胃组织）、胰蛋白酶（源自猪或牛的胰腺）；适用于玉米、小麦的果胶酶（产自黑曲霉、棘孢曲霉）；适用于玉米、豆粕等含有植酸的植物籽实及其加工副产品类饲料原料的植酸酶（产自黑曲霉、米曲霉、长柄木霉、毕赤酵母）；适用于植物和动物蛋白的蛋白酶（产自黑曲霉、米曲霉、枯草芽孢杆菌、长柄木霉）、角蛋白酶（产自地衣芽孢杆菌）；适用于玉米、大麦、黑麦、小麦、高粱、黑小麦、燕麦的木聚糖酶（产自米曲霉、孤独腐质霉、长柄木霉、枯草芽孢杆菌、绳状青霉、黑曲霉、毕赤酵母）。

7. 酸化剂

酸化是指人为地将无机酸或有机酸，单独或以混合物的形式加入畜禽的日粮或饮水中，以降低其 pH 值的过程。饲料的酸化是通过加入酸化剂来解决的。通常把能提高饲料酸度（降低 pH 值）的一类物质称做饲料酸化剂。酸化剂作为一种绿色无污染的功能性饲料添加剂产品，在畜禽生长性能、免疫功能以及肠道健康等方面发挥着积极作用。酸化剂的 3 个基本作用如下。

（1）降低 pH 值。日粮的酸结合力：指一定质量的日粮对酸性物质具有的酸度缓冲能力。日粮的酸结合力以系酸力（或称缓冲力、缓冲值）表示。一般而言，日粮的初始酸碱值和系酸力越高，那么仔猪进食后，就必须分泌更多的胃酸或者额外添加更多的酸化剂才能将胃内的 pH 值降低到 3.5 以下。因此，不同的日粮配方的酸结合力不同，酸结合力越高的日粮，对消化道内中和作用越大，吸附消化道内的酸越多。酸结合力越低的日粮，吸附消化道内酸的量越少。日粮的酸结合力与其原料的选择、营养水平的确定以及酸化剂的使用密切相关。

（2）促进营养利用。酸化剂可以降低胃中的 pH 值，激活胃蛋白酶原，促进消化；与矿物质螯合，促进吸收；促进小肠上皮增殖；改善适口性，提高采食量；作为中间产物直接参与能量代谢。

（3）控制有害细菌。有机酸化剂抑菌能力主要通过分子态进入细菌细胞内改变 pH 值，干扰微生物正常代谢进行抑菌。有机酸的酸度越高并不代表抑菌能力越高，而是与其溶解度以及电离常数（pKa）有关系。无机酸化剂由于无法渗透到细菌细胞内，其抑菌机制基本上是在动物胃肠道内解离 H^+ 产生效应，降低细菌细胞内 pH 值，破坏细胞的内环境稳态，从而抑制病原菌的生长。

饲料中常用的酸化剂主要包括甲酸、甲酸铵、甲酸钙、乙酸、双乙酸钠、丙酸、丙酸铵、丙酸钠、丙酸钙、丁酸、丁酸钠、乳酸、苯甲酸、苯甲酸钠、山梨酸、山梨钙、酒石酸、苹果酸、磷酸。

8. 饲料调制剂

常用的饲料调制剂：黏结剂、抗结块剂、稳定剂、乳化剂、青贮饲料调制剂、粗饲料调制剂。

农业农村部公告 2045 号及后续修订公告汇总，截至 2021 年 12 月，饲料添加剂品种目录中包括适用于养殖动物的黏结剂、抗结块剂、稳定剂和乳化剂有 α-淀粉、三氧化二铝、可食脂肪酸钙盐、可食用脂肪酸单/双甘油酯、硅酸钙、硅铝酸钠、硫酸钙、硬脂酸钙、甘油脂肪酸酯、聚丙烯酸树脂Ⅱ、山梨醇酐单硬脂酸酯、聚氧乙烯 20 山梨醇酐单油酸酯、丙二醇、卵磷脂、海藻酸钠、海藻酸钾、海藻酸铵、琼脂、瓜尔胶、阿拉伯树胶、黄原胶、甘露糖醇、木质素磺酸盐、羧甲基纤维素钠、聚丙烯酸钠、山梨醇酐脂肪酸酯、蔗糖脂肪酸酯、焦磷酸二钠、单硬脂酸甘油酯、聚乙二醇 400、磷脂、聚乙二醇甘油蓖麻酸酯、二氧化硅（沉淀并经干燥的硅酸）、辛烯基琥珀酸淀粉钠、乙基纤维素、聚乙烯醇、紫胶、羟丙基甲基纤维素；适用于猪、鸡和鱼、犬、猫的丙三醇；适用于猪、牛和家禽、犬、猫的硬脂酸；适用于宠物的卡拉胶、决明胶、刺槐豆胶、果胶、微晶纤维素；适用于犬、猫的羟丙基纤维素、硬脂酸镁、不溶性聚乙烯聚吡咯烷酮（PVPP）、羧甲基淀粉钠、结冷胶、醋酸酯淀粉、葡萄糖酸-δ-内酯、羟丙基二淀粉磷酸酯、羟丙基淀粉、酪蛋白酸钠、丙二醇脂肪酸酯、中链甘油三酯、亚麻籽胶、乙酰化二淀粉磷酸酯、麦芽糖醇、可得然胶、聚葡萄糖。

9. 饲料调质剂

饲料调质剂包括着色剂和诱食剂两大类。着色剂也称调色剂、增色剂。在饲料中添加着色剂的目的主要在于增加畜禽、水产动物产品的色泽，以提高其商品价值，同时利于标记各种不同用途的饲料。诱食剂又称引诱剂、食欲增进剂，是一类为了改善饲料适口性、增强动物食欲、提高动物采食量、促进饲料消化吸收和利用，而添加于饲料中的特殊物质。

农业农村部公告 2045 号及后续修订公告汇总，截至 2021 年 12 月，饲料添加剂品种目录中着色剂包括适用于家禽的辣椒红、β-阿朴-8'-胡萝卜素醛、β-阿朴-8'-胡萝卜素酸乙酯、β 胡萝卜素-4，4-二酮（斑蝥黄）、β-胡萝卜素、天然叶黄素（源自万寿菊）；适用于犬、猫的 β-胡萝卜素、天然叶黄素（源自万寿菊）、虾青素、胭脂虫红、氧化铁红、高粱红、红曲红、红曲米、叶绿素铜钠（钾）盐、栀子蓝、栀子黄、新红、酸性红、萝卜红、番茄红素；适用于水产养殖动物的天然叶黄素（源自万寿菊）、红法夫酵母、虾青素；适用于宠物的柠檬黄、日落黄、诱惑红、胭脂红、靛蓝、二氧化钛、焦糖色（亚硫酸铵法、普通法、氨法）、赤藓红、苋菜红、亮蓝；适用于观赏鱼的红法夫酵母、苋菜红、亮蓝。甜味剂包括适用于猪的糖精、糖精钙、新甲基橙皮苷二氢查耳酮；适用于养殖动物的索马甜、糖精钠、山梨糖醇；适用于犬、猫的海藻糖、琥珀酸二钠、甜菊糖苷、5'-呈味核苷酸二钠；适用于养殖动物的香味剂食品用香料、牛至香酚；适用于养殖动物的谷氨酸钠、5'-肌苷酸二钠、5'-鸟苷酸二钠、大蒜素。

10. 抗氧化剂

饲料原料中存在许多极易氧化的成分，如脂溶性维生素中维生素 A 和维生素 E、色素、不饱和脂肪酸等。抗氧化剂是一类能够有效阻止或者延缓脂类化合物自动氧化的物质，饲料生产加工过程中添加抗氧化剂能够阻止或延迟饲料氧化，提高饲料稳定性和延长贮存期。

农业农村部公告 2045 号及后续修订公告汇总，截至 2021 年 12 月，饲料添加剂品种目录中包括适用于养殖动物的乙氧基喹啉、丁基羟基茴香醚（BHA）、二丁基羟基甲苯（BHT）、没食子酸丙酯、特丁基对苯二酚（TBHQ）、茶多酚、维生素 E、L-抗坏血酸-6-棕榈酸酯、L-抗坏血酸钠；适用于宠物的迷迭香提取物；适用于犬、猫的硫代二丙酸二月桂酯、甘草抗氧化物、D-异抗坏血酸、D-异抗坏血酸钠、植酸（肌醇六磷酸）。

11. 多糖和寡糖

多糖是由 10 个以上的单糖分子通过糖苷键聚合而成的一类大分子化合物，主要分为植物多糖、动物多糖和微生物多糖，广泛存在于动植物体内和微生物细胞壁中。寡糖一般指低聚糖不易被动物消化吸收，可起到调节动物肠道微生物群从而促进动物肠道健康的作用。

农业农村部公告 2045 号及后续修订公告汇总，截至 2021 年 12 月，饲料添加剂品种目录中包括适用于鸡、猪、水产养殖动物、犬、猫的低聚木糖（木寡糖）、低聚壳聚糖；适用于猪、肉鸡、兔和水产养殖动物的半乳甘露寡糖；适用于养殖动物的果寡糖、甘露寡糖、低聚半乳糖；适用于猪、鸡、肉鸭、虹鳟鱼、犬、猫的壳寡糖［寡聚 β-（1-4）-2-氨基-2-脱氧-D-葡萄糖］；适用于水产养殖动物、犬、猫的 β-1,3-D-葡聚糖（源自酿酒酵母）；适用于猪、鸡的 N,O-羧甲基壳聚糖。2045 号公告附录二所列新饲料和新饲料添加剂品种包括适用于肉鸡、蛋鸡的褐藻酸寡糖；适用于蛋鸡、断奶仔猪、犬、猫的低聚异麦芽糖。

12. 中草药及植物提取物

中草药指来源于天然动物、植物和矿物，具有药用成分和药理功能，能够治疗人和动物疾病或维护其健康的产品。植物提取物指以植物为原料，按照对提取物最终产品用途的需要，经过物理或者化学提取分离过程，定向获取和富集植物中的一种或多种有效成分，不改变其有效成分结构而形成的产品。中草药和植物提取成分的活性物质主要有多糖、多酚、生物碱、植物精油等，具有抑菌、抗氧化、抗炎、提高动物免疫力的作用。

农业农村部公告 2045 号及后续修订公告汇总，截至 2021 年 12 月，饲料添加剂品种目录中包括适用于养殖动物的天然类固醇萨洒皂角苷（源自丝兰）、天然三萜烯皂角苷（源自可来雅皂角树）；适用于猪和家禽的糖萜素（源自山茶籽饼）；适用于仔猪、生长育肥猪、肉鸡、犬、猫的苜蓿提取物（有效成分为苜蓿多糖、苜蓿黄酮、苜蓿皂苷）；适用于生长育肥猪、鱼、虾的杜仲叶提取物（有效成分为绿原酸、杜仲多糖、杜仲黄酮）；适用于鸡、猪、绵羊、奶牛的淫羊藿提取物（有效成分为淫羊藿苷）；适用于猪、肉鸡和鱼、犬、猫的紫苏籽提取物（有效成分为 α-亚油酸、亚麻酸、黄酮）；适用于家禽、生长育肥猪、犬、猫的植物甾醇（源于大豆油/菜籽油，有效成分为 β-谷甾醇、菜油甾醇、豆甾醇）。2045 号公告附录二所列新饲料和新饲料添加剂品种包括适用于鸡的藤茶黄酮。2045 号公告发布后新批准的新饲料和新饲料添加剂品种包括适用于淡水鱼类、肉仔鸡的姜黄素；适用于肉仔鸡的绿原酸（源自山银花，原植物为灰毡毛忍冬）。

第三节　饲料原料的质量管理与控制

原料的质量控制是产品质量控制的基础，是实现配方价值，体现配方特点，保障产品质量的重要保证。原料的质量管理包括采购、接收、检验、存储、库存量的确定等环节。

一、饲料原料的采购管理

原料采购是保证原料质量的关键环节，原料采购管理工作至关重要，它直接关系到饲料生产成本的高低和经济效益的好坏。因此，企业主管应高度重视饲料采购环节，尤其应加强对单一饲料原料、饲料添加剂、药物饲料添加剂、添加剂预混料和浓缩料的采购管理。

（一）饲料原料采购管理目标

1. 制订合理的采购计划

根据生产需要确定基本计划，依据资金状况灵活调整，时刻注意市场动态、价格变化，综合考虑有利于仓储和减少滞留的情况进行制定。

2. 拟定原料的采购标准

依据配方要求、市场情况、参照原料的国家标准或企业标准拟定合理的原料采购标准，并根据原料的种类及实际情况确定保证原料质量的必检项目。

3. 建立原料采购验收制度和原料验收标准

原料采购验收制度的制定应当对采购验收流程、查验要求、检验要求、原料验收标准、不合格原料的处置、查验记录等内容进行翔实的规定。原料的验收标准需要规定原料的通用名称、主要营养成分指标的验收值、卫生安全指标的验收值等内容。其中卫生安全指标的验收值应当符合有关法律法规和国家、行业的规定。

当采购实施行政许可的饲料（添加剂、药物饲料等）原料时应当逐批检查许可证明文件编号和质量检验合格证，并填写查验记录。

当采购不需要行政许可的饲料原料时，应根据原料验收标准逐批查验供应商提供的相应质量检验报告。无质量检验报告的，企业应当逐批次对原料的主要营养成分进行自检或者委托其他检验机构进行检验，一旦发现不符合原料验收标准则不得接收、不得使用。

4. 加强原料品质检验管理

企业应重视对原料品质的检验与管理，加大检验方面的投入。检测项目因原料种类而异，一般先进行感官检查，再确定相应的必需检测项目。必要时再进行进一步的分析检验，如鱼粉中胃蛋白酶的消化率、大豆中脲酶的活性。每3个月抽5个原料检测卫生指标。

5. 追求合理价格

在配合饲料总成本中，原料费约占 91.3%，加工费约占 7.1%，其他费用约占 0.2%。可见，坚持原料选购原则，就地取材、择优选购廉价原料，对原料进行适宜价格评定是降低配合饲料成本、获取低成本饲料配方的前提。对于性质相同、相近或作用类似的一些原料，在不降低饲养效果的前提下，应选用价格便宜的原料。比如：蛋白原料可按照单位粗蛋白的价格进行比较、能量饲料可按照单位消化能的价格进行比较、矿物质可按照主要元素价格进行比较，但最终要根据自己的实际情况来购买，这个仅作为参考。

6. 降低采购成本

降低采购成本的方式有很多，企业可根据实际生产情况制定合理的采购方式和方法。可以通过提高效率，严格控制采购费用，开拓市场，积极开发替代产品，选择信用可靠、供应便捷的原料供应商来实现。

7. 原料适时适量供应

原料适时适量供应可以确保生产正常运行，提高库位和资金使用效率，确保采购质量。

8. 建立原料进货台账

企业应当填写并保存原料进货台账，内容应当包括原料通用名称及商品名称、生产企业或者供货者名称、联系方式、产地、数量、生产日期、保质期、查验或者检验信息、进货日期、经办人等信息。进货台账保存期限不得少于 2 年。

（二）饲料原料采购管理程序

1. 请购报告

由配方师和采购代理人员准备书面的原料采购规格并由采购部提供请购报告，其内容为：请购品种（名）、数量、时间、采购标准、检测指标及手段、供应商地点、初次报价、运输方式、结算办法、附加条件等。

2. 建立供应商评价和再评价制度

对现有或未来的饲料供应商的信誉、可靠性、产品的质量进行评估，建立供应商评价和再评价制度，编制合格供应商名录，填写并保存供应商评价记录，以备供应商的选择。供应商选择、评价和再评价程序，应当包括供应商评价及再评价流程、选择评价原则、评价内容等。供应商评价记录应当包括供应商名称、营业执照编号、注册地址、联系人、联系电话、原料通用名称、商品名称、原料生产企业的生产地址、许可证明文件编号（供应商为单一饲料、饲料添加剂、药物饲料添加剂、添加剂预混合饲料、浓缩饲料生产企业）和质量标准编号，以及评价内容、评价结论、评价日期、评价人员签名等信息。合格供应商名录应当包括供应商的名称、原料通用名称、商品名称、原料生产企业生产地址、许可证明文件编号（供应商为单一饲料、饲料添加剂、药物饲料添加剂、添加剂预混合饲料、浓缩饲料生产企业）等信息。采购原料前，多渠道收集信息，广泛开拓采购渠道，力求能对原料生产厂家的生产状况及生产工艺有所了解，做好主要原料行情的预测和分析，以便有的放矢，建立稳定可靠的供货渠道。采购渠道不宜多变，一旦确定采购区域或厂商，不宜经常更换厂商，以便使原料质量稳定。与信誉好、质量优的大型企业建立长期业务往来，并通过合同的方式约束双方行为，以确保饲料原料的质量。一般要做到以下几点：探知供应商的可靠性、资信程度、供货能力，了解同规格产品有无其他供应商（三家以上），寻找有无其他较有利的替代品，确定新产品是否需经过试用验证，调查售后服务如何，协商价格有无优惠，索取样品，初步判断品质。

3. 比价核定

核定不同原料的价格比率应做到以下几点。一是确定欲购饲料原料是否符合企业使用目标（主要是成本目标和质量目标）。二是了解原料价格涨跌的因素。三是核实交易操作是否可靠便捷。四是基本敲定价格。

4. 签订合同

确定购买后，明确质量要求，签好必要的数量、质量保证合同。根据原料控制标准或合同双方议定，明确规定营养成分最低值、感观指标、物理性状、杂质含量最高值、卫生指标及供货与购货的一般信息。合同语言要准确无误，要求的项目可多列一些，特别对易掺杂使假的原料，应注明检验项目、赔偿办法等，有的即使不能检查，也可作为以后发生纠纷时谈判的筹码。

5. 办款催交

通过以下方式办款催交。①审批办款。由采购部填写汇款申请单，采购部主任及执行业务员作为经济责任人签名，呈分管采购领导审核签字，再交财务负责人签字认可后办理款项。原则上只办汇票不办现金。②督办发货。由执行业务员督办催交所订购货物。其过程为：验质、监装、计数；发运管理；结算付款，如实开取正规发票。

6. 饲料原料的进厂、验收入库

饲料原料的进厂验收是保证饲料原料质量的另一重要环节，应严格遵循下列原则。

（1）质量是否合格。主要看原料大小与样品是否一致，感官检查有无异常。如有异常则进一步做实验室检测，然后由验质小组出具验质报告单，注明饲料品种、产地、规格、数量、质量、采购人、采购时间、处理意见等。并注意以下几点。一是原料接收人员应掌握原料的采购规格和验收标准。原料入厂时，必须按批次严格验收，弄清名称、品种、数量、等级、供货单位、质量指标、包装等情况。二是建立原料取样程序，确保接收人员严格执行程序要求。其重点是取样方法、取样数量以及原料标识和储存样品。三是进厂的原料在卸货前应及时检验，原料的检验项目应符合验收标准的规定，通常包括感观质量检验指标和理化质量检验指标。常用品种经过感官检验，无异常时，每批抽取一个样品存库备查，新产品或有异常现象的常用品种，要抽样分析必要的理化检验指标，质量合格的方能使用，由于对原料进行分析化验需一定时间，因此，对入厂原料可通过下列特征来判断其质量的优劣。

通过感观指标进行快速判定。观察原料颜色，颜色应典型且色泽均匀并有光泽。闻一闻原料的气味，原料应有特有的典型气味。考察水分，原料质地松散，无结块，流动性好，没有湿的斑点。感知温度，原料手感凉爽、没有发热的迹象。考察质地，原料质地应典型且均匀。有无霉菌，饲料原料无霉变，可以通过肉眼观察或气味来识别。有无杂质，是否有泥土、棍棒、金属物、沙子、砾石、发霉和其他无关的杂质混入，其杂质含量应很少。有无污染，不应有鸟、啮齿动物、昆虫等污染的迹象。袋装原料还应检查包装袋是否完好，袋上标签与货物是否相符等。在接收原料过程中如果发现可疑迹象（变色的或褪色的原料、有发霉、污斑点或结块现象、有陈腐、发霉或其他异味、有湿的斑点、无关的原料和杂质过多，有鸟、啮齿动物、昆虫等污染迹象），则应立即取样，分析化验，质量合格方可入库。如果饲料感官鉴定不合格，应停止卸货，并由主管部门做出恰当的处理决定。袋装原料的包装袋如有水浸、发硬、破袋以及袋上标签难以辨认的，也应送检，凡有霉变、污染等不符合饲料卫生标准的原料，饲料企业不得用于加工饲料。质检部门应建立样品的理化分析和样品保留时间程序，分析的结果应记录并复印送交特定人员，实施留样检验制度。接收人员应遵循不符合规格的样品坚决拒收的原则。将化验结果与质量合同进行对比，做出恰当的裁决，做到以质论价。

（2）数量是否达标。饲料采购计量亏损按 0.5% 作为考核目标，超过 0.5% 部分由采购业务员承担经济损失。

（3）货票是否相符。检查其数量、金额、单位印章等是否相符，是否为统一税务发票。不符合者按照财务制度追究操办人员责任。

7. 处置

处置分正常处置和异常处置。

（1）正常处置。质量合格原料按程序入库，进入正常生产使用过程。

（2）异常处置。质量不合格原料不许进入生产过程。如供应商违约，或不能提供满意质量的原料，或拖延交货，或发生与采购不符的事情，将中止采购，并要经常保持详细的统计资料，以备查考。

饲料原料其他指标合格，只是营养指标稍次于控制标准的原料，如要购入时，应有详细的记录，并报配方部门。

8. 跟踪负责

建立各部门主管组成的采购委员会，定期审查采购部门提出的采购计划、价格和进货时间，以提高采购的透明度，提高采购工作的决策水平。

（1）专款专用。采购员不得挪用公款，饲料采购资金必须专款专用，特殊情况下需做变更使用时要请示总经理批准。采购费用要及时报账，省内业务一周内报账，省外或境外业务在原料入库时必须报账。对违规操作者要给予计息、罚款、停薪、停工等处罚，对挪用大额公款的按法律程序处理。

（2）明确责任。每批采购业务一经办款后，相关责任人必须跟踪催办，落实采购业务项目，对采购业务实行全程负责。第一责任人为采购员，第二责任人为采购部主任，第三责任人为分管采购部领导，财务负责人也负有一定的责任。如某项采购任务不能落实到位时，依次追究相关人员责任。

（3）建立合格供应商制度。采购渠道不宜多变。饲料企业应建立合格供应商制度。通过对供应商的既往供货质量记录、价格、供货的及时性、实力等因素进行评审，由采购部和品管部共同提出合格供应商名单，然后提请总负责人批准。合格供应商名单每年都要重新进行评审；一次不合格，对供应商提出口头警告；二次不合格，对供应商进行扣除部分货款处理；三次不合格，取消合格供应商资格。同时实行末位淘汰法，每年补充新的合格供应商。通过这些措施激励合格供应商，从而有效保证质量的稳定性。

二、饲料原料的仓储管理

为使公司生产所需原料、生产所需的包装物及原料使用后之包装物，其仓储作业有所遵循，生产企业需制定相应的饲料原料储存管理制度。凡有关公司生产所需原料、生产的饲料成品、生产所需的包装物及原料使用后之包装物，其入库、储存、管理、领用、发货、处理等事务，均应依照规定办理。

（一）储存场所的环境要求

应通风、防雨、防潮、防虫、防鼠、防腐、防高温、避光。

每日工作完毕后对各个仓库进行清扫、整理和检查，发现问题及时处理，定期对原料储存场所进行消毒。

1. 简易仓库

临时存放石粉等稳定性强的原料的场所。

要求：地面无积水，防雨。

2. 大宗原料库

存放玉米、豆粕、鱼粉等大宗原料的场所。

要求：通风、防雨、防潮、防虫、防鼠、防腐。

3. 添加剂原料库

存放微量元素、维生素、药品添加剂等原料的场所。

要求：通风、防雨、防潮、防虫、防鼠、防腐、防高温、避光、防止脂质氧化、变性等。

（二）入库原料的堆放要求和管理

饲料原料入库要确保送往正确的料仓，分类垛放。按照"一垛一卡"的原则对原料实施垛位标识卡管理。不同原料的垛位之间应当保持适当距离。

（三）原料出入库的管理和检查

严格执行先进先出、后进后出、推陈储新原则，对入库原料建立完整的账、卡、物管理制度。

1. 原料的存放与使用（保管与投料工）——先进先出的原则

（1）使用过程中对原料质量的把握。主要是外观的检查，如颜色、气味、新鲜度等。

（2）原料之间的交叉污染。投一原料一清，避免不同原料之间的污染（例如浓缩料中有玉米粒，猪料中有杂粮等）。

（3）原料的粉碎粒度。是否需要粉碎由原料的粒度是否符合生产参数决定，如玉米蛋白粉、豆粕等。

2. 日常表格的填写（很重要，建议与产量工资挂钩）

油脂添加校对表：必须每品种都校对，差异大的及时调整；建议改用称量式。另外油脂的加热时间控制改用温度控制（防止由于加热过度导致的氧化）。

小料配制与添加表格：每次所来小料必须挂垛卡，标明来货日期、数量、生产日期。每次领用小料必须在垛卡上注明，每次小料的稀释需有书面记录。配制的小料建议不同品种使用不同的袋子，如510用胆碱、511用红色、513用白色等。遵循先配先用的原则，即先用以前的，后用现配的。

中控：原料用量的对比。重点关注添加量少的原料。如花生粕、棉粕、酒糟、玉米蛋白粉。差异大的及时调整，未调整的造成产品质量波动的报片区处理。

连续2天不用的原料及时上报中控或代班长，及时通知品管处理。对由于不报造成原料变质的由当班看仓人员负责。

3. 原料、成品的可追溯性

成品的可追溯性：问题成品—成品垛卡—何时生产，拉货客户是谁。所有成品必须有垛卡。注明生产日期、数量、班组（白、夜班）。边生产边发货的必须在发货单上注明生产日期、班组（白、夜班）。所有成品垛卡必须按日期先后顺序保存3个月以上。

原料的可追溯性：所有原料必须有垛卡，注明来货日期、供应商、数量；每天使用数量、结存数量。所有原料使用按照先进先出顺序。原料垛卡必须按日期先后顺序保存3个月以上。

预混料的可追溯性：小料必须有垛卡，注明来货日期、数量、生产日期，每天使用必须在垛卡上标明日期、数量（使用，结存）。小料垛卡保存3个月以上，以备查阅。小料配方单交核算保管。小料的使用也必须按先进先出原则。

（四）原料库存量的管理

1. 引入PDCA管理方法优化对饲料原料的库存管理

PDCA管理是将计划P、执行D、检查C和行动D 4个步骤相融合，以达到库存优化控制的最终目标。第一，要明确一个生产周期或班次内所需物料总量，并按照生产计划安排配送到位，预留出机动库存量，防止计划突然变动；第二，严格按照计划执行，这是保证库存原料不积压、不短缺的前提条件，如果使用量突然增加或减少，及时做好各部门的沟通。尤其是在夏季，受季节性不利因素的影响，库存当量较小，生产计划的执行准确度更要提升。配合质量部门监控上线原料是否达到要求及是否出现状态变化，及时发现问题并快速处理问题；第三，检查每个班次的任务完成情况、原料使用情况，并监控库存原料的消耗情况，生产部门与原料库存部门及时核对相关数据；第四，根据一段时间内库存的消耗情况，再次核对库存当量设置是否合理，并根据生产计划要求适度调整。

2. 改进订货的批量和批次

对于饲料加工企业而言，在夏季饲料原料由于保存不当而发生损耗的风险较大，最佳的方案是将库存风险转移给供应商。一方面由于供应商在物料保存的经验、设施及方法上，都要优于饲料企业；另一方面从产业链分工的角度考虑，物料外包和专业是行业发展的趋势，即将物料管理、贮存和配送等工作交由更专业的物流配送公司，实现供应链节点企业双方的双赢。受季节性因素的影响，夏季饲料加工企业在原料采购时需要减小订货批量而增加订货的批次，避免出现过大的物料损失。

3. 及时评估当前执行的库存管理方法是否合理，并及时调整库存当量和库存控制方法

每个饲料企业都有适合本企业的库存控制方案，但受季节因素及其他因素的影响，原料库存管理方法应依据外部条件的变化而做出相应的调整。由于生产信息、物流信息和采购信息等实时都在发生变化，各部门之间的信息交流至关重要，可以以移动网络为基础构建一种信息共享平台，供多方及时查阅信息，避免由于生产信息和库存信息滞后而导致库存原料过多或过少。

4. 使用 ABC 管理法合理规定管理重点

饲料企业生产经营所需饲料原料品种繁多，规格复杂，用量不等，来源各异，价格悬殊，不便管理。因此使用 ABC 管理法，实行重点管理，不但可以降低库存占用资金，而且可以提高原料保管质量，减少损耗，提高经济效益。ABC 管理法是根据事物的经济、技术等方面的主要特征，运用数理统计方法进行统计、排列和分析，抓住主要矛盾，分清重点与一般项目，从而有区别地采取管理方式的一种定量管理方法。ABC 管理法是以某一具体事项为对象，进行数量分析，以该对象各个组成部分与总体的比重为依据，按比重大小的顺序排列，并根据一定的比重或累计比重标准，将各组成部分分为 ABC 3 类，A 是管理的重点，B 是管理次重点，C 是一般项目。A 类物资占全部流动资金的比重最大，最为重要；B 类物资占用资金次之；C 类物资占用资金最少，但品种繁多，规格复杂。A 类物资严加控制和管理，尽量缩短采购，做到勤购少储，加速资金周转；B 类物资一般控制，根据库存和生产情况，适当延长采购周期或减少采购次数，选择合理运输方式；C 类物资由于品种多，规格复杂，资金占用少，适当减少采购次数，延长采购周期。

5. 废料的处理与再利用

每个饲料企业在生产经营中都不可避免地出现一些过期的原料或变质的原料。对于这部分变质原料，首先要清除出库房，避免对正常原料造成二次污染；其次将过期或变质的物料送检，判断是否具有二次处理和重复利用的价值。如果无害处理后可以达到使用标准，应做好批次记录和追溯管理。

第三章

配合饲料的配方设计

第一节　畜禽的营养需要

　　若要精确制作畜禽的日粮配方，需要明确畜禽究竟需要多少营养物质、需要哪些营养物质、怎样避免畜禽出现营养物质缺乏或过剩等，这就需要有系统的参数作为参考来制订配方，因此随着产业的进步，各种动物的营养需要量参考值和成套的饲养标准逐渐丰富和完善。

一、营养需要

（一）营养需要概述

1. 营养需要的概念

　　也称为营养需要量，指动物在最适宜环境条件下，正常、健康生长或达到理想生产成绩时，对各种营养物质种类和数量的最低要求。营养需要是畜禽在特定条件下对营养物质需求的下限，低于这一要求，不利于动物的生产。实际生产中，畜禽的生理条件和环境条件等很难完全符合要求，主要是因为：①动物个体差异导致对营养的需要量有一定差异。②饲料及其营养素含量和可利用性变化对营养需要量的影响。③饲料加工储藏中的损失对营养需要量的影响。④环境因素、需要量评定的差异。⑤非特异性的应激因素如亚健康状况等对营养需要量的影响。因此，实际生产中在设计饲料配方时，通常要设计略高于畜禽营养需要的配方。

2. 营养需要量与营养供给量的区别

　　营养供给量是指在满足畜禽正常生理需要的基础上，按饲料生产、饲养方式等情况而提供的"适宜"数量。一般而言，供给量大于需要量，它是以高定额为基础，并保证群体的大多数都得到满足。此外，营养供给量并不代表畜禽的营养摄入量，这就需要考虑到畜禽的实际采食量和采食情况，尤其是反刍动物采食时是否存在挑食的现象等。

（二）反映畜禽营养需要的指标

　　畜禽的品种、性别、体重以及所处的生理状态等都影响着营养物质的需要量，这些营养物质主要指的是能量、蛋白质、氨基酸、脂肪酸、矿物质、维生素等。在研究畜禽的营养需要量时，如何明确饲料提供的上述营养物质能够满足畜禽的需要？通常通过以下指标来确定。

1. 生产性能

是综合指标。对生长育肥畜禽而言，最常用的衡量标志是日增重或体重变化。以体重不变反映畜禽的维持需要，以最高增重速度作为营养需要的标志（生长育肥条件下），也可理解为达到最高生产性能所对应的营养摄入量就是营养需要量。对生产产品的畜禽而言，也可用产品来衡量，如奶牛产奶量、蛋鸡产蛋率、羊产毛量等。对于繁殖母畜，可用产仔数（产羔数）等指标衡量。单以增重或体重来衡量产肉畜禽的营养需要具有一定的局限性。

（1）方法比较简化，没有考虑畜禽体组织的变化。因为畜禽体重不变时，体组织未必不变。

（2）以最大增重速度作为产肉生长发育需要量的标志，有时也并不完全符合实际，因为对于产肉畜禽，养殖者固然希望其发育迅速，但有时要求限制增重反而对生产有利，如瘦肉型猪的育肥后期、产蛋鸡的中雏期均采取限制饲养，控制其生长。在体组织生长后期，以脂肪的沉积为主，若将此时的营养摄入量确定为营养学需要量，可能对畜禽自身健康不利，也对产品的质量不利。

在重量指标的基础上，也可以利用畜禽体沉积营养物质或产品中营养物质的含量来综合考虑营养需要量，如奶牛的乳脂率，不仅反映了营养物质投入与产出的关系，也反映了体组织与产品的质量，相对更加精确。

此外，对于维生素和矿物质而言，出于不同目的，其需要量也不同，单以产品或体重变化来衡量也不够精确。如维生素A，在考虑预防夜盲症、保证正常生长、产品中沉积等不同目的时，畜禽对其的需要量是不同的，但在一般情况下，以保证正常生长为标准来确定需要量最适宜。

2. 生理生化参数

畜禽体内酶的活性、血液指标、生理功能常与矿物质、维生素营养密切相关。因此，通常以与某种矿物质或维生素密切相关的相应生理生化指标作为标识确定需要量。部分免疫指标、抗氧化指标也应用在营养需要的研究中，可作为部分营养物质如氨基酸在畜禽机体内代谢状况的补充标志物，也可说明机体在接受适宜营养供给时的代谢状态。

可见，准确确定动物的营养物质需要量并不容易，它受所使用标志物的影响，即以不同指标作为标志确定的需要量，其差异很大。因此在生产实践中应根据生产目的、生长发育阶段、生理活动、营养素种类等具体情况而定。具体实验中常把保证最低正常生理值（不出现缺乏症）的营养素供给视为需要。

（三）畜禽营养需要的特点

畜禽的营养需要按生产目的区分，可以分为维持的营养需要、生长育肥的营养需要、繁殖的营养需要、泌乳的营养需要、产蛋的营养需要等。可以理解为，畜禽所采食的营养物质，先用于维持正常生命代谢，维持体温恒定和适度的随意运动，这一部分所消耗的营养物质属于维持的营养需要。若畜禽还需要额外的营养物质用于生长、产肉、产毛、产奶等，则属于生产的营养需要。因此，畜禽的总需要可以分解为：

畜禽的总需要=维持需要+生产需要（生长育肥、繁殖、泌乳、产蛋）

1. 维持的营养需要特点

畜禽在维持状态下，体重不变，需要必要的活动，如站立、行走、躺卧等，同时需保证体温在变化的环境温度下维持恒定，体内的新陈代谢正常运转。在这样的维持状态下，畜禽的营养物质需要量即为畜禽的维持需要。虽然体重不变，但体成分依然处于动态变化，即体内营养物质的合成和分解代谢处于动态平衡状态。因此，如果仅保证畜禽处于维持状态，依然需要提供足够的营养物质，并不是停止饲喂。此外，畜禽的维持需要并不是一直保持固定的数值，而是随周围环境、生理状态等因素而变化。

研究畜禽的维持需要具有重要的意义，因为畜禽只有在满足了维持的需要之后，多余的营养物质才会用于生产，这是生物自身特性决定的，无法改变。但对于不同生产性能的畜禽而言，维持需要占总需要的比例并不相同。如体重500kg的泌乳奶牛，每天泌乳20kg，则维持需要占总需要的比例为30%。但若每天泌乳10kg，则维持需要占总需要的比例为53%。因此，若能降低维持需要占总需要的比例，则有更多的营养物质用于生产。

2. 影响畜禽维持需要的因素

（1）畜禽种类、年龄、性别、体重等。禽类的维持需要高于哺乳动物的维持需要。幼龄畜禽由于基础代谢较高，其维持需要高于成年畜禽。公畜维持需要高于母畜。体重大的畜禽，由于体表面积大，热量散失损耗大，因此维持需要高于体重较小的畜禽。

（2）活动量。在维持状态下畜禽的能量需要 = 基础代谢能量 + 适度自由活动产热量 + 维持体温恒定的能量。自由活动量越大，维持需要越多，反之则越少。因此，饲养肉用畜禽应适当限制其活动，以节省维持需要的消耗。通常对于舍饲畜禽，自由活动的能量需求为基础代谢的20%，对于放牧畜禽，自由活动的能量需要则为基础代谢的50%~100%。

（3）生产性能。畜禽的生产性能不同，维持需要也不同。这是由于代谢强度不同所致。生产性能越高，维持需要的绝对量越高，但占总需要的比例相对越少。

（4）生理状态。妊娠母猪对维持日粮的利用率较空怀母猪为高，饲喂与空怀母猪同样水平的维持日粮，空怀母猪体重不变，但妊娠母猪可增重40kg，因此除了满足维持需要外还可用于胎儿的发育。说明妊娠动物的维持需要在总需要中的比例相对减少。

（5）环境温度。畜禽最适应的环境温度范围称为等热区，动物处于等热区内，代谢率最低、能量损耗最少，因此维持营养需要量最低。等热区的上下限温度称为上限临界温度和下限临界温度。若环境温度超出临界温度，则基础代谢增强，维持需要增加。

当环境温度低于下限临界温度时，机体必须加快基础代谢，增加产热量，用以提高体温。当环境温度高于上限临界温度时，机体也必须加快基础代谢，增加机体散热量。例如，母猪在25℃时，维持的净能需要为每千克代谢体重92kcal。在18℃时增加到每千克代谢体重106kcal。可以推算，每下降1℃，每千克代谢体重多消耗2kcal能量。不同种类、不同年龄的动物，均有各自最适宜的等热区。如牛为15.8~18.3℃，绵羊为21~25℃，山羊为13~21℃，鸡为16~28℃，猪为20~23℃，兔为15~20℃。另外，对于产毛畜禽而言，被毛厚度也影响维持的需要，如绵羊在剪毛前适宜环境温度较低，但剪毛后适宜环境温度升高，此时用于维持体温恒定的能量需求增加。

（6）饲料因素。饲料因素主要与畜禽的体增热有关。日粮配合不同，三大有机营养物质的含量与比例不同，畜禽产生的体增热不同，维持的能量需要也不同。

对于非反刍动物而言，需要注意饲料中蛋白质的含量，蛋白质含量高的饲料，由于机体对含氮物质的代谢需要增加耗能，因此体增热增加，维持的能量需要增加。对于反刍动物而言，还需额外注意饲料中纤维的水平对体增热的影响。

（7）饲养管理因素。在一定范围内，合理的饲养水平可以促进畜禽的生长性能，此时维持需要的绝对需要量增加，但是相对占总需要量的比例降低。

因此，在实际生产中，应尽可能地减少维持需要的比例，增加生产需要的比例，提高经济效益。

3. 降低维持需要的措施

①提供合理的日粮。②根据等热区，提供适宜的圈舍内环境温度。③规范、细致的饲养管理。④在合理范围内，尽可能地减少畜禽的活动量。⑤在合理范围内，尽可能地提高畜禽的生产性能。

4. 生长育肥的营养需要特点

简单地说，生长可以理解为钙、磷和蛋白质的沉积，表现为骨骼和肌肉的增长，育肥可以理解为脂肪的沉积。生长育肥对于畜禽而言是体内营养物质积累进而体积、体重增加的过程。畜禽生长育肥的营养需要主要决定于：体重、日增重、增重内容、营养物质的利用率等。

（1）生长育肥的概念。生长的概念可以从不同角度诠释。从物理角度看，生长是动物体尺的增长和体重的增加；从生理角度看，生长是机体细胞的增殖和增大，组织器官的发育和功能的日趋完善；从生物化学角度看，生长是机体化学成分，即蛋白质、脂肪、矿物质和水分等的积累。育肥指的是肉用畜禽生长后期经强化饲养而使瘦肉和脂肪快速沉积。

生长也包括发育，发育是动物体组织内在特性上的变化，是以细胞分化为基础的质变过程，其消化、呼吸、循环、泌尿、神经及内分泌等系统均有不同程度的增长。生长和发育既不能混淆，也不能截然分割，二者是量变和质变的统一过程。生长是发育的物质基础，没有生长即不可能有发育，而发育又促进了生长，并可影响生长的方向。因此，生长是动物发挥潜在生产性能的基础。

（2）畜禽生长的体现。

①重量的衡量。（a）绝对生长：畜禽在一段时期内（从一个年龄起点到另一个年龄起点）的体重增长量叫绝对生长。绝对生长速度指的是一段时间内增重量与增重天数的比值，即日增重。绝对生长与年龄和起始体重的大小有关，畜禽的体重变化随年龄变化的绝对生长曲线呈慢、快、慢的规律。畜禽的生长早期，体重变化较小，增重较慢；生长早期之后到畜禽性成熟这段时间，属于快速增长时期，增重快；畜禽在性成熟之后到成年之间，体重随年龄增加进入缓慢增长阶段，增重较慢。进入成年之后，畜禽的体重几乎不会有较大的变化。（b）相对生长：指的是畜禽的增重相对于体重的增长

倍数、百分比。畜禽的相对生长曲线呈现体重增加而相对生长速度线性降低的规律。与绝对生长不同，在幼龄阶段，由于畜禽初始体重小，因此相对生长速度最大，随年龄增加由于畜禽体重增加，相对生长速度降低，直至停止生长。②质量的衡量。重量指标并不能完全代表畜禽的生长发育特点，增重仅是体组织生长的体现。大量研究结果表明，体组织骨骼、肌肉、脂肪在体内的沉积遵循一定的规律。尽管这3种组织的沉积同时并进，但在不同的阶段各有侧重，从胚胎期开始，最早发育和最先完成的是神经系统，依次为骨骼系统、肌肉组织，最后是脂肪组织。因此幼龄畜禽肌肉多而脂肪少，而成年畜禽脂肪沉积增多，沉积加快。体组织（消瘦）分解顺序正好和沉积相反，先脂肪、后肌肉，超过一定极限，就有生命危险。

可见组织的发育和生理活动是相配合的。先生长骨骼，构作支架，然后附着肌肉，脂肪则作能源库存。

从总体看，生长前期，即在生长转折点以前，畜禽的生长速度快，且以沉积肌肉为主，脂肪较少，而在后期则生长速度减慢，脂肪沉积增多。因此，应根据上述规律，调节营养水平，加速或减缓动物的生长速度，改变生长转折点，控制骨骼、肌肉与脂肪的比例，塑造不同类型的肉畜。如在生长前期，充分供给营养，发挥其生长势，提前达到生长转折点及时屠宰，此时体内脂肪沉积较小，肌肉较多。如果在生长前期营养不足，则生长转折点推后。此外，从性别看，公畜的生长速度一般较母畜快，因此，应在饲养上区别对待，使公畜的营养水平略高于母畜。

5. 繁殖的营养需要特点

妊娠母畜的营养与胚胎的发育、幼畜的初生重、出生后的健康状况和日增重均有密切的关系，同时也影响母畜分娩后的泌乳能力。因此，应科学地供给妊娠母畜适宜水平的营养。母畜在妊娠过程中自身和胚胎均发生变化，自身体重增加，胚胎生长、发育，这些变化均需要营养物质的供给。

（1）妊娠期母畜本身和胚胎的变化。①体重的变化。母畜体重的变化规律：妊娠期增重，哺乳期失重。高营养水平饲喂时，母畜增重与失重明显，妊娠期增重越多，哺乳期失重越多，母畜净增重越低；但在低营养水平下，二者均较小，但母畜净增重高。②母畜增重的内容。由两部分组成，分别为子宫及其内容物的增长以及母畜本身的营养物质沉积。子宫及其内容物包括胎儿、子宫、胎衣及胎水。胎儿的生长在妊娠期的各个阶段是不一致的。前期慢，后期快，最后更快，胎重的2/3是在怀孕的最后1/4时期内增长的，而胎高、胎长的增长在前期、中期较快；胎衣、子宫的生长随着胎儿的生长而增长。孕畜子宫的黏膜、浆液膜均发生变化，肌肉纤维加大，肌肉层急剧增大，结缔组织和血管扩大，使胎衣和胎水迅速增长；胎体的化学成分随着胎儿的增长不断变化。前期水分含量高，干物质少，后期水分减少，干物质逐渐增加。胎儿体成分中将近有一半的蛋白质和一半以上的能量、钙、磷是在妊娠的最后1/4时期内增长的。母畜本身的营养物质沉积在妊娠前期较多，随着胎儿发育阶段变化，妊娠后期沉积量显著降低。母畜的妊娠期营养物质沉积对产后的营养物质需求具有重要意义。

对于母猪而言，妊娠期的营养物质沉积具有显著特点，无论营养水平高低，空怀母猪与妊娠母猪饲喂同等水平的日粮时，空怀母猪仅增重4~5kg，而妊娠母猪除能保证胎儿和乳腺的增长外，母体自身的增重 14~20kg，说明妊娠母猪比空怀母猪增重快，对营养物质和能量具有特殊的沉积能力，这种现象一般称为妊娠（孕期）合成代谢。由于妊娠母猪具有孕期合成代谢，因此，即使喂以维持水平的饲料，仍可增重，并能正常地生产仔猪满足乳腺组织的增长。妊娠合成代谢的机理尚不完全清楚，目前有 3 种推论：由于内分泌的刺激，提高了合成新组织的能力，对营养物质的利用率高，转化率高；妊娠期间用于维持部分较少（有争论）；体内沉积物是水分多而含能低的蛋白质。

总体而言，营养物质在子宫及其内容物中的沉积主要是在妊娠后期，但在母体自身内的沉积则主要是在前期。在妊娠中后期，胎儿的发育非常迅速，大量营养成分在胎儿体内沉积，因此使母体内能量和营养物质的沉积显著下降。但从营养物质和能量的总沉积量看，母猪在妊娠内机体的养分沉积总量一般超过胎儿的重量，一般情况下为 1.2~2 倍，营养水平较高时，有 80%沉积在母体内，其余在胎儿。

母畜在妊娠期内有适量的营养贮备，对母畜产后的泌乳和健康是有利的，因为通常在泌乳初期从饲料中所获得的营养物质不能满足其泌乳的全部需要，必须动用体组织的储备。

（2）配种前母畜的营养需要特点。饲料中营养物质含量高低影响着母畜的初情和排卵。若营养水平过低，推迟母畜初情期，且初情体重也不能达到正常水平；若营养水平偏高，尽管初情期出现较早且可提早配种，但受胎率低，不育淘汰率高，对母畜也不利。所以配种前母畜的营养水平不必过高，体况较好的情况下，可按维持水平的营养供给。对于母猪而言，可在配种前 1~2 周将饲料能量水平增加维持需要的 30%~100%，配种后再恢复原有水平，这样的措施有助于增加母猪的排卵数量，此方法也称为短期优饲，应用率较广。母羊也可应用此法，但母牛一般不使用。

6. 泌乳的营养需要特点

乳的形成发生于母畜乳腺内腺泡上皮细胞内。乳腺摄取利用来自血液中的养分，一部分选择性吸收和浓缩直接过滤到乳中不经任何改变，作为乳的成分，如乳血清蛋白和免疫球蛋白；另一部分则作为前体物在乳腺内重新合成乳的成分。

（1）乳成分的来源。由于乳的成分来源于血液，因此乳汁在形成过程中有大量血液流经乳腺，据测定，每形成 1kg 乳要有 500~600L 血液流经乳腺。因此母畜在泌乳期内代谢特别旺盛，各代谢器官的负担繁重。由于乳的成分来源于血液中的营养物质，因此，泌乳量的多少取决于通过乳腺的血液中营养物质以及乳腺分泌细胞所获得的血液量。但是乳汁营养物质含量与血液营养物质含量差别非常大，说明乳腺中乳的形成并不是简单的营养物质积聚，而是一个复杂的生理过程。

①乳蛋白质。除人外所有哺乳动物乳蛋白质中，以酪蛋白为主要组成成分，它和乳白蛋白、乳球蛋白等构成乳蛋白的 94%左右，由氨基酸在乳腺进行合成，其中必需氨基酸全部需从血液摄取，非必需氨基酸部分可在乳腺利用前体物合成。乳血清蛋白和免疫球蛋白很少，它们是直接由血液进入乳腺分泌到乳中的。

②乳糖。乳中的糖类主要是乳糖，是乳腺利用血液葡萄糖进行合成，反刍动物瘤胃内，在正常发酵过程中，将大部分糖类转化为挥发性脂肪酸，这些酸中的丙酸也是形成乳糖的原料。

③乳脂肪。非反刍动物的乳脂以葡萄糖和血液供给的脂肪酸为原料进行合成，而反刍动物的乳腺细胞不能利用葡萄糖合成脂肪酸，因此主要是以碳水化合物在瘤胃发酵产生的乙酸和丁酸为原料和血液供给的脂肪酸进行合成。当反刍动物日粮中粗料比例降低，精料比例增加时，由于乙酸比例减少则会引起乳脂率下降。反刍动物乳中的脂肪主要是甘油三酯，但血液中脂肪除少量甘油三酯外，主要是磷脂及少量胆固醇。

④维生素与矿物质。乳腺中不能合成维生素、色素和矿物质。乳中这些物质完全来自血液。因此乳中维生素、矿物质的含量取决于饲料的含量和畜体的贮备。

（2）营养水平对泌乳的影响。对于处于非泌乳期的泌乳动物而言，如干奶期的奶牛，营养供给水平并不是越高越好，处于干奶早期的奶牛，乳腺在经过漫长泌乳期后需要逐渐恢复、细胞更新，此时营养水平过高不利于乳腺恢复，干奶后期则应逐步提高饲料营养水平。处于生长期的泌乳动物，能量过高的饲料易导致乳腺组织脂肪沉积过多，易使泌乳力降低。对于生长期奶牛而言，饲喂相对较低营养水平的饲料，虽然延迟了产犊年龄，但对后期产奶量具有提升作用且产奶量随胎次增加而增加，甚至高于高营养水平饲喂的奶牛。

对于泌乳期能量浓度而言，饲料能量浓度对泌乳的影响较大。能量浓度过低，摄入的能量无法同时满足自身的维持需要和泌乳需要，则易大量消耗体储备，引起泌乳动物体躯消瘦，体重减轻，泌乳量显著降低，严重情况下易导致酮病等代谢性疾病的发生。

奶牛在妊娠后期的营养储备状况影响着泌乳初期的泌乳量。母牛刚分娩后产乳量快速上升，并在6周左右达到产奶高峰，此时营养物质需要量最多，但此时母牛分娩不久，采食消化能力较弱，采食量较低，无法满足泌乳需要，直到12～14周，采食量才达高峰。因此泌乳前期母牛的营养状况处于负平衡状态，食入的营养物质不能满足泌乳需要，从而导致母牛动用体内储备供应泌乳，使体重减轻，尤其高产奶牛体重减轻更为严重。因此，在泌乳前期应尽可能促使母牛采食充分，减少体内储备养分的损耗，应格外注意饲料营养水平和采食量之间的关系，使母牛能够在较低的采食量情况下摄入足够的营养物质。另外，应在妊娠后期适当增加营养供给量，除用于胎儿生长外，还用于体内储备，以供产后泌乳需要。但是不宜在妊娠后期供给过高营养水平饲料，因能量用于沉积体成分的效率低于泌乳期，浪费饲料，此外高水平饲养可导致母体过肥，影响泌乳力。

对于反刍动物而言，饲料中纤维物质含量的高低显著影响乳脂率的高低。因为纤维物质在瘤胃中发酵产生乙酸和丁酸，它们是乳腺从头合成脂肪酸的主要原料。饲料中纤维物质含量高，乳脂率就高，但纤维物质含量不能过高，否则瘤胃丙酸产生不足，体内葡萄糖合成不足，也会降低产奶量。饲料中粗纤维含量低，瘤胃中丙酸产生比例高，则乳脂率下降。因此应合理地供给泌乳反刍动物精粗比例合适的日粮，在生产实践中，精料以不超过45%为宜。

短期改变饲料中蛋白质含量对乳蛋白含量影响不大，但饲料中含有适量的蛋白质和粗纤维有利于瘤胃微生物合成乙酸，可提高泌乳量和乳脂率。长期饲喂低蛋白饲料，泌乳量下降，乳蛋白含量也降低。

7. 产蛋的营养需要特点

产蛋的禽类主要以产蛋鸡、产蛋鹅、产蛋鸭为主，其中生产规模较大，研究较广的是产蛋鸡。禽类产蛋时的营养需要可以根据蛋重、蛋中营养物质含量和料蛋比等指标来反映。若分解来看产蛋禽类的营养需要组成，其与其他动物不同，禽类产蛋的营养需要不仅要考虑产蛋的营养需要，还要考虑产蛋期内体重增长的营养需要和羽毛生长的营养需要，这与禽类的生长特性有关。

（1）家禽的营养生理特点。①家禽的维持消耗所占比重大，主要因为家禽体温较高（一般为40~41℃）、代谢旺盛（家禽体重小，单位体重体表面积大，基础代谢率高）、活动力强、呼吸脉搏快。②家禽生长快（蛋白质沉积相较其他家畜多，且水分高）、饲料转化效率高，使其单位体重产品率高，因此单位体重的营养物质需要量高于其他家畜。③家禽消化道短，容积小，饲料通过时间短，营养物质消化率相对较低。④家禽无消化纤维素的酶，大肠对纤维消化力较差。⑤家禽的喙利于啄食粒状饲料，且不咀嚼直接咽入，唾液分泌量也较少，饲料在口腔几乎无消化过程。⑥家禽的嗉囊和肌胃为特有消化器官。嗉囊主要作用是储存食物，也具有一定微生物的消化作用，肌胃主要作用是研磨食物，起磨碎、混合饲料的作用。

（2）蛋的营养。①蛋重。各种禽蛋重量大小差异很大。鸡蛋重量平均为56~60g，火鸡蛋平均为85~90g，鸭蛋平均为80~110g，鹅蛋平均为110~180g，鹌鹑蛋平均为17~19g。②禽蛋的成分主要由蛋壳、蛋黄、蛋白（清）3部分组成。化学成分以去壳鸡蛋为例，鸡蛋内容物由水分（69%~71%）、蛋白质（12.3%~14.7%）、脂肪（11.6%~14.2%）、碳水化合物（1.6%~3.7%）和矿物质（1.0%~1.1%）以及少量维生素构成。③蛋黄中的干物质含量最高，以蛋白质和脂类为主。蛋中的脂类、微量元素几乎都存在于蛋黄中，其中脂类又以磷脂和甘油三酯为主，还有较少量的固醇。蛋清中以蛋白质为主，水分含量较高。蛋壳中以常量元素钙、磷、镁为主，其中钙为主要元素，主要以碳酸钙形式存在，其他元素也以有机物形式存在，如碳酸镁等。

（3）鸡的产蛋规律。母鸡开始产蛋的1~2周为初产期，此期间蛋鸡产蛋无规律，常出现不稳定的产蛋间隔、异常蛋、软蛋等情况。渡过初产期后，进入主产期，此期间产蛋形成一定规律，产蛋率逐渐增加，在32~34周龄达到产蛋高峰。随之缓慢降低进入终产期，产蛋率快速下降。

（四）确定畜禽营养需要的方法

畜禽的总营养需要可以看作是维持的营养需要加生产的营养需要。在测定畜禽的需要量时，可以笼统地考虑总需要量，也可以分别考虑每一项需要量，因此通常使用两种方法，即综合法和析因法。

1. 综合法

笼统地计量动物为了某个目的或数个目的而对各种营养物质的需要量，并不剖析哪一部分是维持需要哪一部分是生产需要。综合法通常利用以下4种试验手段实现。

（1）饲养试验。饲养试验有不同的形式。可饲喂畜禽已知营养物质含量的饲料，通过观测畜禽采食量、生产性能、健康状况等指标，确定畜禽的营养需要量。也可将品种、年龄、体重、性别等条件基本一致的畜禽分为数组，在一定期间内分别饲喂营养物质含量不等的梯度日粮，观察其生理变化或生产反应，如产奶量、增重、产蛋数、体尺变化、发病率等。所供给的营养物质量就是相应的生理变化对营养物质的需要量。

（2）平衡试验法。是通过测定某一养分的食入和排出量，计算体内收支情况，从而测知畜禽对该养分的需要量和利用效率。通常包括氮平衡、能量平衡。

①氮平衡。用于确定蛋白质的需要。通过测定氮的食入量和排出量，推算氮的收支情况。分别在不同生理活动、不同时期对畜禽做氮平衡试验，推算畜禽在不同时期对蛋白质的需要量及利用效率。常用的计算公式为：

$$食入氮-粪氮 = 消化氮$$
$$食入氮-（粪氮+尿氮） = 沉积氮$$
$$沉积氮÷食入氮 = 氮的总利用率或沉积率$$
$$沉积氮÷消化氮 = 吸收氮的利用率$$

例如，猪在24kg体重时，日食入氮为22.7g，日排出粪氮为3.7g，日排出尿氮为7.5g。

则：日消化氮=22.7-3.7=19.0g，日沉积氮=22.7-3.7-7.5=11.5g，吸收氮的利用率=11.5÷19.0=61%。

因此，体重为24kg的猪每日需要消化氮19g，折合为可消化粗蛋白质为119g（19g×6.25）。

②能量平衡。根据畜禽体内的能量平衡，即饲料总能=粪能+尿能+气体能+热增耗+维持净能+生产净能，推算畜禽的能量需要。常用直接测热法、间接测热法或碳氮平衡法确定。直接测热法是利用测热装置，直接测定机体产热量，采集饲料、粪、尿、脱落皮屑、甲烷，测定其燃烧热。间接测热法则是利用呼吸商的原理进行测定。碳氮平衡法是通过测定食入饲料、粪、尿、甲烷、二氧化碳的碳和氮含量，并通过测定沉积在动物体内的蛋白质和脂肪的能量然后求出所沉积能量，最后确定畜禽的能量需要量。

（3）比较屠宰试验。从对照组畜禽中抽取具有代表性的样本，屠宰后分析其化学成分，作为基样。试验组动物用已知营养物质含量的饲料定量饲喂一段时间，然后屠宰分析，前后对比可得出动物的躯体增长量，则所喂的营养物质量就是相应躯体增长量的营养需要。

（4）生物学测定法。包括畜禽生长速度、发病率、血相、组织分析等，通常用于测定矿物质与维生素的需要。例如，猪对锌的需要量是通过皮肤的不完全角化症发生率测定的。

2. 析因法

析因法是将动物的总营养需要分为维持需要和生产需要，分别测定再进行加和。由于不同畜禽的生产目的不同，析因法对不同生产目的不同畜禽的每一项营养需要均有不同的计算公式，较为烦琐，但比综合法更科学合理。析因法的关键是掌握公式内的各个参数。但在实际应用中对于矿物质和维生素，由于内源物质的干扰或物质的内循环，使它们的利用率不易掌握，仍按综合法测定。用析因法获得的营养需要量一般来说低于综合法，因为析因法计算维持需要时不论生产力高低均一致化，实际上生产力高的动物，代谢较旺盛，维持需要相应地也高。

二、饲养标准

（一）饲养标准的概念及意义

畜禽的营养需要从生理活动的角度可分为维持需要和生产需要两大部分。生产活动又可分为泌乳、产肉、产毛、产蛋、妊娠等各项。畜禽处于不同的生理活动状态对各种营养物质的需求在数量上和质量上均不同。除此之外，畜禽的种别、性别、体重、年龄等也影响着畜禽对营养物质的需求。要想合理地供给所需的营养物质并不容易，但是大量的研究及实践表明，各种因素对动物所需营养物质的影响均有其独特的变化规律。将这些变化规律与畜禽的营养需要进行结合、总结，就形成了饲养标准。

所谓饲养标准就是根据大量饲养试验结果和畜禽实际生产的总结，对各种特定畜禽所需要的各种营养物质的量作出规定，这种系统的营养需要量的规定称为饲养标准。简单地说，特定畜禽的系统成套的营养需要量就是饲养标准。

饲养标准的核心是畜禽系统成套的营养需要量以及常用饲料的营养价值表。饲养标准的制定在收集大量数据进行分析拟合后，还需经有关专家组集中审定，定期或不定期以专题报告性的文件由有关权威机关颁布发行。

制定饲养标准的目的是，在特定环境条件下、特定生理状态时，指导配制更适宜的饲料，更接近畜禽的实际需求，因此具有重要意义。一是保障了供给饲料的营养更接近畜禽的实际需求，从而提高畜禽的生产效率。二是规范了适宜的饲料配方和饲料原料的合理配比，提高了饲料利用效率，节约了饲料成本。三是饲养标准的制定和推广应用，使动物的饲养更加科学，也推动了动物科学的发展。

每一个国家几乎都制定了各自的饲养标准，尽管使用的名称不尽相同，但制定的条件与内容基本相同。目前，有权威性的如美国的 NRC 营养需要、英国的 ARC、中国的饲养标准等。现阶段，各国的饲养标准制定方法逐步由静态向动态转变，根据畜禽生产产品的数量与质量、具体环境条件等规定相应的营养物质定额，克服了静态标准的缺点，如 NRC 的猪营养需要。在应用饲养标准时，需要注意以下问题。

（1）适宜选择。根据使用对象选择适宜的标准。同时，还要注意有些国外的标准可能并不适用于我国，主要原因在于饲料的养分有差异、畜禽的品种品系有差异、地理环境有差异、饲养方式有差异等，因此因地制宜很重要。

（2）灵活应用。根据实际情况对饲养标准进行灵活调整，切忌生搬硬套。

（3）结合经济效益。最好的饲养标准不一定是最经济的，应根据实际情况进行调整。

（二）饲养标准的指标体系

1. 能量指标体系

常用的能量指标为消化能体系、代谢能体系、净能体系。但在不同国家、地区，以及不同畜禽种类，选用的指标不同。禽类常用代谢能体系，各国比较统一；猪常用代谢能并逐步向净能体系过渡；反刍动物多用净能体系，也有用消化能体系。

能量指标是一个综合性的营养指标，与三大有机营养物质有关。需要注意的是，能量数值相等，但来源于不同种类营养物质中能量的比例不同，可能对畜禽有不同的影响，因此营养物质的搭配比例很重要。

2. 蛋白质指标体系

不同国家所用蛋白质指标具有一定差异，我国常用的蛋白质指标为粗蛋白或可消化粗蛋白。部分国家反刍动物的饲养标准中还标出了瘤胃可降解蛋白、瘤胃不可降解蛋白、代谢蛋白等的需要。蛋白质指标体系反映动物对总氮或蛋白质数量的需要。

3. 氨基酸指标体系

目前，大多数饲养标准只涉及必需氨基酸，而且采用饲料总必需氨基酸含量体系表示定量需要。也有部分标准根据回肠消化率考虑氨基酸的需要量。饲养标准中列出的必需氨基酸种类因国家、动物的种类、动物的生理阶段而异。氨基酸指标体系反映动物对蛋白质质量的需求。

4. 其他营养指标

（1）矿物质（包括常量和微量）。国外许多标准中常量元素除硫外，一般都列出。我国饲养标准中大多数不列钾、镁的需要，有时列出有效磷的指标。微量元素一般只列出铁、铜、锰、锌、碘、硒、钴的需求，因畜禽种类变化。

（2）维生素（脂溶性和水溶性）。反刍动物列出部分或全部的脂溶性维生素；单胃动物列出部分或所有的脂溶性和水溶性维生素，因畜禽种类而异。

（3）脂肪酸。一般只列出必需脂肪酸，主要是亚油酸。

（4）非营养性添加剂。在传统标准中不包括这类非营养素指标。然而，随着动物营养与饲料科学的发展，非营养性物质被广泛地应用于饲料工业与动物的生产中。目前，部分新的饲养标准已对非营养性物质的使用提出了指导意见。

（三）饲养标准的数值表达方式

1. 按每头动物每天的需要量表示

如（MJ，g，mg，IU）／（头·日）。此种表示方法对动物进行严格计量，限饲情况下较为适用。

2. 按单位日粮中营养物质的浓度表示

如能量用 kJ/kg，蛋白质、氨基酸、常量元素等用%，微量元素、维生素用 mg/kg 或 IU/kg 表示。此种表示方法需要用到采食量，每头动物每天的需要量=单位日粮中营养物质的浓度×采食量。

3. 其他表示方式

按单位能量浓度表示，如能量蛋白比；有些营养物质的需要量与自然体重呈正比，有些则与代谢体重呈稳定比例，因此我们可根据体重或代谢体重表示，如每千克体重或代谢体重对营养物质的需要；营养物质的需要量与生产力的高低一般呈正相关关系。因此，部分畜禽可用生产力表示需要量，如奶牛每千克标准乳的营养物质需要。

第二节　畜禽的采食量

　　合理制订饲料配方的目的是保证畜禽能够摄入足够的满足自身生长、发育、繁殖、泌乳、产蛋、产毛等生理需求的营养物质。但在制订饲料配方时，还需要考虑一个重要因素，就是畜禽对该饲料的采食情况，最直观的体现就是畜禽的采食量。这一点也体现在世界各国制定的畜禽营养需要量标准中，某一年龄或生理阶段下，不同采食量的畜禽所需的营养物质的量有所不同。

　　畜禽的采食量直接决定了畜禽的生产水平，也决定了饲料的利用效率。畜禽进食的食物在合理的范围内越多，生产性能的提升效率就越高。通过增加采食量来提高生产性能，增加生产效率是生产中常用的手段。随着采食量的提高，畜禽用于维持的营养物质尤其是能量相对降低，更多的营养物质用于满足畜禽的生产，还可相对降低饲喂成本。畜禽采食水平低，则畜禽维持需要占比增加，饲料利用效率降低。当然，采食水平并不是越高越好，过高的采食量也会降低饲料利用效率，且在畜禽特殊生理阶段可能诱发营养代谢病，如酮病、急性胃肠道疾病等。

　　在某些极端情况下，如多羔母羊在妊娠后期时，由于胎儿的快速发育使得瘤胃空间被挤压，母羊采食量急剧降低，常因营养摄入不足而出现代谢性疾病如妊娠毒血症等。这种情况下，饲料配方必须及时更替，尽可能满足母羊的能量需求，所以实际应用的饲料配方营养水平可能与饲养标准的推荐值或预测值有较大差异。

　　因此，适度提高畜禽采食量，掌握影响畜禽采食量的各类因素，并有依据地合理调整饲料配方，对于提高生产效率、降低饲料成本具有重要意义。

一、采食量及其调控

（一）采食量的概念

　　在生产实践和科学研究中，畜禽的采食量可区分为自由采食量和限定采食量。一般均以畜禽在 24h 内采食饲料的重量表示。

　　自由采食量指的是在自由接触足够饲料的情况下，畜禽从开始采食到自主停止采食后摄入的饲料量。自由采食是动物的本能反应，依据自身的需求对饲料进行采食。

　　限定采食量指的是根据畜禽的生理阶段、该阶段下的营养需要量、实际采食情况、畜禽的采食行为等，综合归纳，科学限定畜禽在一段时间内的饲料供给量。限定采食量是建立在动物营养学原理基础上的科学饲喂方法，尤其对于反刍动物而言，也是避免其挑食的有效手段。

　　强饲是一种特殊的饲喂手段。强饲指的是通过人为灌服饲料的方式，增加畜禽的采食量，畜禽的实际采食量远超过其需要量。这种方法常出现在禽类的科学研究中。

（二）畜禽采食量的调控机制

　　畜禽的采食是受饲料因素、畜禽生理阶段、消化道特性、生产水平、环境温度、饲养管理等多方面的综合调控。其调控机制通常被认为与畜禽的生理特性、体内神经传导、能量代谢等密切相关。畜禽采食量的调控体现在 4 个方面。

1. 饲料适口性

一般常用"食欲"来形容动物主动采食的欲望，其实质与饲料的适口性密切相关，影响适口性的因素如饲料的形态、滋气味、原料组成等。畜禽通常通过触觉、味觉、嗅觉和视觉等调节"食欲"。此外，"食欲"也与动物体内的生理状态有关，如在环境温度较高时，随采食而增加的热增耗会一定程度上降低采食的欲望。

（1）饲料的粒度。常用粒度来描述饲料的物理形态，饲料粒度过大或粉碎过细，都会降低畜禽采食量。对于反刍动物而言，饲料粒度对采食量的影响极显著。现阶段反刍动物的饲料，尤其是奶牛的饲料，已基本实现全混合日粮（TMR）饲喂，TMR 搅拌车对饲料的粉碎程度直接影响饲料被采食的程度。过细的 TMR 饲料，由于更易舔食，缩短采食咀嚼时间，但是极容易诱发各类代谢疾病，尤其是瘤胃对过细饲料的快速消化导致产酸增加而诱发瘤胃酸中毒，这也是目前各牛羊规模化养殖场常出现的影响极大的动物营养代谢病。此外，部分畜禽对饲料的物理形态具有喜好性，如鸡偏向于采食颗粒饲料。相对而言，颗粒饲料比粉状饲料适口性更好、更易消化吸收、畜禽不易挑食、便于储存和运输等。一些含水量较高的颗粒饲料，更易增加采食量。与整粒籽实相比，压扁或破碎的籽实更易被畜禽采食，可提高畜禽采食量。

（2）饲料的滋气味。饲料的滋味指的是饲料入口后畜禽产生的主观感受，如酸、甜、苦、鲜、咸等。这些滋味均是来自饲料中的各种化学物质，如甜味来自蔗糖、某些多糖、某些多肽、甘油、醇、醛等；如青贮饲料的酸味来自乳酸等；如某些饲料中的苦味来自单宁，等等。不同畜禽对滋味的喜好程度不同，如牛对甜味的喜好程度较高，而绵羊则相对喜好低浓度甜味。因此，可利用畜禽对滋味的喜好适当增加畜禽采食量。

饲料的气味指的是饲料中的挥发性物质给畜禽带来的主观感受，畜禽通常通过嗅觉感受，如香味、腥臭味等。这些气味来自饲料中的挥发性脂类、酮类、醚类、脂肪酸类、芳香族醇类等化学植物，茴香、芫荽等特殊植物的气味对于某些动物而言具有提高采食欲望的效果。不同动物对气味的喜好和敏感程度不同，但可通过人为训练等手段使其逐步适应。因此，通过选择富含畜禽喜好气味的饲料也可适当增加畜禽采食量。

（3）饲料的颜色。饲料的颜色影响了畜禽对其采食的欲望，如草食动物偏爱绿色的饲料；肉食动物对红色饲料偏爱；鸡通常偏爱第一次采食的饲料的颜色等。

2. 消化道刺激

消化道食糜的量决定动物是否摄取更多的食物。畜禽消化道存在各种物理和化学受体，通过进入消化道的养分对受体的刺激，通过中枢神经系统和激素分泌的调控来调节采食量。

（1）物理刺激。畜禽的食道、胃、十二指肠、嗉囊、肌胃等器官均存在压力感受器，饲料摄入后填满消化道或饥饿时刺激消化道内压力感受器，通过调节迷走神经的活动，传递给下丘脑，使畜禽产生饱觉或饿觉，进而调控畜禽采食。食糜通过消化道的速率也影响畜禽采食量。

对于反刍动物而言，由于饲料中含有大量纤维类物质，纤维的来源、纤维的物理形态也决定了其对消化道的刺激，如对唾液分泌的刺激，对反刍行为的刺激等。常用物理形态有效中性洗涤纤维（peNDF）表示反刍动物尤其是奶牛饲料中纤维含量、颗粒大小等，代表了饲料对刺激反刍动物咀嚼和唾液分泌、反刍和建立瘤胃固液分层的能力，反刍动物的咀嚼和唾液分泌对维持瘤胃 pH 值具有重要意义，瘤胃 pH 值的稳恒又对采食量的影响极为显著，因此进一步调控了反刍动物的采食量。

（2）化学刺激。畜禽消化道内存在较多化学受体，通过感受消化道的养分或代谢产物水平，刺激消化道分泌各类激素来调控畜禽的采食量，如胆囊收缩素、胰高血糖素样肽-1 的调控作用等，又如葡萄糖、挥发性脂肪酸、pH 值、氨基酸等通过刺激消化道内相应受体，传递信号给中枢神经进而调控采食量。

畜禽消化道内物理和化学刺激对采食量的影响，无论通过压力受体或是激素分泌，均与中枢神经系统的调控密不可分，且物理和化学刺激本质上是共同作用来调控畜禽的采食量。

3. 体内物质代谢

畜禽体内营养物质的浓度、代谢进程的变化或激素的水平可以通过刺激中枢神经系统，调控畜禽采食，其中起到主导作用的就是畜禽体内能量物质的浓度。"畜禽为能而食"已被大量研究证实，当体内能量来源不足时，机体通过受体-中枢神经的调控，反馈畜禽采食的信号。肝脏是畜禽营养物质的重分配与加工的重要场所。肝脏对营养物质在体内的代谢调节也起到重要作用，尤其是葡萄糖代谢的调节。对于单胃动物而言，葡萄糖是体内最主要的能量物质，对于反刍动物而言，体内所需的葡萄糖无法从肠道大量获得，只能通过糖异生作用生成，而糖异生作用的主要场所也是肝脏。肝脏调控采食量的机制较为复杂，但与畜禽体内能量代谢和神经系统信号传导的作用密不可分。

（1）血糖浓度。对于单胃动物而言，血糖浓度是调控畜禽采食量的重要因素。动物营养理论认为，畜禽采食饲料后，动脉血液葡萄糖浓度快速增加，通过增加动脉与静脉葡萄糖差值，触发葡萄糖受体，刺激中枢神经系统产生反馈，当畜禽吃饱时，反馈给畜禽停止进食的指令。反之，当畜禽饥饿时，动脉血液葡萄糖浓度降低，拉低与静脉血液葡萄糖浓度的差值，刺激中枢神经系统产生反馈，畜禽开始进食。

（2）挥发性脂肪酸浓度。对于反刍动物而言，血糖浓度并不是调控采食量的因素，而血液挥发性脂肪酸的浓度参与了采食量的调控，尤其是乙酸的浓度。当挥发性脂肪酸含量高时，通过中枢神经系统反馈饱感，停止进食，反之促进采食。

（3）体内激素。胰岛素、瘦素、雄激素、孕激素、雌激素、生长激素、甲状腺素、脂联素等激素均被证实具有调控畜禽采食量的作用，其本质也是通过神经系统的信号传导而发挥作用。当动物生理状态发生变化时，刺激体内激素分泌进而调节采食量。如母畜在发情时，采食量受激素影响而出现降低的情况。

（4）畜禽采食量的长期调控。上面所述内容均反映了畜禽对采食量的短期调节，然而畜禽自身还存在采食量的长期调控方式。采食量的长期调控方式保证了成年畜禽能够长期维持相对稳定的体重，并且能够在饥饿情况下通过采食恢复体重。目前普遍认为畜禽的长期调控是畜禽体内能量平衡介导的，反映了机体的能量代谢情况。与畜禽体内能量储备有关的营养物质可作为反馈信号影响中枢神经系统的活动进而控制采食量。有部分研究认为长期调控的机制与体脂肪的储备相关，畜禽为了保持体内的体脂肪储备而进食，若发生体脂肪降解或消耗情况，则提高采食量补充体脂肪的损失。

4. 饲养管理

饲养环境的温湿度、光照、空气洁净度、饲养密度、声音均对畜禽采食量具有显著影响。此外，不合理的饲养管理措施，如料槽的清洗不及时、水源供给不足、水槽污垢过多、饲喂次数过少、先精后粗等不适宜的饲喂手段，均会降低畜禽的采食量，直接影响生产性能，甚至导致畜禽产生疾病。

（1）温湿度。对于畜禽而言，存在适宜的等热区。在等热区内，畜禽不需要提高代谢率，只靠物理调节（蒸发、传导、对流、辐射），即可维持体温的恒定。畜禽处于等热区的环境温度下，体内能量利用效率最高，这与体内能量损耗直接相关。

当环境温度高于上限临界温度时，畜禽体内蓄热得不到有效散发，必须通过提高机体代谢率来散失热量，如加强呼吸循环等。此时，畜禽为了维持体温恒定而使热量损耗增加，增加维持的能量需要，同时为了避免采食后的体增热进一步增加机体负担，畜禽本能降低采食量。当畜禽长期处于温度超过上限临界温度的环境中时，易诱发热应激。在实际生产中，热应激频发一直是夏季畜禽养殖的首要难题。热应激对畜禽的最显著影响就是采食量显著降低。同时，奶牛在发生热应激时，体内新陈代谢发生变化，皮质醇分泌量增加，孕酮和雌激素水平降低，血液中钠、钾、铜、硫、磷等离子浓度降低。

当环境温度低于下限临界温度时，散热增加，动物为了维持体温，必须加速体内能量物质的代谢，如加速氧化分解过程来增加产热量。此时，畜禽体内热量损耗增加，动物本能增加采食量，同时采食所带来的体增热也可有效用于提高体温。但需注意的是，此时增加的采食量对于生产性能的提高没有实际意义，因为增加的能量摄入大量被用于维持体温恒定。

湿度过高对畜禽的影响也极为显著。对于奶牛而言，荷斯坦奶牛品种不耐热，环境温度过高极易导致热应激，显著降低采食量和产奶量。此时，若奶牛同时处于高湿的环境中，奶牛的散热机能受到抑制，导致体温在短时间内迅速上升，使奶牛调节机能紊乱，损伤奶牛内部器官，皮肤和直肠的温度上升，最终导致牛奶产量的下降，严重时甚至会导致奶牛死亡。当奶牛处于低温高湿环境下时，增加奶牛体表的散热量，导致奶牛的体温降低，增加维持体温的耗能，维持的能量需要增加。因此，环境湿度和环境温度是相互作用共同影响奶牛的生产性能。

（2）饮水。畜禽水源的供给量和水的质量也对畜禽采食量起到重要作用。对于高产泌乳动物尤其是高产奶牛而言，水的充足摄入是保证瘤胃良好内环境和高泌乳量的重要前提。体内失水达 1%~2% 时即通过中枢神经系统反馈感到干渴，同时食欲减退，生产性能下降；若失水达到 8%，畜禽严重干渴，食欲丧失，同时抗病力下降；当失水达到 10%，畜禽生理失常，新陈代谢紊乱；若失水超过 20%，除特殊品种的羊和骆驼，畜禽易发生死亡。因此，水的供给至关重要。

此外，水的品质也决定了畜禽的饮水量，进而影响采食量。水的品质分为感官性状指标、化学指标和微生物指标。感官性状指标指的是水的色、味、浑浊度等。化学指标既包括了 pH 值、硬度、总可溶固形物等理化指标，也包括重金属离子含量、有毒物质含量以及工业生产、农业生产所产生的污染物等。微生物指标则通常指的是水中细菌总数和大肠杆菌总数，以及一些病毒、真菌、原生质的含量。定期监测上述指标，是维持畜禽饮水量和采食量的重要措施。同时，在雨后或水槽被使用一段时间后，必须及时清洗水槽和上水装置，避免水质污染。

水温也影响畜禽饮水量，水温适宜时，畜禽才能充足饮水。对于冬季饲养而言，部分养殖者不注重水温的控制，常使用冷水，不仅使畜禽饮水量下降，且冷水入腹对畜禽胃肠道和体内代谢也具有一定影响。

（3）光照和声音。通过调控光照时间、光照节律，可以一定程度调控畜禽的采食量和生产性能。已有研究发现，光照时长对鹿采食量的影响极为显著，随光照时长降低，采食量显著降低。其他畜禽也有相关研究，增加自然光照时长，可以提高育肥猪平均日采食量、奶牛的产奶量、改变母羊的排卵发情行为等。本质上，光照的调控作用也是通过神经中枢对激素分泌的调节而实现的，也可能通过改变畜禽的昼夜采食行为而实现采食量的调控。

声音在提高畜禽采食量和生产性能方面具有一定作用，尤其是轻音乐，可以显著提高奶牛的采食量和产奶量。在规模化牧场，挤奶厅播放轻音乐已经是常见的促进奶牛产奶的手段。噪声对畜禽的采食量影响是负面的，且可能造成无法恢复的生产性能降低现象。此外，节奏较强的流行音乐也易造成畜禽体内代谢紊乱，如呼吸系统、神经内分泌系统代谢等，进而影响畜禽采食量和生产性能。

（4）养殖密度。养殖密度过大是集约化养殖实践中常出现的现象，过高的养殖密度易导致畜禽出现拥挤、强欺弱、属地占领等异常行为，常导致出现应激反应，进而影响畜禽采食量。过高的养殖密度也常出现料槽不够用、饲料浪费等现象，进一步影响畜禽采食量。此外，畜禽由于生理阶段的变化而转群时，突然变化的环境和养殖密度的增加，也会导致畜禽出现应激，甚至绝食。

（5）其他饲养管理措施。对于畜禽而言，饲料的供给方式、供给次数、饲料类型均会影响采食量。对于反刍动物而言，因为其对纤维物质的需求，青粗饲料和精料补充料的饲喂方式与非反刍动物的配合饲料饲喂方式不同。常见的饲喂方式有"先粗后精"的分开饲喂和"TMR"全混合饲喂。相对于分开饲喂方式，TMR具有节省成本、混合均匀、有效避免挑食等优势，因此对畜禽采食量的影响更为显著。而采用分开饲喂方式，需特别注意粗料的采食时间，避免因粗饲料采食不足，而精料过量采食导致发生代谢性疾病。

喂量和次数对采食量的影响不容忽视。对于生产性能较高的畜禽来说，提高单次的饲喂量并不能完全发挥畜禽的采食能力，提高饲喂次数反而具有良好促进采食量的效果。应结合实际，少喂勤填，既避免饲料浪费或发酵损失，也能保持畜禽对饲料的采食欲望，进而提高采食量。如高产奶牛，平均每日挤奶3次，至少保证每次挤奶后要有新鲜饲料供给，同时，由于奶牛早晨第一次挤奶的奶量较高，因此应特别注意前一晚的饲料供给次数和供给量，提高采食量和采食效率，最大限度地发挥奶牛的生产性能。

饲料类型对畜禽采食量的影响在"饲料适口性"章节中已做介绍。

二、提高畜禽采食量的手段

（一）改善饲料适口性

改变饲料类型或添加适口性较好的饲料原料等，可刺激畜禽食欲，增加采食量。对于反刍动物而言，还需额外注意饲料粒度，既要满足瘤胃对 peNDF 的需求，还要具备较好的适口性。其他改善饲料适口性的方法包括但不限于以下几条。

1. 选择合适的饲料原料

可选择适口性较好的饲料原料，如反刍动物可以选择品质优的青贮饲料。较差的原料，如柠条、秸秆类，可先利用加工技术进行初步处理后再饲喂。

2. 避免饲料发生氧化、霉变

饲料中的脂类物质尤其是富含不饱和脂肪酸的脂类物质极容易发生氧化酸败，尤其是处于高温高湿条件下，不仅使饲料产生异味，适口性下降，摄入过多还会增加畜禽机体负担。饲料中添加抗氧化剂能有效防止氧化酸败，如维生素 E 等。饲料霉变也会降低适口性，有时其危害甚至比氧化酸败大。添加防霉剂可防止霉菌滋生。

3. 添加风味剂

风味剂常含有甜味剂和香味剂。甜味剂常用的有蔗糖、果糖和乳糖等天然糖类，还有使用糖精、糖蜜等。猪饲料中常用的香味剂有乳香味、香草味、巧克力味等。

（二）合理设计饲料营养配方

设计畜禽饲料配方时，要参照对应的饲养标准，针对特殊情况，应结合实际进行微调。饲料配方设计中，要根据畜禽的生理特性综合考虑饲料的能氮平衡、精粗比合理、氨基酸平衡、地域性矿物质缺乏等因素。对于反刍动物而言，尤其是奶牛，建议使用 TMR 饲喂技术来提高其采食量。

反刍动物的饲料配方设计还需考虑饲料中碳水化合物的结构。精饲料的能量含量较高，部分养殖者为追求更高的生产效益，常出现过量饲喂精饲料，而粗饲料采食不足的情况。固然通过增加精饲料喂量可以提高反刍动物的采食量，促进生产性能，但若饲料的结构性碳水化合物和非结构性碳水化合物不合理，则直接影响瘤胃发酵尤其是瘤胃 pH 值，进而影响反刍动物的健康。结构性碳水化合物主要指的是饲料中的纤维素、半纤维素、木质素等，非结构性碳水化合物主要指的是饲料中的可溶性糖、淀粉、有机酸等。

由于颗粒饲料的适口性较好且营养丰富还可避免畜禽挑食，现阶段反刍动物饲养中也常使用，但应该对颗粒饲料本身的特性有严格的标准，主要原因在于部分反刍动物颗粒饲料是粗料与精料配合而成的混合饲料，因此，颗粒饲料中所包含的纤维粒度（可用 peNDF 表示）是否能够满足刺激唾液分泌、咀嚼和反刍，以及是否能够满足对瘤胃的刺激，至关重要。较多养殖场使用的颗粒饲料并不符合需求，因而导致瘤胃酸中毒等代谢病频发。

（三）加强饲养管理

1. 适当增加饲喂次数

适当增加饲喂次数以及每次的饲喂量可增加动物采食量。

2. 饲料的加工处理

适当的加工处理可改善饲料适口性，提高动物采食量。湿料相对于干料更利于动物采食，对动物胃肠道刺激微小，可调高其采食量。秸秆类饲料可通过揉丝等方式增加其适口性，增加其被反刍家畜利用的效率。高品质蛋白质、必需氨基酸若经过包被等特殊处理，可增加过瘤胃数量，提高反刍家畜获得的营养物质品质。饲料的加工处理方法会在本书饲料加工章节详细介绍。

3. 保证适宜的饲养环境

前文已经叙述了环境对畜禽采食量的影响。改善畜禽养殖环境条件，避免夏季热应激的损失，保证水源的品质，合理分群等，这些都是养殖实践中需要养殖者和饲料配方师要考虑的外在因素。而且，有些环境引起的采食量变化也可通过营养手段调控，如热应激期间，饲料中添加某些植物提取物，对缓解热应激、提高采食量具有明显效果。

4. 合理的饲料更换方式

在生产实践中，更换饲料是常见的，既是为了满足畜禽不同生理阶段的营养需求，也是为了在饲料原料价格变动时降低饲料成本。饲料更换时的管理措施，是常被忽略的影响采食量的因素。因畜禽生理阶段变化而更换饲料时，如高产奶牛产犊后，机体的能量需要突然增加，饲料的能量浓度势必要提高以满足泌乳前期的高需求，这时由产前变化到产后的饲料更换措施如果不合理，不仅无法为奶牛提供有效的能量，还会导致奶牛出现产后疾病甚至死亡。更换饲料时，常需要注意以下几点。

（1）饲料更换需要有过渡期。饲料的更换不能突然施行，要逐步、增量地进行，常将新料按比例逐步替代旧料，直至最终全部替换。逐步换料的时间视动物种类、年龄而定，如幼龄动物过渡期一般为5~7d，妊娠母猪由妊娠前期到妊娠后期换料过渡期一般为3~5d。

（2）舍饲与放牧的饲料变换。部分地区由于季节的变化，初春时，舍饲家畜突然开始放牧，由于新生牧草营养不足，水分含量过大，易导致家畜出现营养不良或应激，这时需放牧回来后再补饲，再逐步减量，帮助家畜适应饲养方式转变带来的饲料更替。

（3）避开生理敏感期换料。幼龄期动物和处于生产高峰期（产蛋高峰、产奶高峰）动物代谢十分旺盛，机体生理负担处于高度紧张状态，此时对应激因素极为敏感，任何内、外环境略有变动都会引起生产力急剧下降，所以应尽量避开动物的生理敏感期换料。

（4）新饲料的更换。现阶段的生产实践，为了应对饲料原料价格持续高涨不降、原料供给量不足的情况，饲料企业都在寻找新的常规饲料，也使得市场上出现大量不同种类的含有特殊成分的配合饲料、浓缩饲料等。若使用与原有饲料的原料差异较大的新饲料时，可先给小范围畜禽逐步更换，待适应后观察有无不良反应，再逐步在大群更换。

5. 降低其他应激发生

凡能降低动物应激反应的措施都能提高其采食量。如转群时避免应激、合群时避免应激、温湿度变化时避免应激等。如奶牛从畜舍走向挤奶厅的路程中，部分养殖者常使用催喊、鞭打等方式催促奶牛的行为，极易导致奶牛出现应激，进而影响采食量减少产奶量。又如畜禽在采食时，上料车或上料机同时开展作业，易使畜禽出现应激进而减少采食行为，降低采食量。在集约化养殖环境中，畜禽的应激很多都与养殖者不当的管理措施有关，需格外注意。

三、采食量的预测

明确畜禽的采食量是制作饲料配方、精准投料的基础，也是畜禽营养需要和饲养标准中的重要组成部分。采食量的预测对预估畜禽生产性能十分重要。国内外学者常通过数学模型来预测畜禽的采食量，利用影响干物质采食量的各类因素建立与干物质采食量的回归方程，虽然具有一定局限性，但是相对其他估测方法，数学模型估测精确率较高。

对于非反刍动物而言，采食量的预测相对简单，不同国家的数学预测模型也相对较少。但对于反刍动物而言，由于瘤胃的消化特性，数学模型相对复杂，考虑的影响因素较多。

世界各国均有各自的采食量预测模型。对于反刍动物采食量预测模型，目前世界范围内使用较多的有英国 AFRC 提出的预测模型、美国 NRC 提出的模型、法国 INRA 提出的瘤胃充盈度体系、澳大利亚提出的 CSIRO 模型等。

由于不同国家预测模型都具有地域性，不适用于所有国家，因此还需结合实际，利用当地所用饲料资源、畜禽营养物质消化利用情况等进行预测并根据畜禽采食情况进行调整。

第三节 全价配合饲料配方设计

一、配合饲料配方设计原则与方法

（一）饲料配方与配料单的概念

参考畜禽营养需要或饲养标准，依据动物对干物质、能量、蛋白质、矿物质、维生素及其他营养素的需要量，并综合考虑适口性、抗营养因素、毒性、经济性等所确定的配合饲料中各种饲料原料的百分比构成，称为饲料配方。理论上饲料配方设计是不断权衡的动态过程，主要权衡营养性、生理性、卫生性与经济性等要素。营养性是饲料配方设计时须考虑的首要因素，如图 3-1 所示，饲料配方设计的营养性可简单理解为动物的营养需要与适宜饲料营养水平之间的动态平衡。饲料配方设计的营养目标是饲料营养含量与动物营养需要等量平衡，但在生产实践中即便是行之有效的饲料配方也难免会有所偏离，即出现负平衡（缺乏）或正平衡（过剩）。

通常饲料配方以各种饲料原料干物质基础的百分含量表示，因此又称为干物质基础饲料配方。而在配合饲料生产时，各种饲料原料均含有一定的水分，即各种饲料原料均为饲喂基础状态，故此时的饲料配方称为饲喂基础饲料配方，或俗称配料单。配料单可根据各种原料水分含量以及其在干物质基础饲料配方中所占的比例进行换算，反之亦可从配料单推算干物质基础饲料配方。换算示例参见表3-1和表3-2。

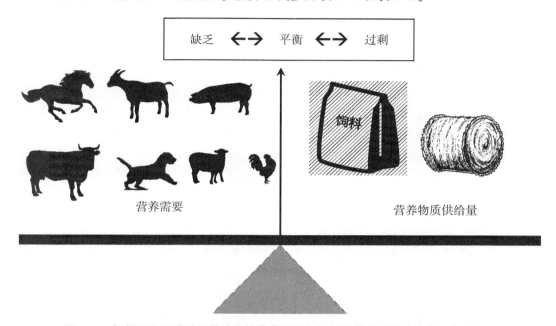

图3-1 饲料配方设计过程是动物的营养需要与饲料营养水平间的动态平衡过程

表3-1 干物质基础饲料配方换算为配料单示例

饲料原料	饲料配方（干物质基础,%）	饲料原料干物质占比	饲喂量（kg）	总饲喂量（kg）	配料单（%）
玉米青贮	60	0.35	171.4	225.4	76.1
蒸汽压片玉米	30	0.70	42.9	225.4	19.0
添加剂	10	0.90	11.1	225.4	4.9
合计	100		225.4		100

注：根据表中数据可计算出该配合饲料的干物质含量为：100kg（干物质）÷225.4kg（饲喂基础）＝44.3%；水分含量为：100%－44.3%＝65.7%。

表 3-2　配料单换算为干物质基础饲料配方示例

饲料原料	配料单 （%）	饲料原料 干物质 占比	干物质饲 喂量（kg）	总饲喂量 （kg）	饲料配方 （干物质 基础，%）
玉米青贮	76.1	0.35	26.64	44.35	60.1
蒸汽压片玉米	19.0	0.70	13.30	44.35	30.0
添加剂	4.9	0.90	4.41	44.35	9.9
合计	100		44.35		100

（二）饲料配方设计的计算方法

饲料配方设计是规划计算各种原料的用量与比例，是若干"调整—出错—纠错—调整"的循环配平过程。计算方法可分为手工计算法和数字化程序计算法，前者是后者的理论基础，而后者计算效率高，准确性佳。这里主要介绍手工计算法，又称简单饲料配方设计计算法，以单一营养素（粗蛋白质）在简单配方中的配平过程为例进行介绍。依此配平计算方法亦可拓展进行全价配合饲料的配方设计，也可作为对已有饲料配方的评估或细微调整的方法依据。

1. 手工计算法

（1）适用于两种饲料原料的计算方法。

例题：配制 100kg 全价猪用配合饲料，含粗蛋白质（CP）16.0%。所用饲料原料有玉米粉（8.9% CP）和一种含 36.0% CP 的商品蛋白补充料。

①联立方程法。此法是应用代数联立方程求解法来计算饲料配方。优点为方法简单，条理清晰；不足是饲料种类多时，计算较为复杂。计算方法如下。

第一步：假设配合饲料中含有 Xkg 玉米粉和 Ykg 商品蛋白补充料。

列代数方程（1）：$X + Y = 100$kg

第二步：玉米粉中粗蛋白质含量为 8.9%，商品蛋白补充料含粗蛋白质 36.0%，要求配合饲料粗蛋白质含量为 16.0%。

列代数方程（2）：$0.089X + 0.36Y = 16$kg CP（100kg 中含有 16.0%）

第三步：解联立方程。

$$X = 73.8\text{kg}$$
$$Y = 26.2\text{kg}$$

第四步：检验。

73.8kg 玉米粉×8.9% CP　　　　　= 6.57kg CP

26.2kg 商品蛋白补充料×36.0% CP = 9.43kg CP

————　　　　　　　————

100 kg 配合饲料　　　　　16.00kg CP

②对角线法。又称皮尔逊四角法（Pearson square）、交叉法、图解法等。此法在饲料种类不多及营养指标少的情况下，较为简便。在采用多种饲料原料及复合营养指标时

应用此法计算时需要反复两两组合，较为繁复，且无法同时满足多项营养指标的配平。计算方法如下。

第一步：作对角线图。把配合饲料粗蛋白质16.0%放在对角线交叉处，玉米粉和商品蛋白补充料粗蛋白含量放在左上角和左下角；随后以左侧出发与交叉处数值，大数减小数，所得数值置于右侧对角线位置。

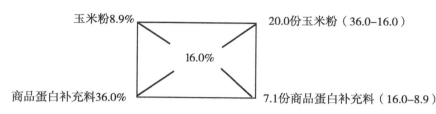

玉米粉8.9%　　　　　　　　　20.0份玉米粉（36.0–16.0）

16.0%

商品蛋白补充料36.0%　　　　　7.1份商品蛋白补充料（16.0–8.9）

总27.1份

第二步：右侧对角线各差数，分别除以两差数总和，即可计算得出两种饲料原料混合的百分比。

$$玉米粉占比 = \frac{20.0 \text{ 份玉米粉}}{\text{总 } 27.1 \text{ 份}} \times 100\% = 73.8\%$$

$$商品蛋白补充料占比 = \frac{7.1 \text{ 份玉米粉}}{\text{总 } 27.1 \text{ 份}} \times 100\% = 26.2\%$$

因此，配料称取量分别为：

73.8%×100kg＝73.8kg 玉米粉

26.2%×100kg＝26.2kg 商品蛋白补充料

第三步：检验。

73.8kg 玉米粉×8.9% CP　　　　　　＝6.57kg CP

26.2kg 商品蛋白补充料×36.0% CP　＝9.43kg CP

—————　　　　　　　　　————

100 kg 配合饲料　　　　　　　　　16.00kg CP

（2）适用于3种或3种以上饲料原料的计算方法。

例题：预配制100kg含粗蛋白质12%的配合饲料。饲料原料有豆粕、蛋白补充料和玉米粉。豆粕和蛋白补充料固定比例3∶1预混合。已知玉米粉粗蛋白质含量为9.0%，豆粕粗蛋白质含量为44%，蛋白补充料粗蛋白质含量为60%。

①计算3∶1预混合饲料的粗蛋白质含量。

3 份豆粕　　　　×44% CP ＝1.32 份 CP

1 份蛋白补充料×60% CP ＝0.60 份 CP

——　　　　　　　————

总 4 份　　　　　　总 1.92 份 CP

因此，预混合饲料粗蛋白质含量 $= \dfrac{1.92}{4} \times 100\% = 48\%$ CP

②对角线法计算。

第一步：做对角线图。

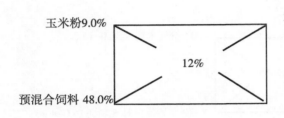

玉米粉9.0%　　　　　　　　　　　36.0　$\dfrac{36}{39} \times 100\% = 92.31\%$ 玉米粉

12%

预混合饲料 48.0%　　　　　　　　3.0　$\dfrac{3}{39} \times 100\% = 7.69\%$ 预混合饲料

总39.0份

第二步：计算 100kg 中的配合量。

玉米粉用量 $= 92.31\% \times 100$kg $= 92.31$kg

预混合饲料用量 $= 7.69\% \times 100$kg $= 7.69$kg

第三步：计算预混合饲料在 100kg 配合饲料中的用量。

豆粕用量 $= 7.69$kg $\times 75\%$（3 份）$= 5.77$kg

蛋白补充料用量 $= 7.69$kg $\times 25\%$（1 份）$= 1.92$kg

第四步：检验。

92.31kg 玉米粉　　　$\times 0.09 = 8.31$kg CP

5.77kg 豆粕　　　　$\times 0.44 = 2.54$kg CP

1.92kg 蛋白补充料 $\times 0.60 = 1.15$kg CP

——　　　　　　　　　————

总 100.00kg　　　　　　总 12.00kg CP

③联立代数方程法计算。

第一步：联立代数方程。

$$X = 玉米粉 \ kg$$

$$Y = 预混合饲料 \ kg（豆粕与蛋白补充料 3：1 混合）$$

代数方程（1）：$X + Y = 100.0$

代数方程（2）：$0.09X + 0.48Y = 12.0$

第二步：解代数方程。

$$X = 92.31kg$$

$$Y = 7.69kg$$

（3）适用部分固定饲料原料中不含有目标营养素的计算方法。

例题：预配制 1 000kg 含粗蛋白质 14% 的配合饲料。饲料原料有玉米粉（8.9% CP）、豆粕（46% CP）和 10% 的固定饲料原料（如食盐、石粉、磷酸氢钙、微量元素预混料、维生素预混料等）。已知固定饲料原料中不含粗蛋白质。

①对角线法计算。

第一步：计算交叉位置粗蛋白质百分含量。

已知非固定饲料原料部分即玉米粉和豆粕总计占 900kg（1 000kg × 90%），并由此部分提供的粗蛋白质数量为 140kg（1 000kg × 14%）。因此，该 900kg 中的粗蛋白质百分比可计算为：

$$\frac{140}{900} \times 100\% = 15.56\% CP$$

第二步：以粗蛋白质含量 15.56% 为交叉，采用对角线法计算。

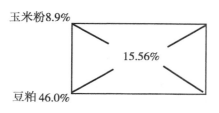

玉米粉8.9%　　　　　　　　　　　30.44　$\frac{30.44}{37.10} \times 100\% = 82.05\%$玉米粉

15.56%

豆粕46.0%　　　　　　　　　　　6.66　$\frac{6.66}{37.10} \times 100\% = 17.95\%$豆粕

总37.10份

玉米粉用量：900kg × 82.05% = 738.45kg

豆粕用量：900kg × 17.95% = 161.55kg

第三步：验证。

738.45kg 玉米粉×8.9% = 65.72kg CP

161.55kg 豆粕×46.0% = 74.31kg CP

100.00kg 固定原料×0.0% = 0kg CP

———————　　　　———————

总 1 000.00kg　　　　总 140.03kg CP

②联立代数方程法计算。

第一步：联立代数方程。

$$X = 玉米粉\ kg$$

$$Y = 豆粕\ kg$$

代数方程（1）：$X + Y = 900.0kg$

代数方程（2）：$0.089X + 0.460Y = 140.0kg$

第二步：解代数方程。

$$X = 738.5kg$$

$$Y = 161.5kg$$

（4）适用部分固定饲料原料中含有目标营养素的计算方法。

例题：预配制 2 000kg 含粗蛋白质 20% 的肉仔鸡饲料，所用原料与用量如表 3-3 所示。

表3-3　配制饲料所用原料和用量

饲料原料	用量（kg）
玉米粉（9% CP）	?
豆粕（44% CP）	?
肉骨粉（50% CP）	100.0
鱼粉（65% CP）	40.0
苜蓿草粉（17.5% CP）	40.0
矿物质预混料（0% CP）	30.0
维生素预混料（0% CP）	20.0
合计	2 000.0

①计算配合饲料中粗蛋白质总含量。

$$2\ 000kg \times 20\% = 400kg\ CP$$

②计算固定饲料原料所提供的粗蛋白质的量（表3-4）。

表3-4　固定饲料原料所提供的粗蛋白质的量

固定饲料原料	用量（kg）	CP（%）	CP（kg）
肉骨粉（50% CP）	100.0	0.50	50.0
鱼粉（65% CP）	40.0	0.65	26.0
苜蓿草粉（17.5% CP）	40.0	0.175	7.0
矿物质预混料（0% CP）	30.0	0	0.0
维生素预混料（0% CP）	20.0	0	0.0
合计	230.0		83.0

由此可知：

非固定饲料原料（玉米粉+豆粕）用量：2 000.0kg−230.0kg=1 770.0kg

非固定饲料原料提供粗蛋白质的量：400.0kg−83.0kg=317.0kg

③对角线法计算。

第一步：计算交叉位置粗蛋白质百分含量。

已知非固定饲料原料部分即玉米粉和豆粕总计1 770.0kg，并由此部分提供的粗蛋白质质量为317.0kg。因此，非固定部分中的粗蛋白质百分比可计算为：

$$\frac{317.0}{1\ 770.0} \times 100\% = 17.91\%CP$$

第二步：以粗蛋白质含量17.91%为交叉，采用对角线法计算。

玉米粉用量：1 770.0kg×74.54%=1 319.4kg

豆粕用量：1 770.0kg×25.46%=450.6kg

玉米粉 9.0%

26.09 $\dfrac{26.09}{35.00}\times100\%=74.54\%$ 玉米粉

17.91%

豆粕   44.0%

8.91 $\dfrac{8.91}{35.00}\times100\%=25.46\%$ 豆粕

总35.00份

第三步：验证。

1 319.4kg 玉米粉   ×9.0%＝118.75kg CP

450.6kg 豆粕   ×44.0%＝198.26kg CP

230.00kg 固定原料   ＝83.00kg CP

─────   ────────

总 2 000.00kg   总 400.01kg CP

④联立代数方程法计算。

第一步：联立代数方程。

$$X=玉米粉\ kg$$
$$Y=豆粕\ kg$$

代数方程（1）：$X+Y=1\ 770.0$kg

代数方程（2）：$0.09X+0.44Y=317.0$kg

第二步：解代数方程。

$$X=1\ 319.4kg$$
$$Y=450.6kg$$

（5）替代计算方法。用原饲料配方中一种饲料原料部分替代另一种饲料原料时配平的方法或用一种新的饲料原料代替原饲料配方中某一种饲料原料的配平方法。

例题：用替代法将以下配合饲料配方调整为粗蛋白质水平为 13% 的饲料配方。原始配方如表 3-5 所示。

表 3-5 原始配方

饲料原料	用量（kg）	CP（%）	CP（kg）
干草	60.0	6.0	3.60
玉米粉	33.0	9.0	2.97
豆粕	7.0	46.0	3.22
合计	100.0	9.79	9.79

①用粗蛋白质含量较高的原料豆粕替代部分玉米粉的方法。

第一步：计算单位饲料原料替代时 CP 的变化量。

增加 1kg 豆粕时＝+0.46kg CP

减少 1kg 玉米粉 ＝-0.09kg CP

净 CP 变化 ＝+0.37kg CP（0.46-0.09）

第二步：计算需要增加的 CP 数量。

需增加的 CP 量为：13.0kg-9.79kg=3.21kg

第三步：计算豆粕替代玉米粉的数量。

$$\frac{3.21}{0.37} = 8.68kg$$

第四步：列替代后的饲料配方（表3-6）。

表 3-6　替代后的饲料配方

饲料原料	用量（kg）	CP（%）	CP（kg）
干草	60.00	6.0	3.60
玉米粉	24.32	9.0	2.19
豆粕	15.68	46.0	7.21
合计	100.0		13.00

②用粗蛋白质含量较高的新原料苜蓿干草（16% CP）替代粗蛋白含量较低的干草（6% CP）的方法。用此方法调整配方时相较于方法①能值变化可能较小，即后续较易同时配平蛋白和能量。

第一步：计算单位饲料原料替代时 CP 的变化量。

增加 1kg 苜蓿干草时＝+0.16kg CP

减少 1kg 干草时＝-0.06kg CP

净 CP 变化 ＝+0.10kg CP（0.16-0.06）

第二步：计算需要增加的 CP 数量。

需增加的 CP 量为：13.0kg-9.79kg=3.21kg

第三步：计算苜蓿干草替代干草的数量。

$$\frac{3.21}{0.10} = 32.1kg$$

第四步：列替代后的饲料配方（表3-7）。

表 3-7　替代后的饲料配方

饲料原料	用量（kg）	CP（%）	CP（kg）
干草	27.9	6.0	1.67
苜蓿干草	32.1	16.0	5.14
玉米粉	24.32	9.0	2.19
豆粕	15.68	46.0	7.21
合计	100.0		13.00

（6）同时配平多个营养素的方法。

例题：假设用玉米粉和豆粕配合，以满足约30kg体重仔猪每日粗蛋白质和代谢能（ME）需要。

第一步：明确营养需要与原料营养成分（表3-8）。

表3-8　目标家畜营养需要和饲料原料营养成分

项目	CP	ME
30kg体重仔猪每日需要量	0.272kg	22.5MJ
玉米粉	9.0%	13.7MJ/kg
豆粕	46.0%	11.8MJ/kg

第二步：联立代数方程计算。

$$X=玉米粉\ kg$$
$$Y=豆粕\ kg$$

代数方程（1）$0.09X + 0.46Y = 0.272kg\ CP$
代数方程（2）$13.7X + 11.8Y = 22.5MJ\ ME$

第三步：解代数方程

$$X = 1.367\ kg$$
$$Y = 0.324\ kg$$

第四步：检验。

$$1.367kg\ 玉米粉×9\%\ CP = 0.123kg\ CP$$
$$0.324kg\ 豆粕×46\%\ CP = 0.149kg\ CP$$

总计：$0.123kg\ CP + 0.149kg\ CP = 0.272kg\ CP$

$$1.367kg\ 玉米粉×13.7MJ/kg = 18.7MJ\ ME$$
$$0.324kg\ 豆粕×11.8MJ/kg = 3.8MJ\ ME$$

总计：$18.7MJ\ ME + 3.8MJ\ ME = 22.5MJ\ ME$

第五步：列饲料配方（表3-9）。

表3-9　饲料配方

饲料原料	每日用量（kg）	日粮中含量（%）
玉米粉	1.367	80.84
豆粕	0.324	19.16
合计	1.691	100.00

以上列出饲料配方中应进一步增加维生素和矿物质添加剂以满足仔猪的营养需要。

2. 数字化程序计算法

数字化程序计算法主要是采用计算机编程技术，将运筹学中有关数学模型编制成可以运行的程序，输入相关数据参数后即可计算配平饲料配方，并进行优化决策。主要的计算规划方法包括线性规划法、多目标规划法、模糊规划法等。上述方法原理可参考《配合饲料学》（冯定远，2003）或相关材料。数字化饲料配方软件可参考美国国家科学研究委员会（NRC）营养需要模型或其他商业饲料配方优化软件。

二、全价配合饲料配方设计原则与方法

（一）全价配合饲料配方设计的原则

全价饲料配方设计应考虑的因素主要包括3个方面。①动物因素：主要包括动物的生理特性，如品种、性别、年龄等，以及动物的采食量、生产性能、饲养方式与环境等。②饲料因素：主要包括饲料原料种类、特性、限制条件、来源、价格、饲料的加工工艺等。③生态文化因素：主要包括环保要求以及当地饲养传统和市场习惯等。综合考虑上述因素的前提下全价配合饲料配方设计时需遵循以下原则。

1. 具备科学性与先进性

饲料配方设计的科学性表现在所选用营养标准的科学合理，重点关注各种营养指标比例的权衡，使得全价饲料配方具备全价性、完全性的特点。应主要参考权威机构部门公开发布或颁布的饲养标准或营养需要，如我国的农业农村部颁布的各种家畜的饲养标准、美国国家科学研究委员会（NRC）制定发布的各种动物的营养需要、英国农业科学研究委员会（ARC）制定发布的畜禽营养需要等。饲料配方设计的先进性体现在饲料配方中应用最新的研究成果，除考虑权威性饲养标准或营养需要中列出的一般性营养指标外，还应考虑其他先进的营养指标。

2. 优化经济效益

家畜养殖成本中饲料成本占最大份额，因此饲料配方设计时必须考虑优化经济效益，从而实现降本增效目标。饲料配方的成本与营养品质之间必须平衡合理，既要满足营养需要或饲养标准的相应水平，同时又要尽可能降低成本，并综合考虑配合饲料的饲喂效果，及饲喂后对环境、畜产品等方面的影响。因此，饲料配方设计时应兼顾饲养效果和生产成本，在促进动物生产性能的前提下，优化饲料配方的经济性。

3. 具备相对稳定性

全价配合饲料成分多样，不乏多种生物活性组分，因此本身具有不稳定性特点，但为了保证家畜相对稳定的生产性能，配合饲料的营养品质和特性应具备相对稳定性。在饲料配方设计时应考虑在一定时间内保持相对稳定。保持相对稳定的方法主要如下。①含水量管理：低水分（风干）饲料应保证安全水分范围，高水分饲料应缩短使用时效或严控储存条件，并定期检测霉变情况。②调整应循序渐进：如需调整饲料配方时应循序渐进地调整，避免突然变化。③适当考虑"保险量"：对一些容易受加工、储藏和使用过程中失效的敏感指标应适当考虑增加用量。

4. 安全合法

畜禽产品是主要的动物源性食品，这些食品的安全与畜禽饲料安全密切相关，而饲料安全必须在饲料配方设计时考虑。饲料原料的选用应严格遵照相关法律法规执行，主

要应严格避免使用有害有毒成分用于饲料配方中。另外，发霉变质、受微生物污染的饲料原料、未经科学试验验证的非常规原料也不能使用。在饲料配方设计时对一些易发霉变质、易含有或易产生有毒有害成分的饲料原料应注意限量使用。

（二）全价配合饲料配方设计的步骤

1. 确定配合饲料设计的目标

配合饲料的设计具有多重目标，包括优良的动物生产性能、可观的生产利润率、良好的动物福利、较好的生态效益等。上述目标有些是一致的，而有些是相互制约的，因此设计饲料配方时应明确总体目标，可兼顾多项目标，亦可侧重多重目标中的其中一项目标。

2. 确定饲养标准或营养需要的水平

根据畜禽营养需要特点以及确定的饲料配方设计总体目标定位，选择不同的饲养标准或营养需要的水平，并根据现有饲料原料和饲养环境等实际情况对某些营养指标的水平进行调整。

3. 选择饲料原料

选择饲料原料时首先必须充分调研当地饲料原料市场，包括价格、来源、供应量、储运特点等。同时，须考虑饲料原料营养特性、适口性，目标动物的消化生理、饲料原料的成分数据等。

4. 计算饲料配方

可借助专门数字化软件计算饲料配方，也可手工计算或者二者结合。在饲料配方计算过程中应充分考虑饲料原料的营养特性以及目标动物的消化生理特点，确定某些饲料原料的使用上限，以及限制使用比例，尤其应注意抗营养因子和毒性成分限量使用。

5. 评价饲料配方的质量

饲料配方设计完成后应对照设计的目标定位反复检验计算的准确性，同时可由具有实践经验的其他配方设计人员进行分析核验。依照配方配制成配合饲料后应进行成分检验，并先小规模饲喂，检验所设计的配方是否符合原来的期望值。根据评价结果确定是否进一步调整饲料配方，使所设计的饲料配方最终满足预订的目标。

三、反刍动物精料补充料与全混合日粮的设计

（一）肉牛用配合饲料和精料补充料配方设计

以日增重 1.36kg，初始 300kg 体重育肥阉牛为例设计日粮配方。

1. 确定营养需要

首先需确定目标动物即 300kg 体重育肥阉牛，日增重达 1.36kg 的每日营养需要。第一步需查阅符合主要生产性能目标条件的营养需要表，即锁定 300kg 体重和 1.36kg 日增重两个关键参数（表3-10）。

表 3-10　阉牛营养需要参数

体重（kg）	日粮类型	干物质采食量（kg/d）	日增重（kg）
300	A	7.9	0.32
	B	8.4	0.89
	C	8.2	1.36
	D	7.7	1.69
	E	7.1	1.90

注：数据引自《肉牛营养需要》（NRC，2016）。

根据表 3-10 可知，300kg 体重阉牛日增重达到 1.36kg 时，日粮类型 C 干物质采食量为 8.2kg/d，因此继续锁定该条件下日粮类型 C 的营养成分，经查阅可摘录参数信息（表 3-11）。

2. 分析可选原料营养成分

明确现有或可选饲料原料，要确保配方设计时所选饲料原料中包含粗饲料（青贮、干草等）；能量饲料（玉米、小麦麸等）；蛋白质饲料（大豆粕、棉籽粕、尿素等）；维生素 A 或含有维生素 A 的预混料；其他必要饲料原料（钙源、磷源、食盐、小苏打）或添加剂（促生长剂等）。并在相应营养需要附表中查阅所选饲料原料营养成分并摘录为表格（表 3-12）。

表 3-11　300kg 体重日增重 1.36kg 阉牛营养需要

营养指标	营养需要（干物质基础）
中性洗涤纤维（%）	30
TDN（%）	70
NEm（MJ/kg）	6.99
NEg（MJ/kg）	4.44
粗蛋白质（%）	12.6
钙（%）	0.48
磷（%）	0.24

注：数据引自《肉牛营养需要》（NRC，2016）。

表 3-12　阉牛配方设计中选用的部分饲料原料营养成分

饲料原料	干物质（%）	干物质基础						
		TDN（%）	粗蛋白质（%）	钙（%）	磷（%）	NDF（%）	NEm（MJ/kg）	NEg（MJ/kg）
青干草	91	54	8.4	0.26	0.30	72	4.65	2.30
玉米青贮	33	70	8.1	0.23	0.22	51	6.99	4.31

（续表）

饲料原料	干物质（%）	干物质基础						
		TDN（%）	粗蛋白质（%）	钙（%）	磷（%）	NDF（%）	NEm（MJ/kg）	NEg（MJ/kg）
压片玉米	89	80	10.0	0.03	0.29	9	8.12	5.44
脱皮大豆粕	90	87	55.1	0.29	0.70	8	9.04	6.19
石粉	90			34.00				

注：数据引自《肉牛营养需要》（NRC，2016）。

表3-12中青干草和玉米青贮为粗饲料，压片玉米为能量饲料，脱皮大豆粕为蛋白质饲料，石粉为钙源。值得一提的是，在选择饲料原料时应对照营养需要进行初步分析筛选，如表3-12中由于青干草、玉米青贮、压片玉米、脱皮大豆粕等饲料原料中钙含量均低于营养需要列出的0.48%（表3-11），因此选择石粉作为钙源补充。对所选饲料原料初步分析判断的一个简单方法为，将每个原料的某个营养指标与相应营养需要中的进行比较，至少有一种原料需超过营养需要，所设计的饲料配方才可能满足所确定的营养需要。例如，表3-12中脱皮大豆粕粗蛋白质含量为55.1%，高于营养需要中12.6%的粗蛋白含量，而其他饲料原料的粗蛋白质含量均低于营养需要，因此大豆粕是调高粗蛋白质的主要原料，亦是定义分类为蛋白质饲料的主要意义所在。

3. 饲料配方概算

在了解饲料原料营养成分特点后，需进行概算。概算主要依据可用饲料原料种类、动物生产性能目标和动物营养需要特点，以经验值或动物现有采食习性，综合考虑配方的经济性而定。通常首先以现有饲料原料配合以满足能量需要且刚好达到预期干物质采食量为目标进行设计。比如按满足70%TDN和日粮干物质采食量8.20kg/d为目标进行估算，具体计算方法可采用手算法，也可应用数字化软件进行计算，并得到初步日粮配方，再与营养需要进行对比，计算满足情况，如表3-13所示。

表3-13 300kg体重日增重1.36kg阉牛概算日粮配方满足NRC营养需要情况

组成	日粮水平（kg/d）	蛋白质（kg）	NDF（%）	钙（%）	磷（%）	TDN（%）	NEm（MJ/kg）	NEg（MJ/kg）
青干草	1.95	0.16	17	0.06	0.09	13	1.09	0.54
玉米青贮	1.95	0.16	12	0.10	0.05	17	1.67	1.00
压片玉米	4.15	0.42	4	0.01	0.15	40	4.10	2.76
石粉	0.09			0.37				
食盐	0.03							
预混料	0.04							
合计	8.21	0.74	33	0.54	0.29	70	6.86	4.30

（续表）

组成	日粮水平（kg/d）	蛋白质（kg）	NDF（%）	钙（%）	磷（%）	TDN（%）	NEm（MJ/kg）	NEg（MJ/kg）
NRC 营养需要	8.20	1.034	30	0.48	0.23	70	6.99	4.44
缺乏值		-0.294					-0.13	-0.14

注：配方中粗蛋白质（%）= 0.74kg/8.2kg = 9.02%（NRC 营养需要为 12.60%）。

4. 饲料配方完善

由表 3-13 可知初步设计的饲料配方中缺乏 0.294kg/d 的粗蛋白质，或按日粮营养成分含量估算时缺乏 3.05% 粗蛋白质。因此下一步完善饲料配方的目标为将粗蛋白质含量调高至营养需要目标，同时其他指标保持不变。从饲料原料营养成分表可知，脱皮大豆粕的能值与玉米接近，且粗蛋白质显著高于其他所有饲料原料，因此以脱皮大豆粕替代部分压片玉米即可实现饲料配方的设计目标。具体计算方法可参考本节"饲料配方计算方法"的介绍。完善的全混合日粮饲料配方见表 3-14 和精料补充料饲料配方见表 3-15。

表 3-14　300kg 体重日增重 1.36kg 阉牛全混合日粮配方示例

组成	干物质（%）	干物质基础		饲喂基础	
		质量（kg）	含量（%）	质量（kg）	含量（%）
青干草	91	1.95	23.8	2.34	18.5
玉米青贮	33	1.95	23.8	5.91	44.9
压片玉米	89	3.51	42.7	3.94	29.9
脱皮大豆粕	90	0.64	7.8	0.71	5.4
石粉	90	0.09	1.1	0.10	0.8
食盐	90	0.03	0.3	0.03	0.2
预混料	90	0.04	0.5	0.04	0.3
合计		8.21	100.0	13.16	100.0

表 3-15　300kg 体重日增重 1.36kg 阉牛精料补充料日粮配方示例

组成	干物质（%）	干物质基础		饲喂基础	
		质量（kg）	含量（%）	质量（kg）	含量（%）
压片玉米	89	3.51	81.4	3.94	81.7
脱皮大豆粕	90	0.64	14.9	0.71	14.8
石粉	90	0.09	2.1	0.10	2.2
食盐	90	0.03	0.6	0.03	0.5
预混料	90	0.04	1.0	0.04	0.8
合计		4.31	100.0	4.82	100.0

（二）奶牛用配合饲料和精料补充料配方设计

1. 奶牛饲料配方设计特点

与肉牛饲料配方设计不同，奶牛饲料配方设计时有如下特点。

（1）读取营养需要或饲养标准时通常区分维持营养需要（包括生长需要、妊娠需要）和泌乳营养需要，泌乳产量主要考虑日产奶量以及乳脂肪含量，即应用乳脂校正产奶量。

（2）根据经验值粗饲料需要通常设置为按风干饲料采食量估算占奶牛绝食活体重的 1.5%~2%，如果饲喂湿料，例如青贮饲料时应按风干物质基础进行换算。

（3）奶牛营养需要中能量需要通常采用净能体系，而且依据维持的能量转化效率与泌乳的能量转化效率相近的原因和多数常用奶牛饲料原料均已测得泌乳净能，因此统一采用泌乳净能表示奶牛能量需要。我国的奶牛饲养标准泌乳净能以奶牛能量单位（NND）表示，即 1kg 含乳脂肪 4% 的标准乳能量为 3 138 kJ，定义为一个 NND。《奶牛营养需要》（NRC，2001）中直接以泌乳净能（NE_L）表示能量需要。

2. 泌乳奶牛饲料配方设计示例

以妊娠早期 500kg 体重成年奶牛日产 20kg、4% 乳脂肪标准乳为例设计饲料配方。

（1）确定营养需要。查阅《奶牛营养需要》（NRC，2001）分别摘录目标营养需要（表 3-16）。

表 3-16　泌乳奶牛每日营养需要

项目	总蛋白质（kg）	泌乳净能（MJ）	钙（g）	磷（g）
维持需要，500kg 成年、妊娠早期奶牛	0.364	35.41	20	14
生产需要，20kg 4%标准乳	1.808	61.94	64	40
合计	2.172	97.35	84	54

注：数据引自《奶牛营养需要》（NRC，2001）。

（2）估算粗饲料组成与营养供给量。根据以上提及奶牛饲料配方设计特点，可估算 500kg 体重奶牛风干粗饲料每日给料量应为 7.5kg 和 10kg 之间或相当量的青贮饲料。如果取下限值 7.5kg，可选择 2.5kg 苜蓿干草和 15kg 玉米青贮（或 5kg 风干基础青干草）。经查阅饲料原料营养成分后可估算出所选粗饲料可提供的营养供给量，并计算出需由精料补充的能量和养分数量（表 3-17）。

表 3-17　所选粗饲料满足泌乳奶牛营养需要情况

组成	总蛋白质（kg）	泌乳净能（MJ）	钙（g）	磷（g）
2.5kg 苜蓿干草	0.382	12.22	32	6
15kg 玉米青贮（风干物质约 5kg）	0.375	29.50	14	12
合计	0.757	41.72	46	18

（续表）

组成	总蛋白质 （kg）	泌乳净能 （MJ）	钙（g）	磷（g）
营养需要	2.172	97.35	84	54
需由精料补充的量	1.415	55.63	38	36

注：数据引自《奶牛营养需要》（NRC，2001）。

（3）估算满足能量需补充的精饲料量。由表 3-17 可知需由精料补充的泌乳净能数量为 55.63MJ，该值除以精饲料能值即可估算出精饲料的饲喂量。如以奶牛常用精饲料平均泌乳净能 7.32MJ 估算，则需精料量为 7.59kg（55.63/7.32）。因此，可根据现有饲料原料选择能量饲料，这里举例选择玉米和大麦作为谷物混合能量饲料满足奶牛能量需要，并计算出满足能量后仍缺乏的养分数量。重新计算的饲料配方列于表 3-18。

表 3-18　估算仅满足泌乳奶牛能量需要的饲料配方

组成	总蛋白质 （kg）	泌乳净能 （MJ）	钙（g）	磷（g）
2.5kg 苜蓿干草	0.382	12.22	32	6
15kg 玉米青贮（风干物质约 5kg）	0.375	29.50	14	12
3kg 玉米	0.288	22.35	1	8
4.59kg 大麦	0.546	32.85	2	16
合计	1.591	96.92	49	42
营养需要	2.172	97.34	84	54
仍缺乏的数量	0.581	0.42	35	12

注：数据引自《奶牛营养需要》（NRC，2001）。

（4）平衡能量与蛋白质需要。缺乏的蛋白质 0.581kg 以蛋白质饲料替代部分能量饲料进行补充并平衡能量和蛋白质均满足营养需要。如以大豆粕（44% CP）替代大麦为例，当替代 1.78kg 时总蛋白质可满足营养需要。能量和蛋白进行平衡后的饲料配方见表 3-19。

表 3-19　估算满足泌乳奶牛能量与蛋白需要的饲料配方

组成	总蛋白质 （kg）	泌乳净能 （MJ）	钙（g）	磷（g）
2.5kg 苜蓿干草	0.382	12.22	32	6
15kg 玉米青贮（风干物质约 5kg）	0.375	29.50	14	12
3kg 玉米	0.288	22.35	1	8

（续表）

组成	总蛋白质（kg）	泌乳净能（MJ）	钙（g）	磷（g）
2.81kg 大麦	0.546	20.13	1	10
1.78kg 大豆粕（44% CP）	0.794	12.89	5	11
合计	2.173	97.09	53	47
营养需要	2.172	97.34	84	54
仍缺乏的数量	已满足	已满足	31	7
满足需要率	100%	99.7%	63.1%	87.0%

注：数据引自《奶牛营养需要》（NRC，2001）。

（5）平衡钙磷需要。由表3-19可知，目前钙磷仍无法满足营养需要，因此在配方中应首先增加同时补充钙磷的饲料原料至满足磷的营养需要，如此时仍缺乏钙，则再增加钙源饲料原料以满足需要。在能量和蛋白配平基础上平衡钙磷后的饲料配方见表3-20。

表 3-20 估算满足泌乳奶牛能量、蛋白、钙磷需要的饲料配方

组成	总蛋白质（kg）	泌乳净能（MJ）	钙（g）	磷（g）
2.5kg 苜蓿干草	0.382	12.22	32	6
15kg 玉米青贮（风干物质约5kg）	0.375	29.50	14	12
3kg 玉米	0.288	22.35	1	8
2.81kg 大麦	0.546	20.13	1	10
1.78kg 大豆粕（CP 44%）	0.794	12.89	5	11
0.038kg 磷酸氢钙			12	7
0.056kg 石粉			19	
合计	2.173	97.09	84	54
营养需要	2.172	97.34	84	54
满足需要率	100%	99.7%	100%	100%

注：数据引自《奶牛营养需要》（NRC，2001）。

（6）计算最终配方。根据饲料原料中的水分含量分别计算出干物质基础饲料配方和饲喂基础饲料配方（表3-21），同时亦可计算出精料补充料饲料配方（表3-22）。值得注意的是，本示例饲料配方中未包含微量元素与维生素添加剂，在生产实践中应根据需要进行添加，如果高浓度微量添加时可大致忽略其添加量，而低浓度较大剂量添加时需进行替代计算；通常在奶牛饲料配方中应用高浓度的微量元素和维生素添加剂。此外，在奶牛饲料配方设计时因需求不同应考虑不同营养素或营养指标水平，如 NDF、

淀粉、物理有效纤维、瘤胃降解蛋白（RDP）、可代谢蛋白（MP）等水平。通常在配平常规营养水平后，再对上述指标进行对照评估，后进行反馈调整，完善饲料配方。

表 3-21　泌乳奶牛（500kg 体重-妊娠早期-20kg 标准乳产量）全混合日粮配方示例

组成	干物质（%）	干物质基础		饲喂基础	
		质量（kg）	含量（%）	质量（kg）	含量（%）
苜蓿干草	90	2.25	15.6	2.50	9.9
玉米青贮	35	5.25	36.5	15.0	59.6
玉米	90	2.70	18.8	3.00	11.9
大麦	88	2.47	17.2	2.81	11.1
大豆粕（CP44%）	91	1.62	11.3	1.78	7.1
磷酸氢钙	90	0.03	0.2	0.038	0.2
石粉	90	0.05	0.4	0.056	0.2
合计		14.37	100.0	25.18	100.0

表 3-22　泌乳奶牛（500kg 体重-妊娠早期-20kg 标准乳产量）精料补充料饲料配方示例

组成	干物质（%）	干物质基础		饲喂基础	
		质量（kg）	含量（%）	质量（kg）	含量（%）
玉米	90	2.70	39.3	3.00	39.1
大麦	88	2.47	36.0	2.81	36.5
大豆粕（CP44%）	91	1.62	23.6	1.78	23.2
磷酸氢钙	90	0.03	0.4	0.038	0.5
石粉	90	0.05	0.7	0.056	0.7
合计		6.87	100.0	7.68	100.0

（三）绵羊用配合饲料和精料补充料配方设计

绵羊在草食家畜里放牧采食效率最高，体现在其极强的觅食和择食能力，主要取决于绵羊生理解剖学特性及其习性，如与牛相比绵羊嘴唇更薄，以便于采食离土壤更近的牧草以及相关物质。因此，绵羊营养需要，尤其放牧条件下，相对而言更容易被满足。在为绵羊设计饲料配方时可考虑上述特点，但在集约化程度高的养殖条件或绵羊觅食与择食习性受限制时上述特点不显著。以下分别以 70kg 体重维持状态母羊和 60kg 体重哺乳单羔，泌乳期在前 8 周的母羊为例设计饲料配方。

1. 确定营养需要

经查阅相关营养需要，明确 70kg 体重维持状态母羊和 60kg 体重哺乳单羔，泌乳期在前 8 周的母羊营养需要。目标营养需要列于表 3-23。

表 3-23　母羊营养需要

组成	70kg 体重维持母羊		60kg 体重泌乳羊，单羔、泌乳前 8 周	
	每日需要量	干物质中含量	每日需要量	干物质中含量
干物质	1.2kg	100%	2.3kg	100%
粗饲料上限	1.2kg	100%	1.54kg	67%
能量				
TDN	0.66kg	55%	1.50kg	65%
ME	9.96MJ	8.3MJ/kg	22.64MJ	9.83MJ/kg
总蛋白质	0.107kg	8.9%	0.239kg	10.4%
可消化蛋白质	0.058kg	4.8%	0.143kg	6.2%
钙	3.2g	0.27%	11.5g	0.50%
磷	3.0g	0.25%	8.2g	0.36%

注：数据引自《小反刍动物营养需要》（NRC，2007）。

2. 分析饲料原料营养参数

假设可选饲料原料有青干草、玉米和大豆粕。首先需对饲料原料营养组分进行查阅或检测。将拟选定饲料原料营养成分列于表 3-24。饲料原料营养成分与营养需要（表 3-23）比较可知，70kg 体重维持母羊以单一青干草即可基本满足所有营养需要，因此无需进行饲料配合，但如果绵羊择食习性受限时应考虑微量矿物元素和维生素的补饲；60kg 体重泌乳羊仅饲喂青干草时无法满足营养需要，具体分析可知能量与蛋白均无法满足，因此需要应用精饲料进行补充。

表 3-24　绵羊部分饲料原料营养成分（干物质基础）

饲料原料	干物质（%）	TDN（%）	蛋白质（%）	钙（%）	磷（%）
青干草	90	54	8.4	0.26	0.30
玉米	90	80	10.0	0.03	0.29
大豆粕（CP 44%）	91	84	49.9	0.30	0.68

注：数据引自《小反刍动物营养需要》（NRC，2007）。

3. 平衡蛋白需要

由于青干草中蛋白质含量与营养需要相差较多，因此以干物质采食量 2.3kg/d 估算，蛋白不足部分以大豆粕替代青干草补足。平衡蛋白后的饲料配方列于表 3-25。

表 3-25 估算满足 60kg 体重泌乳绵羊蛋白需要的饲料配方

组成	TDN（kg）	蛋白质（kg）	钙（g）	磷（kg）
2.189kg 青干草	1.182	0.184	5.69	6.57
0.111kg 大豆粕（CP 44%）	0.093	0.055	0.33	0.75
合计	1.275	0.239	6.02	7.32
除以 2.3kg（日粮）	55.4%	10.4%	0.26%	0.32%
营养需要	65%	10.4%	0.50%	0.36%

注：数据引自《小反刍动物营养需要》（NRC，2007）。

4. 平衡能量与蛋白需要

由表 3-25 可知当前饲料配方 TDN 水平不足，能量不足，不足部分以玉米代替青干草，固定豆粕的方式配平能量与蛋白质。计算后的饲料配方列于表 3-26。

表 3-26 估算满足 60kg 体重泌乳绵羊能量和蛋白质需要的饲料配方

组成	TDN（kg）	蛋白质（kg）	钙（g）	磷（kg）
1.327kg 青干草	0.72	0.107	3.45	3.98
0.862kg 玉米	0.69	0.086	0.29	2.82
0.111kg 大豆粕（CP 44%）	0.09	0.055	0.33	0.75
合计	1.50	0.248	4.07	7.55
除以 2.3kg（日粮）	65%	10.7%	0.18%	0.33%
营养需要	65%	10.4%	0.50%	0.36%

注：数据引自《小反刍动物营养需要》（NRC，2007）。

5. 计算最终配方

由表 3-26 可知能量和蛋白质水平均满足营养需要，而钙缺乏较多，磷接近营养需要，钙磷缺乏部分可由矿物质维生素复合添加剂补足，经估算的饲料配方示例见表 3-27。

表 3-27 60kg 体重泌乳绵牛（单羔、泌乳前 8 周）饲料配方示例

组成	干物质（%）	干物质基础		饲喂基础	
		质量（kg）	含量（%）	质量（kg）	含量（%）
青干草	91	1.327	57.4	1.46	57.0
玉米	89	0.862	37.3	0.97	37.7
大豆粕（CP 44%）	90	0.111	4.8	0.12	4.8
复合预混料	90	0.012	0.5	0.01	0.5
合计		2.312	100.0	2.56	100.0

四、单胃动物全价配合饲料配方设计

单胃动物因消化生理与反刍动物大为不同，继而其营养需要特点也不同，因此在为单胃家畜设计配合饲料配方时应主要考虑满足以化学消化即消化道所分泌消化酶为主的营养物质需要，尤其是单胃杂食动物，如猪、鸡等。然而食草单胃动物具备发达的后肠道，微生物消化突出，营养需要特点类似于反刍动物，但因消化顺序不同，与反刍动物相反，单胃草食动物为先化学性消化后微生物消化，因此在饲料配方设计时应充分考虑上述特点。以下主要以具杂食习性的单胃家畜猪和具草食习性的单胃动物马为例介绍饲料配方设计的方法。

（一）猪的全价配合饲料配方设计

为 40kg 体重生长期仔猪设计以玉米-大豆粕为主要原料的全价配合饲料的方法如下。

1. 确定营养需要

查阅相关营养需要后，40kg 体重生长期仔猪营养需要摘录于表 3-28。对于单胃杂食动物，由于微生物消化较弱，因此对个别氨基酸的需要应严格从食物来获得，即所谓的必需氨基酸。在饲料配方设计时普遍考虑必需氨基酸中限制性较高的一个或几个氨基酸的满足情况，通常这些限制性氨基酸的需要被满足与否及其平衡性相较于总蛋白质或粗蛋白质的被满足与否更为重要。此外，单胃杂食动物消化道内由于缺乏植酸酶，而植物来源饲料中的磷多数（通常大于 75%）以植酸磷形式存在，因此营养需要中应考虑有效磷，即非植酸磷，但若因考虑降磷减排使用外源植酸酶时应另当别论。

表 3-28   40kg 体重仔猪营养需要

营养指标	营养需要（饲喂基础）
总蛋白质	18%
赖氨酸	0.95%
代谢能	13.68MJ/kg
钙	0.50%
有效磷	0.25%
氯化钠	0.95%

注：数据引自《猪的营养需要》（NRC，2012）。

2. 分析饲料原料营养参数

经查阅营养需要相关表格或者实验室检测的相关参数列于表 3-29。

表 3-29　猪用饲料原料营养成分（风干基础）

饲料原料	代谢能 （MJ/kg）	总蛋白质 （%）	赖氨酸 （%）	钙 （%）	总磷 （%）	有效磷 （%）
玉米	14.02	8.5	0.26	0.02	0.28	0.08
去皮大豆粕	10.21	48.5	2.96	0.27	0.52	0.22
磷酸氢钙				22.00	19.30	
石粉				34.00		

注：数据引自《猪的营养需要》（NRC，2012）。

3. 设计玉米-大豆粕型饲料配方的方法

在典型猪用玉米-大豆粕型日粮中通常玉米和大豆粕的总用量可达 97.5%，其余 2.5% 为矿物质添加剂、微量元素维生素预混料以及其他添加剂。在配制典型玉米-大豆粕日粮时通常按照以下 4 步配制。

（1）计算满足第一限制性氨基酸需要时的大豆粕和玉米的用量配比。首先假设玉米和大豆粕的固定使用总量为 97.5%。玉米-大豆粕日粮的第一限制性氨基酸通常为赖氨酸，因此根据营养成分组成（表 3-28）联立代数方程，计算当满足赖氨酸需要 0.95% 时的玉米和大豆粕的比例，经计算二者的比例为玉米 71.61%、大豆粕为 25.89%。以下计算方法供参考。

假设 C 为玉米用量，S 为大豆粕用量，再根据大豆粕和玉米中赖氨酸含量分别为 2.96%、0.26%，配制的赖氨酸目标为 0.95%，可联立如下代数方程：

$$C + S = 97.5$$
$$(0.26 \times C) + (2.96 \times S) = 0.95 \times 100$$

求解：

$$C = 71.61$$
$$S = 25.89$$

检验：

$$71.61\%玉米 \times 0.26\%赖氨酸 = 0.186\ 1\%$$
$$25.89\%大豆粕 \times 2.96\%赖氨酸 = 0.766\ 3\%$$
$$71.61\% + 25.89\% = 97.5\%$$
$$0.186\ 1\% + 0.766\ 3\% = 0.95\%$$

（2）添加无机磷（有效磷）满足磷的需要。这里需要说明的是，如果使用商品化的植酸酶添加剂，则无需添加无机磷或者添加量根据所选植酸酶活性和用量再进行计算。由于玉米和大豆粕中有效磷含量均较低，尤其前者，因此添加无机磷如磷酸氢钙是较好的方法，但过量添加可导致磷排放增加，对环境具有负面影响，因此在设计饲料配方时也应充分考虑这一点。以下仅以磷酸氢钙补足有效磷需要为例，计算方法供参考。

首先以固定的玉米和大豆粕比例计算出可满足有效磷需要的份额：

$$0.50\% - [71.61\% \times 0.08\%（玉米有效磷）+$$
$$25.89\% \times 0.28\%（大豆粕有效磷）] = 0.33\%$$

其次计算不足的部分，即需要有磷酸氢钙补足的份额：

$$0.50\%（有效磷营养需要）-0.33\%=0.17\%$$

最后计算出需要添加的磷酸氢钙含量：

磷酸氢钙%×19.3%（磷酸氢钙磷含量）＝0.17%，因此可推算磷酸氢钙%＝0.88%

（3）添加无机钙满足钙的需要。根据上述计算方法计算出以石粉补足钙需要的使用量，经计算，石粉比例为1.03%。

（4）补足食盐、添加复合预混料完成饲料配方计算。分别添加0.25%的食盐和合计0.3%的微量元素、维生素和其他促生长添加剂完成饲料配方计算（表3-30）。由表3-30可看出，风干基础饲料配方和干物质基础饲料配方几乎一致，主要原因为猪、禽等杂食性单胃动物在集约化养殖条件下采食的饲料基本均为风干状态，即干物质含量各原料间均相近，因此在配方设计和配料时为便于操作可直接使用风干物质基础的相应数据进行计算，但估算干物质采食量时必须考虑干物质含量进行换算。

表3-30 40kg体重仔猪饲料配方示例

组成	干物质（%）	风干物质（饲喂）基础（%）	干物质基础（%）
玉米	91	71.65	71.22
去皮大豆粕	89	25.89	26.31
磷酸氢钙	90	0.88	0.88
石粉	90	1.03	1.04
食盐	90	0.25	0.25
维生素预混料	90	0.10	0.10
微量元素预混料	90	0.10	0.10
微生态促生长剂	90	0.10	0.10
合计		100.00	100.00

注：数据引自《猪的营养需要》（NRC，2012）。

（二）马的全价配合饲料配方设计

马的饲料配方设计方法和步骤与牛类似。以下以500kg体重泌乳前3个月母马为例介绍全价配合饲料的方法。

1. 确定营养需要

查阅相关营养需要后，500kg体重泌乳前3个月母马营养需要摘录于表3-31。营养需要中通常还会列出赖氨酸需要和钾元素需要，但在一部分牧草的赖氨酸数据缺失和马的常用粗饲料中钾的含量均过量，因此在营养需要中可不做考虑，但如果具备条件不同时或日粮中缺乏牧草时可进行充分考虑。

表 3-31　500kg 体重泌乳前 3 个月母马营养需要

项目	消化能（MJ）	粗蛋白质（g）	钙（g）	磷（g）	镁（g）
每日需要量	118.4	1 427	56	36	10.9

注：数据引自《马营养需要》（NRC，2007）。

2. 分析饲料原料营养参数

营养需要中通常还会列出赖氨酸需要和钾元素需要，但在一部分牧草的赖氨酸数据缺失和马的常用粗饲料中钾的含量均过量（表 3-32），因此在营养需要中可不做考虑，但如果具备条件不同时或日粮中缺乏牧草时可进行充分考虑。

表 3-32　马常用饲料原料营养成分（干物质基础）

饲料原料	消化能（MJ/kg）	粗蛋白质（%）	钙（%）	磷（%）	镁（%）
青干草	10.71	9.1	0.48	0.22	0.16
燕麦籽实	14.23	13.3	0.07	0.38	0.14
大豆粕（CP 44%）	15.48	49.9	0.30	0.68	0.30
磷酸氢钙			22.0	19.3	0.59
石粉			34.0		

注：数据引自《马营养需要》（NRC，2007）。

3. 估算满足能量需要

以马常用粗饲料和能量饲料配合满足能量需要。本案例中以青干草和燕麦配合满足母马能量需要，同时估算其他养分的满足情况（表 3-33）。

表 3-33　估算满足 500kg 体重泌乳母马能量需要的饲料配方

组成	用量（kg）	消化能（MJ）	粗蛋白质（g）	钙（g）	磷（g）	镁（g）
青干草	5.0	53.5	455	24	10	8
燕麦籽实	4.6	64.9	611	3	17	6
合计	9.6	118.4	1 066	27	27	14
营养需要		118.4	1 427	56	36	10.9
缺乏量		已满足	361	29	9	已满足

注：数据引自《马营养需要》（NRC，2007）。

4. 估算满足能量与蛋白需要

固定青干草用量以大豆粕替代燕麦以同时满足能量和蛋白需要。经计算后的日粮配方列于表 3-34。经与营养需要对比得知，能量需要、蛋白和镁的需要均已满足，而钙磷仍然缺乏。

表 3-34 估算满足 500kg 体重泌乳母马能量和蛋白需要的饲料配方

组成	用量（kg）	消化能（MJ）	粗蛋白质（g）	钙（g）	磷（g）	镁（g）
青干草	5.0	53.5	455	24	10	8
燕麦籽实	3.6	51.1	479	2.5	13.6	6
大豆粕（CP 44%）	1.0	15.5	498	3.0	6.8	
合计	9.6	120.1	1 432	29.5	30.4	14
营养需要		118.4	1 427	56	36	10.9
缺乏量		已满足	已满足	26.5	6	已满足

注：数据引自《马营养需要》（NRC，2007）。

5. 平衡钙磷需要

由表 3-34 可知钙磷同时缺乏，因此首选应用无机钙磷补充饲料原料，以满足磷为目标计算添加量，再计算钙的缺乏量以补充钙的无机饲料原料补足。经计算以磷酸氢钙满足磷的缺乏量 6g 时需添加约 31g 磷酸氢钙（6g/19.3%），而这部分磷酸氢钙可提供约 7g 钙（31g×22%）。仍然缺乏的约 20g 可由约 59g 石粉（20g/34%）补足。经配平的饲料配方列于表 3-35。

表 3-35 估算满足 500kg 体重泌乳母马能量和营养需要的饲料配方

组成	用量（kg）	消化能（MJ）	粗蛋白质（g）	钙（g）	磷（g）	镁（g）
青干草	5.0	53.5	455	24	10	8
燕麦籽实	3.6	51.1	479	2.5	13.6	6
大豆粕（CP 44%）	1.0	15.5	498	3.0	6.8	
磷酸氢钙	0.031			7	6	
石粉	0.059			20		
合计	9.69	120.1	1432	56.5	36.4	14
营养需要		118.4	1427	56	36	10.9
缺乏量		已满足	已满足	已满足	已满足	已满足

注：数据引自《马营养需要》（NRC，2007）。

6. 泌乳母马全价饲料配方与精料补充料饲料配方示例

在表 3-35 基础上再补充微量元素和维生素混合预混料可初步设计完成 500kg 体重泌乳前 3 个月母马的全价饲料配方（表 3-36）。由于除粗饲料外的精料补充料通常需要预先配制完成，因此需单独制作精料补充料饲料配方，见表 3-37。

表 3-36　500kg 体重泌乳母马全价饲料配方示例

组成	干物质（%）	干物质基础		饲喂基础	
		质量（kg）	含量（%）	质量（kg）	含量（%）
青干草	89	5	51.6	5.62	51.6
燕麦籽实	89	3.6	37.1	4.04	37.1
大豆粕（CP44%）	89	1	10.3	1.12	10.3
磷酸氢钙	90	0.031	0.3	0.034	0.3
石粉	90	0.059	0.6	0.066	0.6
复合预混料	90	0.007	0.1	0.008	0.1
合计		9.697	100.0	10.888	100.0

表 3-37　500kg 体重泌乳母马精料补充料饲料配方示例

组成	干物质（%）	干物质基础		饲喂基础	
		质量（kg）	含量（%）	质量（kg）	含量（%）
燕麦籽实	89	3.6	76.6	4.04	76.6
大豆粕（CP44%）	89	1	21.3	1.12	21.3
磷酸氢钙	90	0.031	0.7	0.034	0.6
石粉	90	0.059	1.3	0.066	1.3
复合预混料	90	0.007	0.1	0.008	0.1
合计		4.697	100.0	5.268	99.9

第四节　浓缩饲料配方设计

　　浓缩饲料是由蛋白饲料、常量元素饲料、微量元素预混料、维生素预混料和其他添加剂按配方比例配制而成的非全价混合饲料，简称浓缩料。由浓缩饲料的组成不难看出，浓缩料是全价饲料的半成品，不能直接饲喂动物，需要与能量饲料为主的其他饲料混合后方可形成全价饲料，以饲喂动物。浓缩饲料占全价配合饲料的占比因使用目的不同而有较大差异，通常浓缩饲料的首要目的为补充蛋白质，因此一般设置在占全价配合饲料的 20%~30% 较为常见，此时一般不需要再额外使用其他蛋白饲料，但较低比例浓度（5%~20%）时仍可能需要在全价饲料配方中使用一部分蛋白饲料，这取决于现有饲料原料以及饲料条件等因素。

　　浓缩饲料多为商品配合饲料，相较于商品全价配合饲料，由于不含有能量饲料，因此运输成本降低，同时添加比例相较于单独添加预混料和其他微量添加剂均高，因此操作便利，对混合设备要求较低，生产中的误操作概率低。

一、浓缩料配方设计的基本原则

1. 预估加入大宗原料后满足营养需要

根据现有或推荐用大宗原料中的能量、蛋白质和其他营养成分与浓缩料中固定使用的饲料原料预估设计满足目标生产性能营养需要的全价配合饲料配方，然后去除前者部分。因此，在使用浓缩料时应尽量严格按照使用说明配制成全价配合饲料，以有效满足目标生产性能的营养需要。

2. 充分考虑动物的生产性能和消化生理特点

在选择浓缩饲料原料以及确定其营养水平时需充分考虑动物的种类、品种、生产性能、消化生理特点，应针对性地设计浓缩饲料，以提高饲料的利用效率以及发挥动物的生产性能。

3. 全价配合饲料中所占比例应适宜

比例的设置在平衡营养需要的前提下，应以方便使用为主要原则，因此最好使用整数比例，且在全价配合饲料中的占比不宜过小，易导致混合不均匀；也不可占比过大，使运输和配料成本增加，失去浓缩料的意义。

4. 选用最适蛋白饲料

从实际出发应选用最适宜的蛋白质饲料。对于单胃动物主要需权衡蛋白质的品质最优和最经济二者，因此可应用一部分氨基酸平衡性较好的动物源性蛋白，以高效满足动物的蛋白质和氨基酸的需要，最大限度发挥浓缩饲料的作用。对于反刍动物除需考虑上述蛋白质饲料的特点外，更应侧重考虑氮源的总量以及过瘤胃效率等因素。值得注意的是，对于反刍动物，包括我国在内的多数国家，严禁使用动物源性饲料，因此应避免使用动物源性蛋白饲料。此外，反刍动物的浓缩料中可考虑使用少量非蛋白氮饲料以补充氮源以加强浓缩料的经济性，但要注意用量以及非蛋白氮源的选择，可选择具缓释特性的尿素类添加剂。

5. 运输储藏时需保护质量品质及外观性状

储藏运输过程中的质量保护主要以防霉为主，主要的原则为保持干燥，浓缩料饲料原料的选择应严格按照安全水分要求把关，且运输储藏过程中也应避免受潮，通常成品浓缩料的水分含量应低于 12.5%。此外，在浓缩料加工过程中可适量添加防霉剂和抗氧化剂，以保护其营养品质。此外，浓缩料的外观性状，如颗粒度、颜色、气味等也应从符合动物的择食习性、迎合用户的选择习性以及提升后续配制全价配合饲料的便利性等原则进行综合考虑。

二、浓缩料配方设计的方法

（一）反刍动物浓缩料配方设计

1. 反刍动物浓缩饲料配方设计时需注意的事项

（1）与浓缩饲料配合使用的饲料除了包含能量饲料外，还应配合粗饲料，包括干物质中含有较高粗纤维的青绿饲料、多汁饲料等。因此在设计饲料配方时应将全部饲料原料的营养特性和使用量进行考虑并估算。

（2）由于反刍动物瘤胃微生物消化的独特性，因此浓缩饲料中不必考虑有效磷和必需氨基酸等的需要和含量。瘤胃微生物可分泌植酸酶，并可合成全部蛋白质组分氨基酸。

（3）可在饲料配方中适当使用尿素，使瘤胃微生物高效合成微生物蛋白质的同时，可节约蛋白质，降低饲料成本。但要注意使用量。

（4）反刍动物浓缩料饲料配方中使用的维生素主要考虑维生素 A、维生素 D、维生素 E 等 3 种脂溶性维生素，其他维生素无须考虑，但要考虑微量元素钴的补充，因为微生物需要钴元素用于合成维生素 B_{12}。其余维生素可由瘤胃微生物合成。

2. 反刍动物浓缩饲料配方设计方法

设计反刍动物浓缩饲料配方时，应先设计相应的全价饲料配方，再根据具体要求去掉全部或部分能量饲料、粗饲料和其他饲料原料（如牧场较易获得的食盐、小苏打等），将剩余各原料重新计算百分比，即可得到浓缩饲料配方。以肉牛 20% 浓缩饲料配方设计为例说明反刍动物浓缩饲料配方设计与应用。

首先以全价饲料配方设计方法为目标家畜设计出饲料配方（表 3-38），随后去掉能量饲料和粗饲料后重新计算出浓缩饲料的组成和营养水平（表 3-39），以便用于配制全价日粮时可灵活选择其他饲料原料。最后再重新计算出在精料补充料中应用比例（表 3-40）或全混合日粮中的应用比例（表 3-41）。

表 3-38　300kg 体重日增重 1.36kg 阉牛全混合日粮配方（干物质基础）

组成	含量（%）
青干草	23.8
玉米青贮	23.8
压片玉米	42.7
脱皮大豆粕	7.8
石粉	1.1
食盐	0.3
预混料	0.5
合计	100.0
营养成分	含量（%）
TDN	70
NEm	6.99 MJ/kg
NEg	4.44MJ/kg
粗蛋白质	12.6
NDF	30

（续表）

组成	含量（%）
钙	0.48
磷	0.24

表 3-39　300kg 体重日增重 1.36kg 阉牛 20%浓缩饲料配方与营养成分（干物质基础）

组成	含量（%）
脱皮大豆粕	80.4
石粉	11.3
食盐	3.1
预混料	5.2
合计	100.0
营养成分	含量（%）
TDN	70
NEm	7.32MJ/kg
NEg	4.95MJ/kg
粗蛋白质	45.0
NDF	6.4
钙	27.4
磷	0.56

表 3-40　300kg 体重日增重 1.36kg 阉牛 20%浓缩饲料在精料补充料中的应用

组成	干物质（%）	干物质基础		饲喂基础	
		质量（kg）	含量（%）	质量（kg）	含量（%）
20%浓缩料	90	0.90	20.8	1.0	20
压片玉米	89	3.42	79.2	3.8	80
合计		4.32	100.0	4.8	100

表 3-41　300kg 体重日增重 1.36kg 阉牛 20%浓缩饲料在全混合日粮中的应用

组成	干物质（%）	干物质基础		饲喂基础	
		质量（kg）	含量（%）	质量（kg）	含量（%）
20%浓缩料	90	0.90	11.0	1.0	7.8
青干草	91	1.95	23.7	2.1	16.4
玉米青贮	33	1.95	23.7	5.9	46.1
压片玉米	89	3.42	41.6	3.8	29.7
合计		8.22	100.0	12.8	100.0

此外，反刍动物浓缩饲料中如添加尿素等非蛋白氮饲料原料时，应把非蛋白氮含氮化合物折算成粗蛋白质相应量，且应考虑进入瘤胃后的释放速度，要与其他原料相匹配，尤其含可消化碳水化合物的饲料原料。如与玉米粉和尿素为原料预先制备成膨化尿素，可提高非蛋白氮的利用效率，亦可避免负面效应。另外，在使用尿素类非蛋白氮饲料时应考虑增加瘤胃微生物代谢所需的条件，并应适当补充微生物所必需的营养素，如矿物质元素和维生素 A、维生素 D 等。表 3-42 为含尿素的高粗蛋白质（CP 64%）预混料示例。这种浓缩饲料的用量可占到反刍动物精料补充料的 10%（饲喂基础），按粗蛋白质含量计算，约占整个粗蛋白质含量的 1/3，无负面影响。

表 3-42　含尿素浓缩饲料配料表示例

组成	含量（kg）
尿素（含氮45%）	200
玉米糖蜜	140
苜蓿草粉（CP 17%）	510
磷酸氢钙	105
食盐	35
预混料	10
合计	1 000

（二）单胃动物浓缩料配方设计

单胃动物浓缩饲料配方制作的程序与反刍动物浓缩饲料基本相同，但单胃动物浓缩饲料配制时无需考虑全价饲料中与粗饲料的搭配应用。单胃动物浓缩饲料配方设计方法主要由全价饲料配方推算出浓缩料配方的方法为主。单胃动物常用的浓缩料用量以 20%、25%、30%常见，则添加的能量饲料等原料相应为 80%、75%和 70%。

表 3-43 为肉仔鸡浓缩饲料配方设计示例表。由全价配合饲料配料单中扣除 60%的玉米将剩余部分作为浓缩饲料的组分，重新折算为百分率即可得到浓缩饲料的配料单。确定浓缩饲料饲喂基础配料单后可根据各原料中水分含量计算出干物质基础浓缩料饲料

配方并计算浓缩饲料中的营养水平，以便后续应用于全价配合饲料时可根据饲料原料种类灵活搭配以满足动物的营养需要。

表 3-43　0~21 日龄肉仔鸡全价配合饲料和浓缩饲料配料单

饲料原料	全价配合饲料配料单（%）	扣除 60%能量饲料（玉米）后剩余组分（%）	浓缩饲料配料单（%）
玉米	63.5	3.5	8.75
豆粕	30	30	75
鱼粉	3	3	7.5
磷酸氢钙	1.9	1.9	4.75
石粉	0.3	0.3	0.75
食盐	0.3	0.3	0.75
预混料	1	1	2.5
合计	100	40	100

　　单胃动物浓缩饲料配方设计除由全价配合饲料配方扣除主要能量饲料的方法外，还可由事先设定的搭配比例推算浓缩饲料的配方。此方法的步骤与全价配合饲料设计类似，只是最后一步时按浓缩料和能量饲料的设定比例扣除能量饲料后确定浓缩饲料的配方。

第五节　预混料配方设计

　　预混料为预混合饲料的简称，指因添加量微少的一种或多种饲料添加剂，需要借助载体事先稀释均匀混合配制而成的配合饲料。预混料制备的主要目的为将微量营养素均匀混合于全价饲料中。

　　预混料种类较多，但因配方特点可分为单项预混料和复合预混料。单项预混料是指以同一类型的饲料添加剂配制而成的均质配合饲料添加剂，包括微量元素预混料、维生素预混料等。复合预混料又称综合性预混料，是由不同类型的多种饲料添加剂按一定比例配制而成的均质添加剂，最常见的为维生素-微量元素复合预混料，有时直接简称为复合预混料，此外也有与其他添加剂预混的复合预混料，比如酶制剂、益生菌、益生素等。

　　将需要微量的营养素制作成预混料的优势可总结为如下 4 点。①使得微量组分在全价配合饲料中分布均匀。把微量组分直接添加至配合饲料时由于工艺条件有限，很难混合均匀，从而会导致动物对营养素的过剩或缺乏，影响使用效果，如果该营养素具毒性，则可加大中毒风险。②适宜的预混合工艺可改进微量营养素的一些特性。比如不稳定性、吸湿性、带静电特点等。③使微量营养素添加剂的最终添加水平标准化。比如全价配合饲料中添加量固定到 0.1%、0.2%、0.5%、2%、4%等，便于全价配合饲料的配方设计以及生产实践中的应用。④简化全价饲料配制流程，节约设备工艺的投入，间接节约生产成本。因为预混料的生产技术工艺要求远高于配合饲料生产，须由具备资质的专业预混料加工厂配制，不仅可以保证质量，且可使一般养殖场或全价配合饲料加工厂不设成本高昂的预混料生产车间。

一、预混料的载体种类与选择方法

预混料主要由目标微量营养素和载体组成。前者占比小，在预混料中通常低于1%，而在整个全价配合饲料中的占比大多以百万分之一（mg/kg）或十亿分之一（μg/kg）表示。由于需要量微小的营养素普遍具备不稳定性特点，因此在预混合时使用载体的物理化学特性有一定的要求，主要目标是完成预混稀释的同时要对所添加营养素具保护作用，即数量、作用和品质保持稳定。

预混料载体是指能够承载微量营养素成分的可饲用物质。载体不但能对微量添加剂起吸附作用，具稀释作用，可提高添加剂的流散性，使添加剂更容易均匀分布到全价配合饲料中。根据载体的特性可分为有机载体和无机载体，根据作用又可划分为稀释剂和吸附剂等。

（一）预混料载体的特性与种类

常用的有机载体可分为含植物纤维多的载体，如玉米粉、小麦麸、次粉、米糠、稻壳粉、大豆壳粉等。另一种是含粗纤维少的物质，比如淀粉、乳糖等。由于上述载体均为有机物质，其优点是可提供部分有机养分，但同时因物质组成复杂、稳定性较弱，因此需严格控制水分。有机载体主要用于维生素添加剂和药物性添加剂的预混合。

常用的无机载体有钙磷饲料原料，包括碳酸钙、磷酸钙、沸石粉、陶土等，此外还包括其他矿物质饲料原料，如食盐、硅酸盐等。这类载体多用于微量元素预混料的制作。

制作预混料时可选择有机载体或者无机载体，或者根据需要，二者兼有。载体选择时基本要求包括：①对所承载的微量成分应具有良好的吸附能力，且无配伍禁忌。②对全价配合饲料中的主要饲料原料有良好的混合性。③有较好的稳定性。④来源充足方便，价格低廉。

另外，根据实际需求可侧重载体的稀释作用或吸附特性。具稀释剂作用的载体特性为可显著降低微量营养素制剂的浓度，质地干燥蓬松，如很多常用载体均具备此特性，包括米糠、稻壳粉、石粉等。吸附性强的载体包括粗麸皮、玉米芯等谷物类产品，也包括二氧化硅、硅酸钙等无机载体。

（二）预混料载体的选择

适宜载体的选择是预混料生产工艺中的重要环节。为了获得最适宜混合效果，需考虑如下要点。

1. 含水量

由于水分含量与微量营养素的活性稳定性成反比，因此原则上水分含量越低微量营养素添加剂化学稳定性越好。此外，载体水分含量与预混料加工工艺和成品混合均匀度，以及储藏、运输期间的稳定性直接相关。一般载体的含水量在 8%~10% 为宜，最高不宜超过 12%。对水分含量超标的载体应避免使用，或进行烘干处理。

2. 粒度

粒度是指载体的颗粒大小，即平均粒径。载体在最佳粒度状态下，具有最佳的承载能力，可保证载体和微量营养素在配合饲料中的最佳分配。通常预混料载体粒径应控制在 0.177~0.59mm，或标准筛 30~80 目，而且粒度大于 0.59mm 的质量比不应超过 12% 且小于 0.177mm 粒径的载体质量比不超过 10%。稀释特性强的载体粒度可较小，如 0.074~0.59mm 或过标准筛 30~200 目。

3. 容重

载体的容重与目标预混微量营养素添加剂容重越接近时，原则上混匀可能性越高。在预混料制作工艺上，要设法选择与添加剂容重相似的载体，或通过物理加工等方法，使容重差异缩小。而且应考虑配制完成的预混料的容重也应与全价配合饲料的容重相近。常用微量营养素添加剂容重和常用预混料载体容重列于表3-44。由表3-44可知常见维生素添加剂及其他有机微量营养素添加剂（赖氨酸）容重和微量元素容重区别较大，其中有机载体容重与维生素容重相近，而微量矿物元素添加剂容重与无机载体相近。值得注意的是，混合预混料载体的目标容重应调整至 0.5~0.8kg/L 为宜。

表3-44　常用微量营养素添加剂与预混料载体的容重

项目	容重（kg/L）
有机微量营养素添加剂	
维生素 A	0.67
维生素 E	0.81
维生素 D_3	0.45
L-赖氨酸 HCl	0.65
无机微量元素添加剂	
七水合硫酸亚铁	1.12
一水合硫酸亚铁	1.00
七水合硫酸锌	1.25
一水合硫酸锌	1.06
有机载体	
玉米粉	0.76
小麦麸	0.31~0.34
苜蓿粉	0.37

（续表）

项目	容重（kg/L）
大豆饼粉	0.60
棉籽饼粉	0.73
大麦碎粉	0.56
鱼粉	0.64
无机载体	
食盐	1.10
石粉	1.30
碳酸钙	0.94
脱氟磷酸氢钙	1.20

注：数据引自《配合饲料学》（冯定远，2003）。

4. 表面特性

载体的表面特性是承载微量营养素组分的重要因素，载体的表面应足够粗糙或具有小孔。当微量营养素与载体充分混合时，能吸附在载体粗糙表面或嵌入载体表面小孔内。而稀释特性强的载体可具备较光滑的表面，不必吸附微量营养素或者同微量营养素一同与其他具粗糙表面或小孔的载体结合，发挥稀释作用。

5. 疏水性

疏水性是指载体不易从环境中吸收水分的特性。较好的疏水性可避免吸湿潮解有效营养成分。疏水性弱的载体容易吸湿而结块，不利于混合均匀，使得微量营养素组分在储运过程中易变质失效。所以应避免使用疏水性弱的物质作为预混料载体。为避免载体或预混料结块可加入疏水性强的载体，如二氧化硅、疏水淀粉、沉淀碳酸钙等载体，提高预混料的疏水性。

6. 流散性

流散性又称流动性，主要指载体的松散和流淌特性。流散性好坏与混合的难易程度有直接关系，流散性好则混匀时效强，但储运过程中易分层从而混合均匀度下降，反之亦然。因此应选用流散性适中的载体。载体的流散性可用自流角表示，即特定表面单位质量载体自由落体形成圆锥体与平面间形成的夹角，自流角越小流动性越好。

7. 酸碱度

载体的酸碱度（pH 值）直接影响微量营养素的生物活性。不同的营养成分，对环境酸碱性有不同的要求，而预混料通常包含多种微量营养素，尤其复合预混料，因此载体应具备一定缓冲 pH 值的特点，使预混料酸碱度接近于中性。实践中可配合使用不同酸碱度载体达成适宜的酸碱度。常用预混料载体酸碱度列于表 3-45。此外，生产中亦可使用具缓冲酸碱度特性的添加剂，调整最终酸碱度，如以一价磷酸钙提高 pH 值或以延胡索酸降低 pH 值。

表 3-45　常用预混料载体酸碱度

载体	酸碱度（pH 值）
稻壳粉	5.7
玉米芯粉	4.8
玉米面筋粉	4.0
大豆加工副产品	6.2
玉米干酒糟	3.6
小麦次粉	6.5
石灰石粉	8.1
小麦粗粉	6.4

注：数据引自《配合饲料学》（冯定远，2003）。

8. 静电荷

研磨粉碎和干燥物质成分常带有静电荷，且物质越单一、颗粒越小、越干燥时所携带的静电荷越高。在混合配制过程中这些静电荷发生静电吸引作用，致使载体和微量营养素吸附于设备内壁，造成混合不均匀以及营养素浓度的损失，同时也会导致下一次加工时的污染。此外，静电导致的相斥，导致加工过程中的粉尘，使营养素损失，改变容重和流散性。综上，可应用少量植物油脂降低加工过程中不可避免的静电效应。常用的植物油包括大豆油、玉米油、花生油、菜籽油等，用量根据预混料中微量营养素的种类、与载体的配比以及载体的类型而定。通常预混料中添加 1%～3% 的植物油可有效改善静电荷负面影响。

9. 黏着性

载体适宜的黏着性可有效将微量营养素均匀分散于预混料乃至全价配合饲料中，但过于黏着的载体会导致结团，因此应适当配合使用流散性高的载体使预混料具备适宜的黏着性与流散性。通常有机载体的黏着性比无机载体高，而后者的流散性高于前者。

10. 微生物

载体附着的微生物尤其病原微生物直接影响预混料的品质。因此载体不应携带病原微生物和霉菌，且携带总微生物含量越低越好。

综合上述十个要点，选择最适宜的载体，方可生产优质的预混料。设计微量矿物元素预混料配方时，应选用容重较大的碳酸钙等无机载体。设计维生素预混料配方时，应充分考虑维生素的不稳定性、容重小，宜选用含水量低、酸碱度近中性、容重小、表面粗糙、承载性能强且具惰性成分的有机载体，如稻壳粉等。而设计复合预混料时，可选用玉米粉为载体，或者对于单胃动物可适量使用肉骨粉。

二、微量元素预混料配方设计

1. 应考虑所选微量元素原料中除目标元素以外其他元素的含量

由于自然界微量元素多数以化合物形式存在，因此一种原料中通常同时含有多个微量元素。因此在选择饲料原料时应特别注意目标元素的分子量占化合物的百分比，即要明确原料中目标元素的浓度。通常原料中的浓度可以通过实验室定量检测确定或者由供应商提供准确数据。

2. 微量元素含量随结晶水不同而浓度不同

在选择微量元素原料时应特别注意结晶水含量，以硫酸亚铁为例，不同结晶水化合物中铁元素的含量不同，在配方设计时应区分考虑（表3-46）。

表3-46 不同结晶水微量元素原料中的浓度

微量元素	分子量	铁含量（%）
$FeSO_4 \cdot H_2O$	169.92	32.87
$FeSO_4 \cdot 4H_2O$	223.96	24.94
$FeSO_4 \cdot 7H_2O$	278.01	20.09

3. 微量元素预混料示例

选用石粉作为载体，以0.5%肉牛用微量元素添加剂设计配方为例介绍如下。

（1）饲料原料选择与目标元素含量确定（表3-47）。

表3-47 肉牛微量元素原料成分

原料	目标元素	目标元素分子量	化合物分子量	元素含量（%）
$MnSO_4$	Mn	54.94	151.00	36.38
$CuSO_4$	Cu	63.54	159.60	39.81
$CoSO_4 \cdot H_2O$	Co	58.93	172.99	34.01
$FeSO_4 \cdot 7H_2O$	Fe	55.85	278.01	20.10
$ZnSO_4$	Zn	65.37	161.43	40.49

（2）根据营养需要确定0.5%肉牛微量元素预混料各微量元素浓度（表3-48）。

表3-48 0.5%肉牛微量元素预混料中微量元素浓度示例

微量元素	需要浓度（mg/kg）	需要浓度（g/1 000kg）
Mn	30.0	30.0
Cu	10.0	10.0

（续表）

微量元素	需要浓度（mg/kg）	需要浓度（g/1 000kg）
Co	1.0	1.0
Fe	30.0	30.0
Zn	10.0	10.0

（3）制定配制10kg 0.5%肉牛微量元素初级预混料配料单（表3-49）。

表3-49　0.5%肉牛微量元素初级预混料配料单（10kg）示例

组成	用量
微量元素添加剂	
$MnSO_4$	82.46g
$CuSO_4$	25.12g
$CoSO_4 \cdot H_2O$	2.93g
$FeSO_4 \cdot 7H_2O$	149.25g
$ZnSO_4$	24.70g
小计	284.46g（0.29kg）
预混料载体	
细石粉	9.71kg
合计	10.0kg

（4）将10kg初级预混料稀释为目标浓度微量元素预混料。将10kg初级微量元素预混料与990kg载体（细石粉）配制即为最后一步预混料配料单。值得注意的是，当以石粉作为载体时会提高全价配合饲料中钙浓度，应用时应考虑最终浓度。

三、维生素预混料配方设计

1. 含脂溶性维生素预混料配方设计要领

同微量元素预混料配方设计，维生素预混料配方中含有高浓度目标维生素制剂和载体组成。反刍动物用维生素预混料主要包含维生素A和维生素D的脂溶性维生素。以下仅以肉牛维生素A预混料配方设计为例介绍脂溶性维生素预混料配方设计要领。

案例　肉牛维生素A预混料配制目标：制备50kg维生素A初级预混料，并进一步制备为含初级预混料10kg/t，维生素A浓度为20 000 IU/kg的成品预混料。将选用200万IU/g的高浓度维生素A制剂，并以大豆粕作为载体稀释剂。

（1）计算维生素A需要的总活性浓度。

假设将预制的初级预混料50kg全部制备成维生素A预混料，则可制备维生素A浓度为 20 000 IU/kg 成品预混料 5t，因此需要的总维生素 A 活性当量为：

$$5\ 000kg \times 20\ 000IU/kg = 100\ 000\ 000IU$$

（2）计算高浓度维生素 A 制剂用量。

$$\frac{100\ 000\ 000IU}{2\ 000\ 000IU/g} = 50g$$

（3）计算制备 50kg 初级预混料的混合配比如表 3-50 所示。

表 3-50　50kg 初级预混料的混合配比

预混料种类	50kg 配料单	配料比例（%）
高浓度维生素 A 制剂	50g	1
大豆粕（载体）	4 950g	99
合计	5kg	100

（4）将上述 50kg 的初级维生素 A 预混料与载体混匀制备成 5t 的成品肉牛维生素 A 预混料。生产实践中可根据料仓容积每吨加 10kg 初级预混料分 5 次制备成 1t 成品预混料或一次性将 50kg 初级预混料制备成 5t 成品预混料。

2. 含水溶性维生素（B 族维生素）预混料配方设计要领

含 B 族维生素预混料常用于单胃动物日粮中，其配方设计要领与脂溶性维生素类似。此外其他微量水溶性有机或生物制剂的添加也可与 B 族维生素一同配制，如益生素等。以下以猪用 B 族维生素-益生素预混料配方设计为例介绍配方设计要领。

案例　猪用 B 族维生素-益生素预混料配制目标：设计生长育肥猪日粮中以 5kg/t 添加量的 B 族维生素-益生素预混料配方。配方计算步骤同脂溶性维生素预混料配方，经计算后的配料单和浓度示例如表 3-51 所示。

表 3-51　B 族维生素-益生素预混料配方

添加剂	浓度	每千克日粮中由预混料提供的量（mg）	每吨日粮中需要的总量	添加剂用量（%）
核黄素	纯品	3.0	3.0g	3.0
偏多酸	纯品	5.0	5.0g	5.0
烟酰胺	纯品	12.0	12.0g	12.0
维生素 B$_{12}$	40mg/kg	0.010	10.0mg	250.0
益生素	纯品	10.0	10.0g	10.0

由表 3-51 计算结果可总结出生长育肥猪 B 族维生素-益生素预混料配方示例，如表 3-52 所示。

表 3-52　生长育肥猪 B 族维生素-益生素预混料配方

添加剂	5kg 配料单（g）	配料比例（%）
核黄素	3.0	0.06
偏多酸	5.0	0.1
烟酰胺	12.0	0.24
维生素 B_{12}	250.0	5
益生素	10.0	0.2
大豆粕（载体）	4 720	94.4
合计	5 000g（5kg）	100

四、复合饲料添加剂预混料配方设计

（一）基本原则

复合饲料添加剂预混料通常是将微量元素预混料和维生素预混料以及其他一些微量添加剂配制为复合预混料的配合饲料。复合饲料添加剂预混料由于成分繁多，且多数微量营养素均较为活跃，因此在配方设计时应防止或减少有效成分损失，保证预混料的稳定和有效性。复合预混料配方设计的基本原则如下。

1. 选择稳定性好的原料

微量元素添加剂原料选择时应尽量选择结晶水含量少的原料，比如选用多结晶水的硫酸盐微量元素时，可适当进行烘干，将多个结晶水降至 1 个结晶水或可选用无结晶水的氧化物作为原料。维生素添加剂饲料原料选择时应选择经过稳定化处理的维生素原料，如酯化处理或加成处理的维生素化合物。

2. 保险量添加

稳定性差的营养素尤其维生素应适当超量添加，添加的超量保险量取决于贮存时间。如果贮存时间超过 3 个月时维生素保险量添加量可参考表 3-53。

3. 限制氯化胆碱用量

氯化胆碱的用量应控制在复合预混料中 20% 以内。可通过增加载体和稀释剂用量降低氯化胆碱的比例。

4. 合理使用抗氧化剂

为提升复合预混料的稳定性，应在饲料配方设计时加入适量抗氧化剂，通常浓度在每吨复合预混料中使用 150g 抗氧化剂为宜。

5. 尽量增加载体和稀释剂的用量

复合预混料占全价配合饲料的比例主要由载体和稀释剂使用量决定，但通常使用比例越高时对复合预混料稳定、安全性要求越低。此外，应严格控制复合预混料的含水量，原则上应低于 5%。

表 3-53　复合预混料中维生素保险量添加量

维生素添加剂	超量添加量（%）
维生素 A	50~100
维生素 D_3	40~60
维生素 E	20
维生素 K_3	200~400
核黄素	5~10
叶酸	10~15
烟酸	5~10
泛酸钙	5~10
硫胺素	10~15
维生素 B_6	10~15
维生素 B_{12}	10
维生素 C	10~20

注：数据引自《配合饲料学》（冯定远，2003）。

（二）复合饲料添加剂预混料配方设计方法

（1）依据营养需要和饲养标准确定添加量，以及复合预混料在全价配合饲料中的使用比例。

（2）考虑原料的有效成分以及稳定性、价格等因素，选择合适的原料。

（3）换算出各原料在单位质量全价饲料中对应的用量，对应有效成分在复合预混料中含量和所选原料用量及百分比。

（4）计算载体和稀释剂的用量，根据已确定各原料用量计算出载体的用量。

第四章

配合饲料的加工与生产

第一节　配合饲料的加工工艺与设备

一、饲料原料的接收、清理和储存

配合饲料生产加工工艺繁杂，是一个系统工程。原料的接收、清理和储存环节是这个系统工程的开端，如果与原料相关的环节出问题，将会直接影响产品品质，同时对后续的生产加工也产生一定影响，直接降低企业经济效益。因此，严把饲料原料关对生产加工工艺的控制工作具有重要的现实意义。

（一）接收

原料接收是指将质量检验合格的饲料原料运输到原料库房的过程，包括称重计量、初清、入库存放等步骤。作为一道重要工序，原料接收既是饲料加工的第一步，也是饲料质量控制的第一步。原料接收工作的核心是饲料厂建立完善科学的原料接收标准和入厂验收制度，保证对入厂原料进行严格的查验和检验，并填写原料进货化验台账。饲料厂原料接收设备应采用先进的工艺，设计的接收能力一般为生产能力的3~5倍，以满足实际生产需求。

原料接收过程中使用到的设备主要是机械输送设备及其附属设备和设施，饲料厂应根据原料的属性、数量、输送距离、能耗等指标来确定接收设备。选择机械输送设备时，水平输送一般选用刮板输送机、带式输送机和螺旋输送机。刮板输送机一般用于散装料的远距离输送，带式输送机一般用于袋装料和散装料的输送，而螺旋输送机宜用于散装料的短距离输送。对于容重较小的原料，应采用气力输送来减少粉尘和劳动强度，但是其能耗较大。我国现代饲料企业中，袋装原料所占的比例达到50%以上，这个比例在中小饲料厂中更高，可能达到80%~100%，部分企业仍然使用传统人工卸料至定点垛位的方式，效率低下并且人工成本较高。随着我国饲料行业工业化程度的提高，越来越多的饲料厂对袋装原料采用人工码包至托盘，由叉车堆垛的方式来卸货。该方式不仅节约了人工成本，而且提高了原料的转运速度，提高了饲料厂原料接收效率。

（二）清理

许多饲料原料及半成品都是粉料或者颗粒料，其中可能混有部分杂质，原料中的杂质会直接影响产品质量，在生产中杂质太多可能会破坏设备，影响饲料生产的顺利进行。饲料原料常含有石块、沙土、编织袋屑、麻绳、纸片、秸秆等杂质，需要在投料时或粉碎前进行处理，原料中的杂质因其种类不同常具有不同的物理性质，可依据其物理性质上的差异进行分选除杂。一般的清理工艺为先筛选再磁选，为了保证粉碎机和制粒机等重要设备的正常运行，一般在原料投料时进行清理。现阶段以筛选设备和磁选设备为主去除其中的泥块、石块等大的杂物及铁质杂物。筛选在清理原料中杂质的同时还能将原料按粒径进行分级。圆筒初清筛、圆锥粉料清理筛、回转振动分级筛等都是筛选过程中主要使用的设备，一般原料与金属杂质的磁化率存在一定差异，磁选就是通过该原理进行原料中磁性杂质的清除工作。永磁筒、永磁滚筒、篦式磁选器、溜管磁选器等这些都是主要的磁选设备。

圆筒清理筛主要用于饲料入库前或粉碎前的清理，以及粉料中的大杂质及结块料的分离。其结构主要由筛筒、传动机构和机架等组成，详见图4-1。圆筒初清筛的工作原理比较简单，主要是通过带减速器的电机驱动筛筒旋转，物料集中在筛筒的底部翻滚，小于筛孔尺寸的物料穿孔而过，而筛上的大颗粒物料因锥度或者轴向输送部件（导向螺带）的作用运送到出口。一般圆筒初清筛都与吸风系统连接，防止粉尘飞扬，也可以设置清理刷清理筛网，防止筛孔堵塞。圆筒清理筛常用机型为正昌SCY系列，其主要技术参数见表4-1。

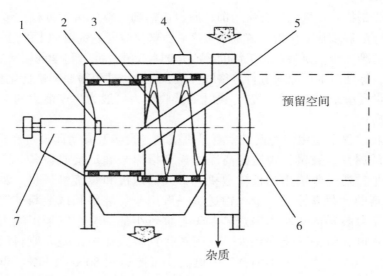

1. 悬臂支撑；2. 筛筒；3. 导向螺带；4. 吸风口；5. 进料管；6. 端盖；7. 传动机构

图4-1　圆筒初清筛

（资料来源：于翠平，2016）

表 4-1　SCY 系列圆筒初清筛主要技术参数

参数	型号				
	SCY-50	SCY-63	SCY-80	SCY-100	SCY-125
筛筒规格（直径×长度）（mm）	Φ500×640	Φ630×800	Φ800×950	Φ1 000×1 089	Φ1 250×1 139
筛筒转速（r/min）	28	20	17	11	9
配备动力（kW）	0.55	0.55	0.55	1.5	1.5
产量（t/h）	10	20	40	60	80
吸风量（m³/h）	600	800	1 000	1 200	1 600

　　圆锥粉料清理筛主要用于粉状副产物类原料（麸皮、稻糠、米糠、次粉等）和粉状粗粉碎原料中大杂质的清理，也可用于混合后的物料筛理作为保险筛，能有效分离出粉料中的麻绳、秸秆、结块等大杂物。其工作原理与粮食加工上使用的卧式刷麸机类似，其主要组成为机体、转子、筛筒和传动装置等部分，详见图 4-2。常用机型为正昌SCQZ 型，具体技术指标见表 4-2。

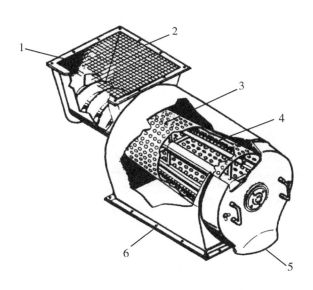

1. 喂料螺旋；2. 进料口；3. 筛筒；4. 转子；5. 杂质出口；6. 净料出口

图 4-2　CPM 系列圆锥粉料清理筛

（资料来源：于翠平，2016）

表 4-2　SCQZ 圆锥粉料清理筛主要技术参数

型号	SCQZ 60×50×80	SCQZ 90×80×110
筛筒规格（大端×小端×长度）（mm）	Φ600×500×800	Φ900×800×1 100
喂料螺旋规格（外径×螺距×长度）（mm）	Φ250×100×420	Φ300×100×430
转子打板倾角 α（°）	5	8
转子转速（r/min）	400	300
吸风量（m³/h）	300~350	500~700
配备功率（kW）	6.55	6.11
产量（t/h）	10~15	25~30
外形尺寸（长×宽×高）（mm）	1 640×810×1 060	2 100×1 100×1 390

　　回转振动分级筛除了用于粉料或颗粒料的筛选和分级外，也可用于饲料原料的初清及二次粉碎后中间产品的分级。回转振动分级筛振源采用偏重块振动器或偏心轮振动器，也可以采用主轴偏心传动装置。筛面在水平上做回转运动，物料在倾斜的筛面上做螺旋运动，其主要工作原理见图 4-3。典型的回转振动分级筛的组成为机架、驱动装置、筛箱、滑动半球支撑、拉杆等部件构成，详见图 4-4。另附 SFJH 系列回转振动分级筛主要技术参数，具体技术指标见表 4-3。

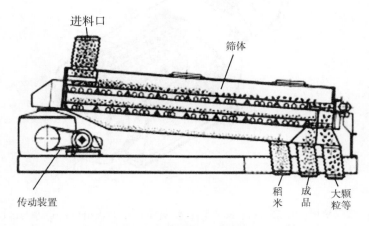

图 4-3　平面回转筛工作原理

（资料来源：曹康和郝波，2014）

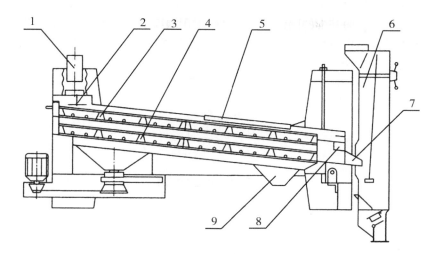

1. 物料进口；2. 可调分料淌板；3. 上层筛格；4. 下层筛格；5. 观察窗；6. 垂直吸风分离器；7. 净料出口；8. 大杂出口；9. 小杂出口

图 4-4　回转振动分级筛

（资料来源：于翠平，2016）

表 4-3　SFJH 系列回转振动分级筛主要技术参数

型号		SFJH71×2	SFJH100×2	SFJH120×2
筛面长度（mm）		1 600	2 142	2 800
筛面宽度（mm）		710	/	/
筛面层数		2	/	/
筛孔尺寸（目）		12.4	/	/
筛面倾角 α（°）		4~5	4~5	4~5
回转半径（mm）		30	30	30
偏心轴（r/min）		260	260	260
长（mm）		2 770	3 320	3 778
宽（mm）		1 140	1 430	1 650
高（mm）		1 340	1 340	1 340
配备动力（kW）		1.1	1.5	2.2
产量（t/h）	细粉料	1~1.5	1.5~2	2~3
	粉状料	5~8	8~10	12~15
	颗粒料	8~12	12~18	15~20

永磁滚筒磁选器主要由不锈钢板支撑的外滚筒和半弧圆形的磁心组成，详见图 4-5。

工作时，首先根据流量调整压力门配重，物料经进料淌板均匀地进入机内，随滚筒一起运动至出口流出机外，而其中的磁性杂质则被吸附于滚筒表面上旋转至无磁区后失去磁力的吸引，落入磁性杂质出口处的收集盒内，从而达到磁性杂质清理目的（于翠平，2016）。

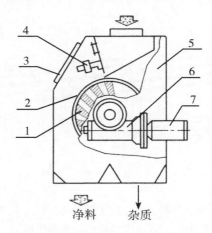

1. 磁铁；2. 滚筒；3. 观察窗；4. 压力门；5. 机壳；6. 减速器；7. 电动机

图4-5 永磁滚筒结构

（资料来源：于翠平，2016）

箅式（栅式）磁选器结构如图4-6所示，它常安装在粉碎机、制粒机的喂料器和料斗的进料口处，呈栅状排列，磁场叠加强度较高。工作时，通过磁铁吸附物料中的磁性金属杂质进行清除，定期要对机器进行人工除杂。

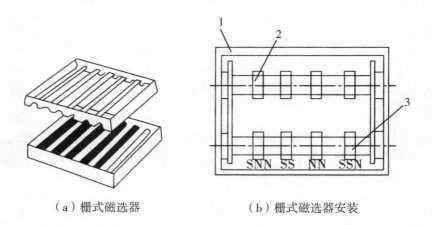

（a）栅式磁选器　　　　　　（b）栅式磁选器安装

1. 外壳；2. 导流栅；3. 磁铁栅

图4-6 箅式（栅式）磁选器

（资料来源：于翠平，2016）

溜管磁选器是将磁体或简易磁选器安装在溜管上，物料流通过溜管时，具有磁性的杂质被吸住，以达到除杂的目的，如图4-7所示。

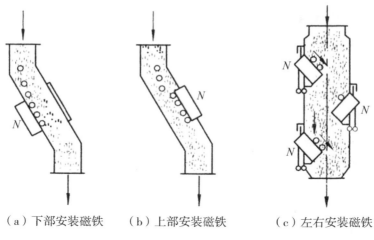

　　（a）下部安装磁铁　　（b）上部安装磁铁　　（c）左右安装磁铁

图4-7　溜管磁选器
（资料来源：于翠平，2016）

　　对于磁选设备要定期清理，筛选设备的回料也最好置于一楼，方便日常的清理维护。在实际生产中，清理的布置和规格应和主车间的配套设施结合起来，饲料厂应对原料清理设备的组合应用工作加以重视，做好对杂物的清理工作。一般有机物杂质和磁性杂质均应控制在 50mg/kg 以内（解孝星和苗纪昌，2020）。生产中，为了避免杂质进入设备，应在投料坑上设置 40mm 的栅栏。在对原料进行粉碎之前，还要及时地做好除杂磁选工作，降低设备的损坏率，保障原料质量达标（解孝星和苗纪昌，2020）。

（三）储存

　　各大饲料企业原料及成品种类繁多、原料间的配比差异较大，原料及成品的储存直接影响后续的加工生产，因此在储存时要选择最适的仓型与仓容。料仓依据其仓体截面形状分为圆形和矩形两种，料仓内的物料流动状态是判断料仓是否设计合理的重要指标，料仓内物料主要有整体流动与中心流动两种流动形式，整体流动能够保证物料先进先出，能够确保仓内物料的储存时间基本一致，是理想的物料流动形式。在料仓下料过程中经常出现结拱现象，主要是因为物料水分较高，储存时间过长，料仓局部压力过大且物料与仓壁的黏结作用而产生。可通过改善物料流动状态、改变料仓结构、安装改流体、振动、充气流态化及机械搅拌等措施改善结拱。在实际应用中可根据料仓的类型对不同原料进行储存，料仓有筒仓和房式仓两种，主原料谷物类原料如玉米、高粱等其流动性好不易结块，多采用筒仓储存，而辅料如麸皮和豆粕等粉状原料，散落性差，存放一段时间后易结块，应当采用房式仓存贮。在储存过程中需注意以下几点：①分类储存；②合理控制环境温度与湿度；③采用熏蒸剂防止昆虫对饲料原料的危害，并合理控制饲料水分（一般原料水分在10%以下）；④料仓设计时要把防雨水渗漏考虑进去；⑤降低原料破损。

二、饲料原料粉碎

在配合饲料生产中，一些大粒径的原料需要经过粉碎工序来达到理想的细度。粉碎是饲料加工过程中重要工序之一，也是动力消耗较大的工段，常规粉碎系统的动力配备占饲料厂总功率配备的1/3，微粉碎系统的动力配备可达到总功率配备的60%左右（马永喜和王恬，2021）。粉碎不仅仅是将大颗粒变成均匀一致的小颗粒，它的工艺不仅影响后续的加工效率与产能，还会影响成品的营养价值，进而影响养殖端动物的生产性能。一般由于粉碎能耗较高，饲料粒度对饲料成本的影响也较为明显。粉碎的主要目的一方面能够增加物料的比表面积，满足畜禽对日粮粒度的要求，另一方面是满足加工需要，改善和提高后续各工段相关工艺的加工效率与质量。

（一）粒度的表示方法和测定

粒度是指粉碎后物料颗粒的直径大小，按照惯例采用μm作为粒度的单位，需要使用显微镜来准确测量一些粒度较小的微量成分。粒度一般表示方法主要有锤片粉碎机筛片筛孔直径法、算术平均粒径法、粒度模数与均匀度模数法、筛上残留物百分数法和对数几何平均粒径法（15层筛法）等（于翠平，2016）。但考虑到实际生产过程中的便捷性，饲料原料和成品的粒度常采用筛分法来测定。筛分法适用于测定直径大于62μm的颗粒，是目前在饲料加工企业广泛应用的一种方法。按照不同的标准有不同的筛系，比如美国TYLES（泰勒）筛系、ASTM筛系、国际标准化组织ISO筛系、日本JIS筛系和英国BS筛系，我国一直采用的是美国泰勒标准筛体系。各个筛系由若干个具有不同分辨率的筛组成，每个筛的分辨率用"目"表示筛孔的大小，"目"是指1英寸（25.41mm）长度内的网孔数，目数越大，筛孔尺寸就越小，可以通过的物料粒度就越小。筛分法最大的"目"数所对应的筛孔尺寸为30~40μm。

（二）饲料粉碎粒度与动物营养

粉碎粒度是指粉碎后物料颗粒的大小，而最佳粉碎粒度则是能够发挥动物最佳生产性能且性价比较高的几何平均粒度。适宜的粉碎粒度与动物营养之间有着密不可分的联系。

（1）适宜的粉碎粒度能够增加饲料的表面积，促进机体消化吸收，提高饲料转化率，提高畜禽生产性能，降低粪便排放，避免对环境的污染。程宗佳（2009）通过对猪饲料原料粉碎粒度的探讨发现，如不考虑年龄因素，降低饲料粉碎粒度可提高动物生产性能，饲料粒度每降低100μm，消化率提高1.3%；Ball（2015）通过研究发现细粉碎的小麦日粮能显著提高生长育肥猪的日增重和饲料转化效率。赵丹阳等（2019）通过研究玉米、豆粕的不同粉碎粒度组合在肉鸡（22~42d）生产中的效果发现，与3.0mm和2.0mm组比较，采用2.5mm筛片孔径粉碎后肉鸡的生长性能最佳；王卫国（2001，2003）在体外用胃蛋白酶和胰蛋白酶测定玉米、豆粕等原料在不同粒度下的消化率，发现随着粒度的缩小，蛋白质体外消化率随粒度的减小而增加。这些研究均能够证明饲料粉碎粒度对动物生产性能的影响。

（2）使各种原料混合均匀，成品质地均匀，提高食糜在消化道内流动速度的同时也提高食糜与消化酶的接触概率（Healy 等，1994）。Mavromichalis 等（2000）给生长育肥猪饲喂的饲料中添加粒度从 1 300μm 降到 600μm 的小麦粉，测得干物质和氮的表观消化率分别提高了 3.9% 和 5.1%。王卫国（2001）用 0.6mm、1.0mm、1.5mm、2.5mm、4mm 的筛板分别对玉米、豆粕、棉粕和鱼粉进行粉碎，发现在 0.6mm 孔径下较 1.5mm 孔径分别提高 12.34%、4.95%、21.83%、5.95% 和 13.09%。说明降低饲料粒度能够提高蛋白质体外消化率，提升对蛋白质的利用率。说明降低饲料粒度均能够提高蛋白质溶解度，提升饲料对蛋白质的利用率。同时，王卫国在后续的研究中将玉米和豆粕分别粉碎成粒度为 4.5mm、3.0mm 和 2.5mm，然后将粉料饲喂 23kg 左右的育肥猪，随着粉碎粒度的减小，粪便的排出量降低，且 3mm 粒度组的干物质和蛋白质消化率最高。Fastinger 等（2003）给生长猪（28kg）饲喂的日粮中添加不同粒度的豆粕（900μm、600μm、300μm、150μm），发现猪能量表观消化率有增加趋势。

（3）降低畜禽饲料的粉碎粒度能够提高饲料利用率，提升相关生产性能，降低反刍动物日粮的粉碎粒度能够提高瘤胃内挥发性脂肪酸的产生速度和丙酸的比例。张元庆、马晓飞等人研究发现，生长阉牛日粮中谷物的整粒饲喂不利于生产性能的提高，其原因可能主要与淀粉类营养物质瘤胃发酵程度下降、全消化道消化率的降低有关，谷物整粒饲喂则会降低瘤胃发酵产生的总挥发酸浓度（张元庆，2004）。有研究表明，将玉米进行粉碎处理，可改善奶牛消化道对淀粉的消化率，并提高奶牛产奶量、乳脂率、乳蛋白率和饲料效率，这是因为谷物经过粉碎处理，使更多的粉状胚乳暴露出来，增加了瘤胃微生物和消化酶与胚乳的接触概率，进而提高谷物在瘤胃中的消化率（马晓文，1999）。当前为了提高饲料的质量，对粉碎工艺的要求越来越高，饲料颗粒越小、越细，越有利于动物吸收及提高动物的产能。不同原料因其物理及化学特性不同其最适粉碎粒度也不同，而配合饲料的最适粉碎粒度是各原料的最适粉碎粒度的组合。

（三）粉碎粒度对后续工艺的影响

在原料粉碎的过程当中，粉碎粒度对饲料的混合均匀度有很大的影响，粒度太大则不易混匀，且混合后的饲料容易分级。粉碎粒度对饲料的质量也会产生影响，在一定范围内，颗粒粉碎粒度越细，比表面积越大，热变形和糊化充分，后续调质时产品的淀粉糊化度越高。后续在调质过程中适宜的粉碎粒度利于水蒸气的渗透，提高物料的黏结性，压制出的颗粒稳定度高，更易使颗粒成型，提高制粒效率。较细的颗粒更容易被压入模孔，对环模的磨损较小，颗粒的质量好。后续破碎时产生的细粉料少，减少回流。

当前饲料原料的产品在不断扩宽，非常规饲料的利用力度加大，因此应根据不同的原料特性选择合适的粉碎粒度，避免颜色差异对日粮感官评定的影响。饲料粉碎工段一般占饲料厂总能耗的 30%~50%，因此提高粉碎效率能够降低能耗，一般超微粉碎机的动力能耗比用锤片粉碎机或辊磨粉碎机要大，且原料的水分对粉碎过程也会有一定的影响，水分过高在粉碎室内会堵筛孔，降低有效筛理面积，降低产量，振动式锤片粉碎机的开发成功在一定程度上缓解了水分增加的影响，提升粉碎效率。因此，加强对饲料粉碎粒度的控制对提高产品质量、降低能耗及生产成本有重要影响。

（四）粉碎的工艺及原理

饲料粉碎工艺与配料工艺相辅相成，依据物料先经过粉碎还是先经过配料，可分为先粉碎后配料或者先配料后粉碎工艺（图4-8）。先粉碎后配料的加工工艺主要有以下特点：①要尽可能地利用物料自流，用的设备较少，主要设备布置在同一层楼便于管理；②主车间占地面积较小；③粉碎机负荷运转时间长，运转指数较高；④由于配料仓的缓冲功能，粉碎机停机或更换配件不影响正常生产；⑤规模较大的饲料厂粉碎机可并联使用，提高效率；⑥装机容量低，单品种原料粉碎控制比较简单。先配料后粉碎的加工工艺有以下特点：①节省料仓，可以很好地适应物料品种变化，降低成本；②配料仓就是原料仓，其内原料流动性好，减少结拱现象；③车间占地面积大；④对原料的清理除尘工作要求较高，待粉碎物料需混合以减少粉碎机的负荷波动；⑤粉碎机的工作情况直接影响其他工段的进度；⑥多种混合物相较于单一品种难以计量输送。一般的饲料企业均采用先粉碎后配料的生产工艺。

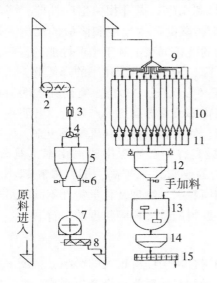

（a）先粉碎后配料工艺

1. 斗式提升机；2. 清理筛；3. 永磁筒；4. 三通；5. 待粉碎仓；6. 气动阀门；7. 粉碎机；8. 螺旋输送机；9. 分配盘；10. 配料仓；11. 螺旋喂料器；12. 配料秤；13. 混合机；14. 缓冲仓；15. 刮板输送机

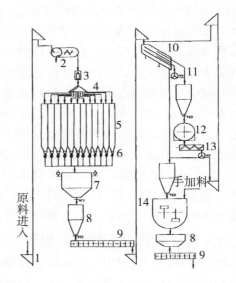

（b）先配料后粉碎工艺

1. 斗式提升机；2. 清理筛；3. 永磁筒；4. 分配盘；5. 配料仓；6. 螺旋喂料器；7. 配料秤；8. 缓冲仓；9. 刮板输送机；10. 分级筛；11. 三通；12. 粉碎机；13. 螺旋输送机；14. 混合机

图4-8　先粉碎后配料、先配料后粉碎工艺

（资料来源：曹康和郝波，2014）

饲料企业按照物料的粉碎次数分为一次粉碎工艺和二次粉碎工艺。一次粉碎是主要的粉碎工艺，其工艺流程：原料进入待粉碎仓后由喂料器喂入粉碎机粉碎，粉碎后的产品进入待混合仓（料仓），详见图4-9，该工艺简单，便于控制。

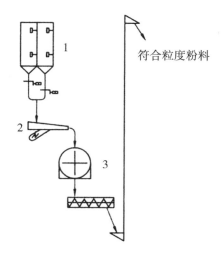

1. 待粉碎仓；2. 喂料器；3. 粉碎

图 4-9　一次粉碎工艺流程

（资料来源：于翠平，2016）

二次粉碎是对不满足饲料粒度的原料进行二次粉碎，以满足要求的粉碎工艺。二次粉碎后能够得到粒度均匀的粉碎成品，更适用于水产饲料及颗粒饲料的加工。二次粉碎依据粉碎机类型及数量分为单机循环二次粉碎（图 4-10）和双机二次粉碎（图 4-11）。

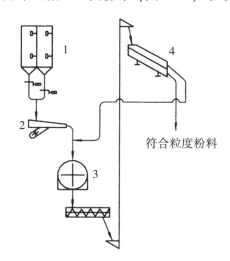

1. 待粉碎仓；2. 喂料器；3. 粉碎机；4. 分级筛

图 4-10　单机循环二次粉碎工艺流程

（资料来源：于翠平，2016）

微粉碎工艺主要用于生产颗粒饲料时对原料的粉碎，微粉碎工艺一般为粉碎工艺中的第二次粉碎，经过待粉碎仓的物料进入微细分级机分级和风网组成的分级处理系统，没有达到粒度要求的物料二次进入微粉碎机，使这部分物料进行循环粉碎，详细的粉碎

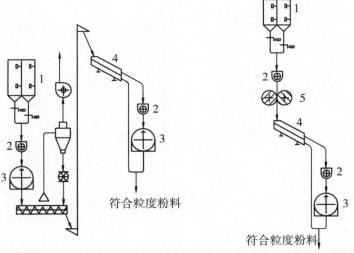

（a）使用两台锤片粉碎机　　　　　（b）使用辊式磨粉机和锤
　　组合粉碎工艺　　　　　　　　　　片粉碎机组合粉碎工艺

1. 待粉碎仓；2. 喂料器；3. 锤式粉碎机；4. 分级筛；5. 辊式磨粉机

图 4-11　双机二次粉碎工艺流程

（资料来源：于翠平，2016）

工艺见图 4-12。

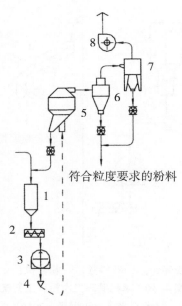

1. 待粉碎仓；2. 喂料器；3. 微粉碎机；4. 接料器；5. 微细分级机；
6. 刹克龙；7. 脉冲除尘器；8. 风机

图 4-12　微粉碎工艺流程

（资料来源：于翠平，2016）

粉碎的主要原理是克服固体质点间的内聚力，使颗粒尺寸减小、比表面积增大，即利用机械力将物料由大变小。饲料加工中粉碎机械通常使用以下几种力学方式（图4-13）。

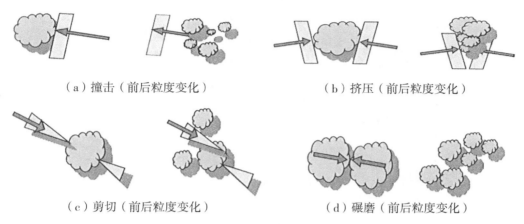

（a）撞击（前后粒度变化）　　　　　（b）挤压（前后粒度变化）

（c）剪切（前后粒度变化）　　　　　（d）碾磨（前后粒度变化）

图4-13　饲料加工粉碎机械的几种力学方式
（资料来源：曹康和郝波，2014）

（1）撞击力。主要是通过粉碎室内高速旋转构件对饲料撞击进行粉碎。该方法适应性广、生产效率高，当前应用较广泛。利用该原理的粉碎机有锤片式粉碎机、超微粉碎机、球磨粉碎机和笼式粉碎机。

（2）挤压力。一对相向力，使被加工物料受到挤压而被粉碎的挤压力。利用该原理的粉碎机有低剪切对辊粉碎机、单辊和双辊齿式破碎机、鳄式破碎机和盘式、锥式粉碎机。

（3）剪切力。表面有齿的物体，使饲料受到一对平行相向力而剪碎。利用该原理的粉碎机有对辊粉碎机、破碎机、破饼机和切碎机。

（4）碾磨力。用表面毛糙的磨盘做相对运动，对饲料进行切削和摩擦而破碎物料。利用该原理的粉碎机有喷磨机、碾磨机。常用的饲料粉碎设备分类见图4-14。

一般粉碎过程中物料所受的粉碎力均由上述几种力结合而成。有时在上述各力之外还附带其他作用力，如弯曲、撕裂等。要依据物料的物理特性选择合适的粉碎方法。其中，被粉碎物料的硬度和破裂性是考虑的重点。对于坚而不韧的物料，采用撞击和挤压较为有效；对于韧性物料，采用剪切比较好；对于脆性物料，以撞击为宜。在饲料加工中，谷物原料的粉碎一般用锤碎机，以撞击粉碎作用为主。含纤维较多的原料，如茡糠等宜采用盘磨，以挤压、剪切、碾磨粉碎作用为主（曹康和郝波，2014）。粉碎需要大量的机械能，选择正确的粉碎方法对饲料加工有很大的经济意义。

（五）粉碎机的主要类型及结构特点

饲料加工工艺中粉碎工艺是最常见工艺的一种，现阶段饲料粉碎工艺中常用的有立式锤片粉碎机和卧式锤片粉碎机。锤片式粉碎机类型及结构见图4-15，其主要是由进料导向机构、转子、筛片、机动和传动装置组成，原理是采用无支撑的冲击式粉碎方

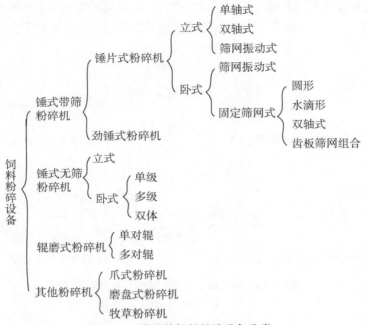

图 4-14　常用的饲料粉碎设备分类
（资料来源：曹康和郝波，2014）

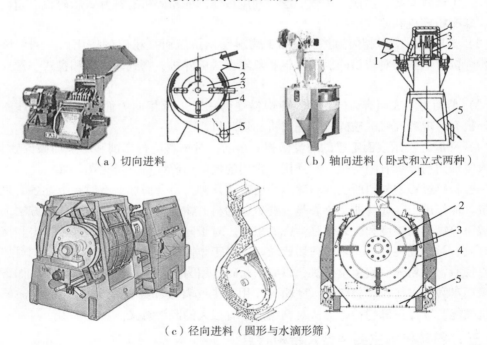

（a）切向进料　　　　　　（b）轴向进料（卧式和立式两种）

（c）径向进料（圆形与水滴形筛）

1. 进料口；2. 转子；3. 锤片；4. 筛片；5. 出料口

图 4-15　锤片式粉碎机的类型
（资料来源：曹康和郝波，2014）

式。锤片式粉碎机的缺点是对饲料原料粉碎的均匀性比较差，对饲料进行精细粉碎的时候效率较低，同时能量消耗大，饲料的温度升高较多，导致饲料的水分含量显著下降。实际生产中为了锤片式粉碎机中的细粉碎粒度饲料可以从粉碎机中排出，提高粉碎过程产量，通常在粉碎机出料口处使用负压吸送排料器或者机械的输送配合吸风器以增加产量。

水滴型粉碎机的主要特点是粉碎室呈水滴形（图4-15c），这样有利于增加粉碎室筛板的有效筛选面积，同时可以避免已粉好的原料重复进行粉碎，水滴形的粉碎室有利于提升粉碎效果且促使原料及时排出粉碎室，能够快速提高粉碎效率。现阶段常见的水滴型粉碎机具有主粉碎室和次粉碎室两个粉碎阶段，饲料原料在粉碎机中可以获得两次锤片粉碎效果，这样一台水滴型粉碎机可以获得粗型饲料、细型饲料以及微细型饲料3种饲料粉碎形式。通常水滴型粉碎机粉碎的平均粒度在100~500μm，可以同时满足畜禽饲料以及鱼类饲料所需要的粉碎粒度。现阶段饲料厂使用水滴型粉碎机较多。

除了以上的粉碎机类型还有辊式磨粉机，其主要的工作部件是圆柱形磨辊，两磨辊直径相同，并以不同的转速做旋转运动，两辊在空间平行配置，两辊在相对表面有轧距（间隙），该间隙在整个磨辊长度上形成粉碎区，当被粉碎的物料通过粉碎区时，受到磨辊的挤压、剪切和研磨作用从而被粉碎。辊式粉磨机主要由磨辊、进料机构、喂料机构、离合轧及轧距调节机构、传动、机架、罩壳和自动控制系统等组成（于翠平，2016）。详见图4-16。

三、饲料混合

配料和混合均属于配合饲料生产过程当中的核心工序，配料是配方准确实施的关键步骤，而混合是确保饲料报酬的重要环节，其相应的工序均是保证产品质量和提升饲料报酬的重要一环。配料工序中配料系统主要在于要缩短称量周期，提高单位时间内的产量；而配料的准确性一般采用微量配料系统，全部用计算机计算配料量，确保每一组分在配料的过程中均能实现精确控制，一般配料装置的结构简单，稳定性良好，能够实现自动进料、自动计量、自动卸料且循环作业，适应性良好。配料的常见工艺分为：一仓一秤配料、多仓一秤配料、多仓数秤配料等几种形式。①一仓一秤配料工艺适用于有8~10个配料仓的小型饲料加工机组，各配料秤下均配置一台重量式台秤，其优点是配料周期短、准确度高，但由于设备投资大，后期维护复杂，因此该配料工艺使用较少。②多仓一秤配料工艺适用于6~10个配料仓的小型加工厂中，所有料仓下仅配置一台电子配料秤，该工艺配料周期较长，配比较少的原料组分在称量时误差较大，因此该工艺的使用也较少。③多仓数秤配料工艺：主要有多仓双秤和多仓三秤，更适用于有12~16个配料仓或有16~32个配料仓的中大型饲料厂，该工艺的使用原则是大配比的原料用大秤，小配比的原料用小秤，该工艺在提高配料精度的同时也增加了直接配料的原料品种与数量，缩短了配料周期。

混合工序的主要目的是确保日粮中各营养物质均匀分布，且日粮中添加微量成分

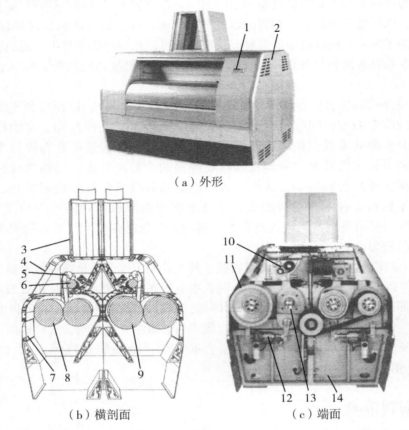

（a）外形

（b）横剖面　　　　　　　　　（c）端面

1. 显示板；2. 罩壳；3. 进料筒；4. 上磨门；5. 喂料门；6. 喂料辊；7. 下磨门；8. 快辊；
9. 慢辊；10. 喂料辊传动；11. 快辊带轮；12. 离合轧与轧距调节；13. 磨辊支撑；14. 机架

图 4-16　典型辊式磨粉机的结构简图

（资料来源：于翠平，2016）

时，若混合不均匀导致部分元素过量会影响饲料安全性。一般来说混合能力决定饲料厂的产能和规模。但是对于后段有制粒和膨化等复杂工艺的生产设备，制约饲料厂产能的往往不是混合机的产能。混合的目的在于使饲料各组分均匀分布，达到饲料组分配合的最佳效果，不出现分级，为最终产品提供质量保障。

（一）混合的主要机理

混合的主要方式如下。①对流混合。成团物料在混合过程中形成对流，进而使饲料产生混合作用。②扩散混合。在机械搅拌的作用下，物料以粒子形态向四周移动进行扩散，进而混合。③剪切混合。混合物的粒子间相互滑动、旋转、冲撞而产生局部移动，使物料形成剪切面而产生混合作用。④冲击混合。饲料原料与混合机壁碰撞时造成单个物体颗粒分散。⑤粉碎混合。在混合过程中因物料颗粒被粉碎而造成更多小颗粒被分散而产生的混合作用。

（二）混合均匀度与动物营养

关于饲料混合均匀度（变异系数 CV）与动物营养之间的关系很少被人们所重视，但当前各种研究能够证明饲料混合均匀度对动物的生产性能有一定的影响，且饲料效率随均匀度的提高而呈线性趋势。对动物来说，饲料的混合均匀度能够直接影响其生产性能，饲料均匀度不符合要求会导致饲料中的微量物质无法被及时地吸收或使一些物质营养过剩，极易导致营养不平衡的发生。混合均匀度是饲料加工生产的关键，重视混合均匀度是生产营养均衡、优质高效饲料的前提。因此，为了更好地控制混合质量，在实操过程中要合理把控物料的投放顺序。一般的混合流程是先添加用量大的原料，然后按照配方比例添加相应的微量元素、添加剂等。在添加液体原料时，最好采取雾状添加法，避免饲料成团。并且在添加液体原料前需要确保干料混合均匀。在更换不同物料混合的情况下，要认真做好清理工作，避免出现饲料污染。此外，要依据不同物料的特性，合理把控混合时间，确保混匀性，保障成品质量。

（三）混合的主要设备及工艺

在混合前，混合机的选择工作至关重要。饲料工业中使用的混合机类型繁多，详见图 4-17，当前对于混合机的应用，大多以螺带混合机为主，卧式单轴双（多）螺带混合机混合效率高，且卸料速度快，详见图 4-18 和图 4-19。

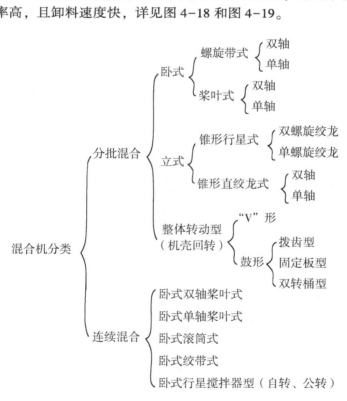

图 4-17 饲料工业使用的混合机类型

（资料来源：曹康和郝波，2014）

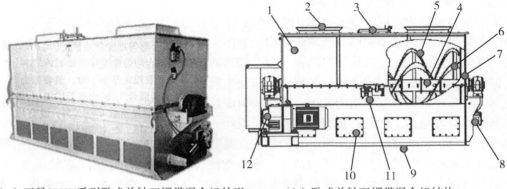

（a）正昌SLHY系列卧式单轴双螺带混合机外形　　（b）卧式单轴双螺带混合机结构

1. "U" 形体；2. 双进料口；3. 手加料与入孔；4. 主轴与支撑杆；5. 外螺带；6. 内螺带；
7. 回风通道；8. 大开门机构；9. 出料口；10. 检修与观察门；11. 电气控制元件；12. 减速器

图 4-18　卧式单轴双（多）螺带混合机

（资料来源：曹康和郝波，2014）

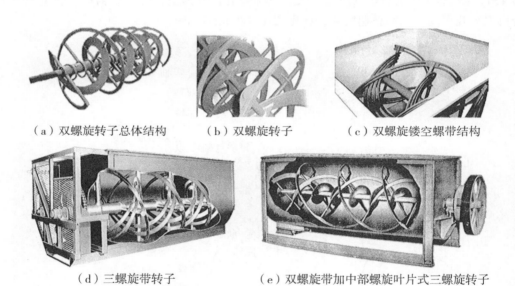

（a）双螺旋转子总体结构　　（b）双螺旋转子　　（c）双螺旋镂空螺带结构

（d）三螺旋带转子　　　　（e）双螺旋带加中部螺旋叶片式三螺旋转子

图 4-19　卧式单轴双（多）螺带混合机转子结构

（资料来源：曹康和郝波，2014）

　　桨叶式混合机也广泛地应用于国内的饲料厂，主要是用装在转轴上的桨叶进行混合，依据转轴不同分为单轴桨叶混合机和双轴桨叶混合机。均能够使各种特性相差较大的物料在混合室充分混合，单轴和双轴桨叶混合机的机构分别如图 4-20 和图 4-21 所示。

　　在应用混合机的过程当中，应注意以下几点：①尽量使用相对密度与粒度相近的组分；②不同的物料混合时间不同，应根据物料特性进行混合时间的摸索；③注意混合机

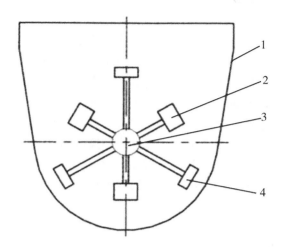

1. 机壳；2. 内桨叶；3. 转子轴；4. 外桨叶

图 4-20 单轴桨叶混合机

（资料来源：于翠平，2016）

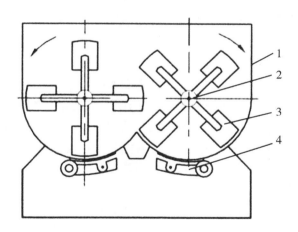

1. 机体；2. 转子轴；3. 桨叶；4. 排料机构

图 4-21 双轴桨叶混合机

（资料来源：于翠平，2016）

的转动螺带与机筒的间隙，合理选用螺带或螺旋角绞龙的转动速度；④混合后的物料不宜剧烈振荡与快速流动，应采用稀相气力输送，避免饲料分级；⑤定期检查混合机的混合效果，去除黏结在转子和机壳上的物料，及时对混合机进行保养；⑥在生产中如果要更换配方则需提前做好设备清理工作。

四、液体添加

当前饲料工业发展迅速，饲料原料的性状也趋于多元化发展，许多添加剂都会以液体的形式加入饲料中，这样能够降低部分运输储存成本、最大限度地保留饲料中的有效成分，降低饲料成本，使加工工艺更加灵活，提高饲料品质，改善适口性。在液体添加过程中也存在一些难以避免的问题，如油脂、糖蜜等黏性液体在添加的过程中外界环境低温会导致其黏附在仓壁，容易造成交叉污染，且部分浓度高的液体对设备有一定的腐蚀性，且添加多种液体时存在多种元素发生化学反应的可能性。液体添加属于混合过程中的重要一环，其质量把控也是决定产品混合均匀度的关键，相关的质量控制包括：①精确控制液体的添加量；②确保液体在饲料中均匀分布；③保证液体添加剂喷涂之后的稳定性和有效期。鉴于此，大多数饲料厂选择引进高性能的常压液体喷涂设备、真空喷涂设备及控制技术。

（一）液体添加的途径

液体添加调节过程主要是通过以下几种途径完成。①手动调节。操作工凭经验判断产品品质，进行手动流量计调节并记录参数。②半自动调节。操作工调节现场触摸屏控制面板的液体添加流量，该流量大小通过现场的液体流量计与调节阀以及 PID 流量控制系统来实现。③全自动调节。通过智能化的控制系统来实现。在液体添加的过程中对相关添加参数进行储存记录，液体添加量主要是按比例添加，一般为干物料喂料量的百分比。如果加大或降低产能，则该液体添加量自动等比例调节。

（二）加工工艺及过程

混合机内液体添加工艺一般添加脂肪、糖蜜和水等批量较大的液体。油脂添加设备主要由储油罐、泵、过滤器、单向控制阀、截止阀、溢流阀、流量计、压力表、管道、喷嘴机电气控制装置等组成。其主要流程为油脂从油池或油桶经粗过滤器泵入储油罐经蒸汽管加热至 50~80℃，后经泵、溢流阀、单向阀、细过滤器、流量计、通过阀门、管道、喷嘴向混合机内喷涂，喷头的位置对混合均匀度也有一定的影响，详见图 4-22。

如今，越来越多的饲料企业采用混合机外添加的工艺来实现糖蜜的添加，常在混合机后串联糖蜜混合机，典型的工艺流程是粉料经螺旋喂料器和计量器均匀定量地送入糖蜜混合机的同时，糖蜜在储罐中加热融化，经由齿轮泵输入糖蜜罐再加热（加热温度一般不超过 40℃），经过滤器，由另一台齿轮泵通过计量阀和流量计送入喷嘴系统，喷入糖蜜混合机内与粉料进行连续混合，混合好的物料由出料口排出，详见图 4-23。

五、饲料制粒

配合料成形工艺中，设备性能、原料性能以及生产工艺均会影响配合料成形质量。制粒是将粉状饲料进行调质、压实并挤出模孔制成颗粒状饲料的全过程。完整的制粒工序包括调质、制粒、冷却、分级等。制粒工艺主要是结合饲料配方的理化特点来控制蒸

（a）混合机外加液体装置安装现场

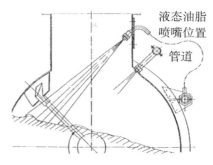

（b）单轴桨叶式混合机喷头安装位置

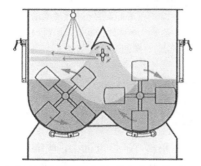

（c）双轴桨叶式混合机喷头安装位置
（带拨料装置）

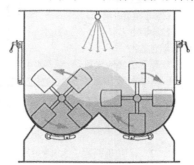

（d）双轴桨叶式混合机喷头安装位置
（无拨料装置）

图 4-22　混合机内液态油脂、脂肪喷涂
（资料来源：曹康和郝波，2014）

汽压力、调控时间、温度以及水分等指标。现阶段，在制粒方面，我国主要采用的方法包括两种，一是冷压制粒，二是蒸汽热压制粒。

（一）制粒的功效及其与动物营养的关系

配合饲料营养全面，将粉料制成颗粒饲料后能够提高饲料适口性，增加动物采食量，有效避免挑食，减少饲料浪费；与粉料相比，颗粒饲料能够减少药物残留与污染的概率；制粒能够促进采食，提高饲料养分生物学效价，提高动物对营养物质的消化率进而提升动物生产性能；制粒后的饲料在储存运输方面更为经济便捷，且在运输的过程中流动性较好，避免出现粉料因体积质量不一致导致的自动分级；经高温蒸汽调质后再制粒能够杀灭饲料中的部分有害菌，且能够降低饲料原料中抗营养因子的含量，确保饲料质量安全。

（二）制粒原理及技术指标

制粒是粉料在水分、蒸汽温度、摩擦力和挤压力等综合因素下，使粉粒体间的空隙缩小，形成具有一定密度和强度的颗粒的过程。该过程可分为三个阶段，依次为供料阶段、变形压紧、挤压成型。粉料进入供料区后被压辊带入变形压紧区，主要依靠物料与压辊、压模表面的摩擦将物料挤压至成型区制备出颗粒。如图 4-24 所示。

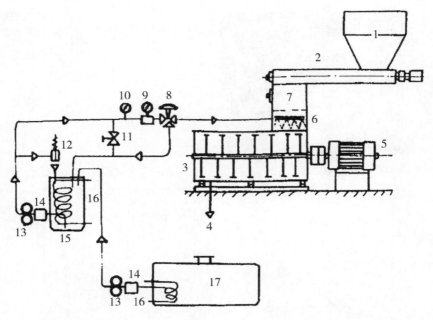

1. 料斗；2. 螺旋喂料器；3. 糖蜜混合机；4. 出料口；5. 电机；6. 喷嘴系统；
7. 计量器；8. 三通；9. 流量计；10. 压力表；11. 阀；12. 安全阀；
13. 齿轮泵；14. 过滤器；15. 糖蜜罐；16. 加热管；17. 糖蜜储存

图 4-23 典型糖蜜添加工艺（连续式糖蜜混合机）

（资料来源：于翠平，2016）

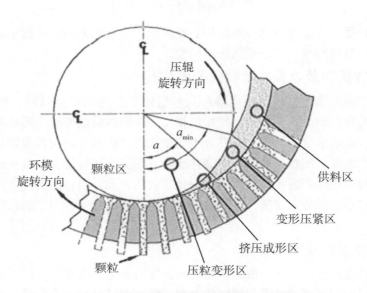

图 4-24 粉料在挤压过程中不同分区工作状态

（资料来源：曹康和郝波，2014）

颗粒饲料依据加工的设备及物理形状可分为硬颗粒饲料、软颗粒饲料、膨化颗粒饲料，其中硬颗粒饲料占比较大。针对制粒成型的颗粒饲料要对其进行感官及物理特性评定，具体评定指标如下。①感官观察要求颗粒大小均匀、表面有光泽、无裂纹、结构紧密且手感较硬。②颗粒直径一般为 1~20mm，依据不同的种类其颗粒直径的设置不同，详见表4-4。③颗粒长度为颗粒直径的 1.5~2 倍。④颗粒水分因气候南北方略有差异，南方颗粒饲料水分含量应≤12.5%，储存时间长的水分更低，北方颗粒饲料水分含量应≤13.5%。⑤颗粒结构越紧密其硬度越高，产生的粉末越少，颗粒商品的价值越有保证，但密度太大会造成颗粒机产量下降，通常颗粒的容重以 1.2~1.3g/cm³ 为宜。一般颗粒能承受的压强为 90~2 000kPa，容重为 0.6~0.75t/m³。⑥颗粒饲料的重量与进入制粒机的粉料重量之比一般不低于95%。⑦针对水产饲料来说，虾蟹饵料要求在水中浸泡 3h 以上不溶散，鱼饲料要求在水中浸泡 0.5~2h 不溶散。

表4-4 一般动物适宜的颗粒饲料直径

饲喂动物	颗粒直径（mm）
幼鱼、幼虾	1.0~2.0
成鱼	3.0
雏禽	2.5
成鸡、小鸡仔	3.0~4.0
成年肉用鸡、种鸡	5.0
产蛋鸡	3.0~5.0
蛋鸭	6.0~8.0
兔、羊、牛犊	6.0~10.0
牛、猪、马	9.0~15.0
育肥猪	4.0~10.0

（三）制粒工艺及设备

颗粒饲料生产工艺由预处理、制粒及后处理 3 部分组成，典型的调制器与制粒机成套设备见图4-25。各饲料厂对制粒机的要求不同因而导致其配置有差别，制粒的主要流程为粉料经由喂料器把控喂料量后进入调质器，在调质器中通入蒸汽，经蒸汽调质并搅拌后通过强制喂料器进入压制室，并由喂料刮刀将粉料喂入环模内的两个压制区，环模高速旋转将物料带入环模和压辊之间，在环模和压辊强烈挤压作用下，物料逐渐压实并在环模中制粒成形后经模孔中不断排出，然后由切刀切成所需适当长度的颗粒，进入冷却室冷却，如不需要破碎则直接进入分级筛，分级后合格的成品进行液体喷涂及打包，而粉料则回到制粒机再次进行制粒。如需破碎则经破碎机破碎后再分级，产品合格后进行液体喷涂及打包。在设计制粒工艺过程中需配备磁选设备以保护制粒机，且配置至少 2 个待制粒仓，以免换料时停机。

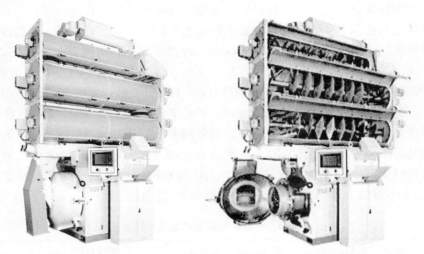

图 4-25 HYSYS 带热甲式三级完整型单轴调质器与制粒机配套组合设备
（资料来源：曹康和郝波，2014）

（1）调质。调质器是与制粒机配套的关键部件，主要分为桨叶式调质器（图 4-26）和釜式调质器（图 4-27）。在制粒前进行饲料调质能够提高制粒机的生产效率，提高物料可塑性，利于物料挤压成型，利于液体添加，改善颗粒产品质量；同时能够促进淀粉糊化和蛋白变性，降低日粮中的抗营养因子含量，杀灭有害菌。

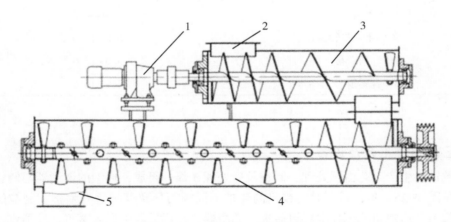

1. 电机；2. 进料口；3. 喂料段；4. 调质段；5. 出料口
图 4-26 单轴桨叶调质器结构
（资料来源：于翠平，2016）

（2）保质。保质器主要是对要制粒的粉料进行加热增湿，同时能够对物料进行长时间的保温，延长物料与蒸汽的接触时间，更易使饲料压制成型，提高颗粒料耐水性，一般的保质器更适用于水产颗粒料的生产，保质器在调质系统中的工艺见图

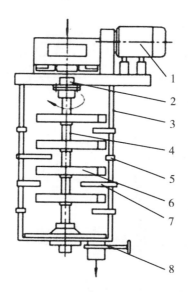

1. 电机；2. 联轴器；3. 机壳；4. 立轴；5. 短蒸汽棒；6. 搅拌桨叶；7. 长蒸汽棒；8. 闸阀

图 4-27　釜式调质器结构

（资料来源：于翠平，2016）

4-28。

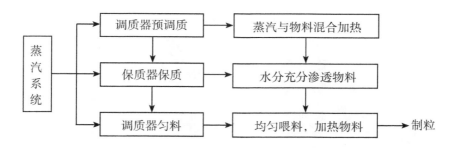

图 4-28　保质器调质系统工艺

（3）颗粒成形过程。颗粒在制粒成形过程主要用到的设备有环模制粒机及平模制粒机。平模制粒机与环模制粒机在压力、压轮的调节方式、颗粒的喂料方式上有一定的区别。平模制粒机的结构图及实拍图如图 4-29 和图 4-30 所示。

（4）冷却。在制粒过程中，颗粒饲料在调质及制粒成型阶段吸收了大量热能和水分，出机时的温度一般达到 75～95℃，水分达到 14%～17%，如果直接制成成品则由于高温及高水分的影响粉化率加大，因此应对制粒后的产品进行冷却，提高颗粒硬度。冷却过程是蒸发、热扩散、机械或化学力造成的液体流动的过程，当前各大饲料企业常用的冷却器为逆流式冷却器及卧式冷却器，其工作原理见图 4-31 和图 4-32。

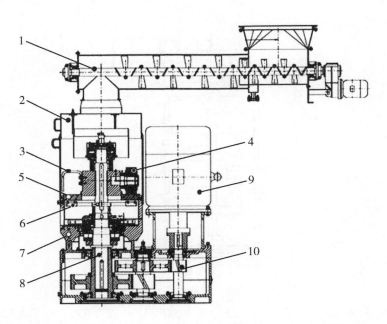

1. 调质器；2. 机盖；3. 导料刀；4. 压辊；5. 平模；6. 切刀与平膜间隙 2mm；

7. 机座；8. 主轴；9. 电动机；10. 传动齿轮

图 4-29　正昌 SZLP780 型平模颗粒压制机

（资料来源：曹康和郝波，2014）

（a）正昌SZLP780型平模制粒机外形　　（b）正昌SZLP780型平模制粒机压制机原理

图 4-30　正昌 SZLP780 型平模制粒机

（资料来源：曹康和郝波，2014）

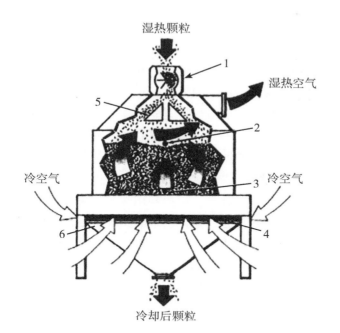

湿热颗粒

湿热空气

冷空气　　　　　　　　冷空气

冷却后颗粒

1. 进料关风机；2. 上料位；3. 下料位；
4. 排斜格栅；5. 颗粒布料器；6. 集料斗

图 4-31　平底型逆流式冷却器工作原理

（资料来源：曹康和郝波，2014）

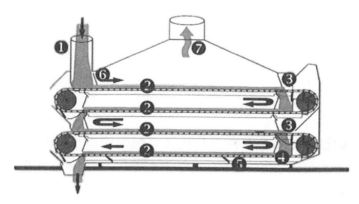

1. 进料口；2. 四层冷却层；3. 筛板翻转结构；4. 输送链板结构；
5. 刮料板；6. 匀料机构；7. 排风

图 4-32　活动筛板翻转型卧式冷却器结构原理

（资料来源：曹康和郝波，2014）

六、挤压膨化

膨化加工技术是一种复合型的加工技术，它通过压粒装置对饲料原料进行压缩，压缩到一定程度后送入膨化机进行摩擦、挤压与搅拌改善物料品质。再通过膨化机内部的高温高压作用降低抗营养因子活性，提高饲料适口性。膨化处理后的饲料能够杀灭病原体及细菌，提高物料的化学稳定性，保障饲料安全并有效延长饲料保质期。经过挤压膨化的产品富有多种高品位特性。挤压膨化主要采用了干法和湿法螺旋挤压技术，其目的在于提高原料的生物效价和拓宽原料的选择范围。

（一）挤压膨化原理及设备

挤压膨化主要采用螺旋挤压加工技术，主要利用螺旋挤压机的螺杆与机镗的结合，物料经过挤压输送到挤压腔，经过混合、搅拌、摩擦及剪切力的作用，达到类似调质的环境促进淀粉糊化，物料再依据挤压腔和外界的压力差调控挤压膨化度，以达到成品要求，图4-33和图4-34为螺旋挤压机加工过程的区段结构及其组成。

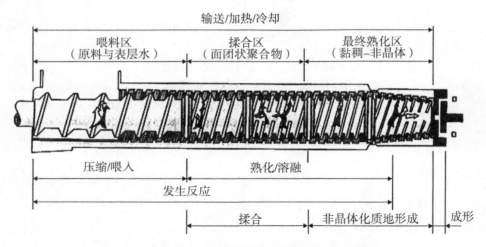

图4-33　典型螺旋挤压机加工过程区段结构
（资料来源：于翠平，2016）

（二）挤压膨化与动物营养的关系及其对饲料成分的影响

将生产技术与动物营养结合才能够最大限度地发挥饲料中的营养效价，使用挤压膨化技术能够极大地提高饲料原料的营养水平，提高消化吸收率。饲料经过高温高压剪切挤压膨化处理后，饲料中营养物质的结构也会发生改变。①对水分的影响。饲料经过挤压膨化处理后水分有上升，且饲料中碳水化合物越多其水分上升越多。②对淀粉的影响。挤压膨化能够促使淀粉中低分子糖类的形成，同时促进分子间的氢键断裂，提高淀粉糊化度及饲料黏结性，减少营养物质在水中的浪费。③对蛋白及氨基酸的影响。在高温高压剪切力的影响下，能够钝化蛋白质中的抗营养因子，促使蛋白质变性，分子进行

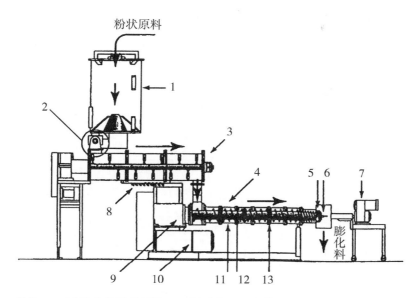

粉状原料

1. 料斗；2. 减重式称量喂料器；3. 调质器；4. 螺旋、螺杆挤压装置；5. 成型模；
6. 切割装置；7. 切刀传动装置；8. 蒸汽与液体添加；9. 主机传动系统；10. 主电机；
11. 机镗；12. 单、双螺杆；13. 剪切锁

图4-34　螺旋挤压成形设备的结构组成
（资料来源：于翠平，2016）

重新组合，增强饲料的可塑性，增大酶和蛋白质结合的面积，更加有利于消化与吸收。
④对脂肪的影响。挤压膨化能够破坏脂肪酶以及能使游离的脂肪酸氧化酸败的脂肪氧化
酶，改善产品质构和口感。⑤对纤维的影响。在挤压膨化过程中使饲料中的不溶性粗纤
维共价键断裂，木质素纤维化进而成为可溶性纤维，增加饲料的可消化性能。

七、成品包装和储存

成品包装包括人工打包计量包装及缝口和机械定量包装两种形式，当前各大饲料企
业的成品包装均选用后者。该过程包括套袋、称量、灌包、封口、输送等工序，涉及的
具体设备有定量包装秤、缝口机、袋包输送机、搬运和堆包机械设备、散装运输车以及
机器人自动码垛系统（图4-35至图4-38）。机械定量包装秤主要由给料系统、杠杆系
统、喂料斗和门、称量斗、装袋器、气动、电控及计数装置组成。

使用码垛机器人能够降低人工劳动强度、减少人力资源、降低生产管理成本、为智
能化现代化生产提供更高的效率。

在接料打包过程中应注意，饲料包装必须将成品饲料按所需的质量装入规定的袋
中，按规储存。包装秤设定质量应与包装要求质量一致，并控制在允许误差范围内。核
查饲料和包装袋及饲料标签是否一致。称重过程中随时注意饲料感官是否一致，接包后
保证封包质量。

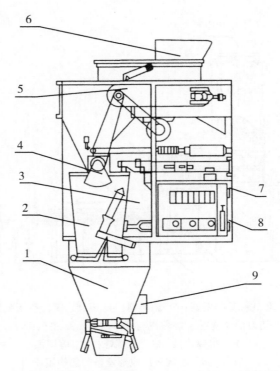

1. 打包秤；2. 称量斗；3. 杠杆系统；4. 喂料斗和阀门；

5. 给料系统；6. 料斗；7. 电器控制；8. 气动控制；9. 电磁计数器

图 4-35　机械定量包装秤

（资料来源：于翠平，2016）

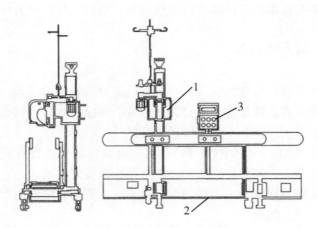

1. 缝包机；2. 输送机；3. 电控箱

图 4-36　封包输送机

（资料来源：于翠平，2016）

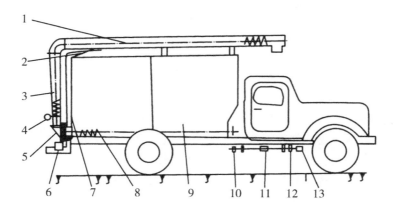

1. 活动绞龙；2. 液缸；3. 垂直绞龙；4. 回转机构；5. 锥形齿轮；6. 卸料绞龙升降系统；
7. 液压油管；8. 水平绞龙；9. 料箱；10. 链轮；11. 万向节；12. 离合器；13. 动力输出轴

图4-37 散装饲料运输车

（资料来源：于翠平，2016）

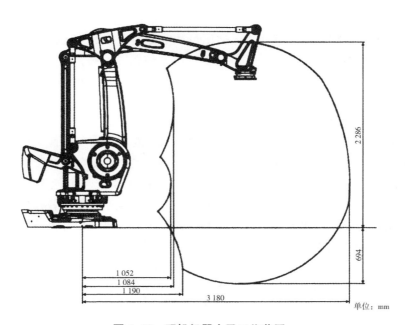

图4-38 码垛机器人及工作范围

（资料来源：曹康和郝波，2014）

饲料应置于遮光、阴凉通风、干燥处，成品料的储存时间不宜过长，否则会造成某些物质失效或产生有毒有害物质。

第二节 预混料加工工艺、设备及加工流程

一、预混料加工流程和工艺简介

添加剂预混合饲料，简称预混料，是以同一类的多种添加剂或不同类型的多种添加剂按一定比例配制而成的匀质混合物。主要包括复合预混合饲料、微量元素预混合饲料和微生物预混合饲料。预混合饲料不能直接饲喂动物，只能以特定的比例（0.01%~10%）添加到配合饲料、浓缩饲料、精料补充料或动物饮水中使用。预混料原料品种繁多，成分复杂，不同组分间物理性质差异较大，且在配合饲料中的用量差异悬殊，因此预混料的生产从设备到工艺与配合饲料有诸多的不同。预混料是集原料质量检测、营养配方设计、畜禽饲养管理等技术的综合技术。要生产出优质的预混料，不仅需要科学的配方，还需要优质的原料、精细的设备工艺及一套完善的管理措施。预混料对生产设备的要求精度更高，对生产工艺的控制更严格。

添加剂预混合饲料原料众多，工艺流程繁简不同，典型的加工工艺除了矿物盐和维生素等的前处理工艺外，一般包括计量配料、混合、称重打包等工序。一些极其微量的成分需要进行预混合后方可计量称重送入混合机内混合。因为预混合饲料在配合饲料中添加量很小就能够发挥作用，某些成分适用量和中毒剂量接近，这就要求预混合饲料加工工艺具有计量配料精度高、生产工艺简单、设备耐腐蚀等特点。当前按照行业标准，添加剂预混合饲料成套设备的基本组成主要包括投料、清理、配料、混合、称重打包、电气系统、输送、除尘以及其他可选的辅助设备。

添加剂预混合饲料生产的基本工艺流程如图4-39所示。

针对固态添加剂预混料的生产过程，应符合以下要求。①复合预混料和微量元素预混料生产的产能≥2.5t/h，混合机容积≥0.5m³，维生素预混料生产产能≥1t/h，混合机容积≥0.25m³。②配备成套加工机组并有完整的除尘系统和电控系统。③有两台以上混合机且混合机的混合均匀度变异系数CV<5%，混合机的残留率<0.2%。④生产线除尘系统采用集中除尘和单点除尘相结合的方式，一般投料口和打包口采用单点除尘方式。⑤小料配制和复核配置电子秤，计算机自动配料允许的误差为配料量的0.10%~0.20%，称量天平准确度的等级不低于Ⅲ级。⑥粉碎机、空气压缩机采用隔音或消音装置。⑦反刍动物添加剂预混料生产线与其他动物源成分的添加剂预混料生产线应分开。添加剂预混合饲料在生产过程中一般应该选择精度高、密封性好和低残留的设备，最大限度防止交叉污染、物料分级和粉尘外溢，构建配料可追溯的工艺流程以及设备布置和除尘方法。

添加剂预混合饲料工艺在设计过程中应考虑以下几点。①物料从配料仓出料到成品包装的过程中，采用垂直式设计，减少提升次数，减少残留和损耗。②采用分组配料工艺，先加稀释剂再加微量组分混合，主混合机加入载体物料后再接受微量组分的稀释混

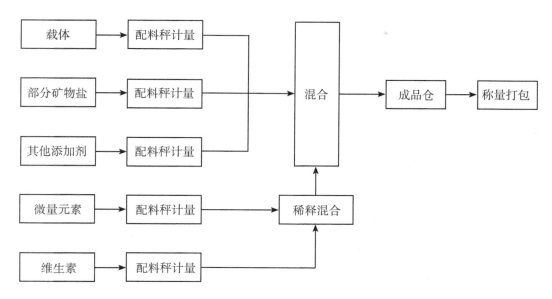

图 4-39 预混合饲料加工工艺流程

合物。③工艺流程应尽量简短。减少成品分级，防止交叉污染。④原料接收工段设置初清、磁选清理装置。⑤配料与混合工段采用多仓、多秤的工艺形式，配料秤按量程分大小，极微量的组分可用天平进行称量，由人工配料投入，配料仓的个数应随生产规模的不同而产生变化，采用专用的配料仓以避免交叉污染和保护有活性的微量组分。⑥采用集中除尘和单点除尘相结合的方式。⑦成套设备的电气控制系统设置批次的生产方式，在不同配方产品的生产任务之间插入清洗批次，避免交叉污染。

添加剂预混料加工工艺一般有传统人工配料机组型、机械输送自动配料工艺、机械输送与气力输送结合型自动配料工艺、气力输送自动配料工艺等多种。

1. 机械输送自动配料工艺

该工艺为当前各饲料企业常用的预混合饲料生产工艺，主要由原料接收与清理工段、载体粉碎工段、配料与混合工段、一次预混合工段、成品包装工段和液体添加系统等组成，详见图 4-40。

2. 机械输送与气力输送结合型自动配料工艺

该工艺选择垂直布置的形式，配备 3 台最大量程不同的配料秤，采用一套正压密相气力输送系统，相对效率较低，详见图 4-41。

3. 气力输送自动配料工艺

该工艺特点主要是预混合原料全部用散装气力输送接收，配料后物料由正压密相气力输送系统送入两组混合机，微量配料秤称量后直接进入混合机，手加料直接由人工投入混合机进行批量混合，见图 4-42。该工艺的流程简单，可以作为配合饲料厂自用配套工艺，也适用于专业预混合饲料的生产。

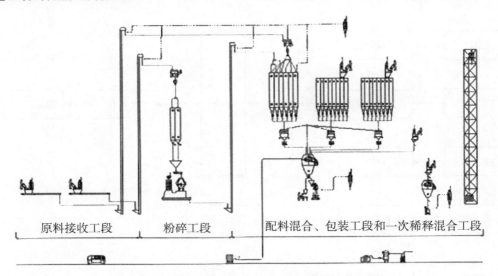

原料接收工段　　　　　粉碎工段　　　配料混合、包装工段和一次稀释混合工段

图 4-40　预混合饲料生产工艺（机械输送自动配料工艺）

（资料来源：曹康和郝波，2014）

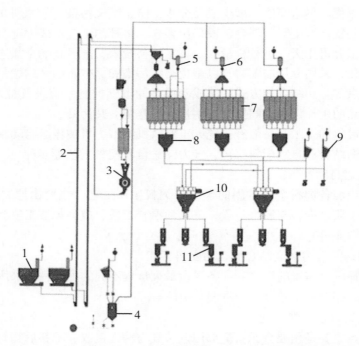

1. 投料口；2. 斗式提升机；3. 粉碎系统；4. 正压密相气力输送接收系统；
5. 负压气力输送冷却装置；6. 正压密相气力输送冷却装置；7. 配料仓；8. 配料秤；
9. 手投料口；10. 卧式单轴桨叶式混合机；11. 自动包装秤

图 4-41　机械输送与气力输送结合型自动配料预混合工艺

（资料来源：曹康和郝波，2014）

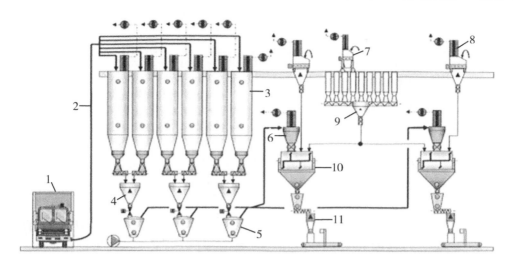

1. 散装罐车；2. 输送管；3. 配料仓；4. 配料秤；5. 高压、高密度、低速正压输送罐；6. 卸料与除尘系统；7. 手加料斗；8. 配吸风脉冲除尘器；9. 微量配料称；10. 预混合机；11. 包装称与自动缝包系统

图4-42 典型气力输送自动配料工艺

（资料来源：曹康和郝波，2014）

二、预混料原料的接收和处理

1. 载体和稀释剂的使用及预处理

载体是承载或吸附微量活性成分的微粒。一般在原料接收的过程中，载体原料应选择粒度适中、化学稳定性强、流动性好、不损害吸附物且混合性良好、性价比高的产品。其水分应控制在10%以下，粒度控制在0.177~0.59mm（30~80目）；容积重与其所承载的微量组分相近，复合预混料中载体容积重应为各微量组分容积重的平均值，一般为0.5~0.8kg/L；载体表面粗糙或有小孔，其本身的化学性质稳定，不与微量活性组分发生反应，且无吸潮性、结块性，抗静电性强，卫生标准合格。常用的载体有贝壳粉、小麦麸、玉米、糠粉、脱脂米糠、石粉、沸石粉、食盐等。稀释剂是将预混料中的活性物质浓度降低，并将微量颗粒彼此分开的成分，它和载体一样属非活性物质，起着减少活性成分之间的反应、有利于活性成分稳定的作用。稀释剂的水分应低于10%，不吸潮、不结块；粒度要求在0.05~0.6mm；表面光滑，具有较好的流动性；pH值在7.0左右，不带静电荷且稳定性好。常见的载体或稀释剂的pH值如表4-5所示。

表4-5 常见载体或稀释剂的pH值（参考值）

载体	pH值
稻壳粉	5.7
玉米芯粉	4.8

（续表）

载体	pH 值
玉米面精粉	4.0
麸皮	6.4
大豆皮粉	6.2
玉米酒糟粉	3.6
小麦次粉	6.5
石灰石粉	8.1
沸石粉	6.5

　　载体若水分含量超过 15%，必须烘干，载体的含水量越低越好。一般载体的初始粒度不够，必须进行粉碎，粉碎后的物料由于粒度分布范围较大故需进行分级，其简单的工艺流程如图 4-43 所示。

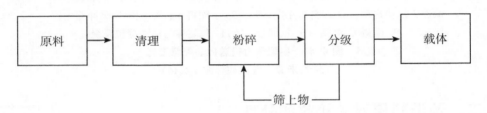

图 4-43　一次循环粉碎工艺

　　2. 微量元素添加剂的选择及处理

　　微量元素添加剂主要指铜、铁、锰、锌等的矿物质盐与氧化物。这些化合物中有的水溶性差，有的易吸湿返潮等，因此应考虑其生物学利用率、稳定性、价格、来源等因素进行选择，一般的微量元素以硫酸盐居多，吸湿性强，影响后续的加工，因此在应用之前必须进行预处理以改变它们部分物理特性，使之既符合加工工艺要求又能确保产品质量。一般的预处理工艺有干燥、添加防结块剂、涂层包被、细粒化、预粉碎、痕量成分硒、钴、碘的预混合等。微量元素原料选择预先干燥处理或添加防结块剂，均可提前除去化合物中部分结晶水，保证产品中有一定含水量，其中防结块剂的用量应低于 2%。在生产中，采用无机载体的微量元素进行预混其水分不能大于 5%，用有机载体时水分不大于 10%。微量元素粉碎后应达到其原料的细度，原料细度按其在日粮中的用量而定，一般以通过 80 目为宜，保证原料细度，就能保证各种元素在饲料中的均匀度，才能确保畜禽能够均匀地采食到全面的微量元素。痕量元素（碘、硒、钴）主要是在配合料中的添加量较少，一般为 0.1~1.0mg/kg，因此被命名为痕量元素，因此在添加时应严格把控添加量。痕量元素的预混合工艺主要分为固体粉碎、液体吸附、液体喷洒 3 种。物料经磨机粉碎后，痕量成分和稀释剂被制成高浓度的添加剂预混料后经稀释混合制成普通预混料，这属于固体粉碎；痕量元素添加物溶于水后经喷雾到吸附物上烘干、粉碎、混合制备成高浓度预混料，后再稀释、混合制成普通的添加剂预混料这一过程即为液体吸附。痕量元素添加物溶于水后直接喷洒在载体上混合制成高浓度的预混料，后经稀释、混合制成普通的添加剂预混合饲料，这一过程即为液体喷洒工艺。

3. 维生素的选择及处理

维生素易受环境、金属离子等因素的影响而降低其活性。所以选择原料时，应选用经过特殊处理的维生素，以保持其稳定性和活性。一般的处理包括乳化技术、包被技术、喷雾干燥制粒技术、吸附制粒技术等。乳化技术的原理是使物料形成微粒均匀地分散于基质中，包被技术能够形成被明胶包被的微粒制成微型胶囊。这样处理过的微粒，能够增强物料的稳定性。喷雾干燥技术更适用于液体维生素，其原理主要是通过压力或离心式喷头将液体维生素变为极小粒的水滴后遇到经气流吹动的载体被包裹，干燥后即制成固体颗粒。吸附性制粒技术主要是通过毛细管原理将液体维生素吸附到载体内形成颗粒。经过预处理被商品化的维生素主要有球状颗粒与晶体颗粒两种类型，在同体积下，球状颗粒的表面积最小，化学性质更稳定，更易混匀。因此，处理成球状颗粒饲料维生素产品是行业的首选。

4. 酶制剂和微生物制剂的选择及预处理

酶制剂的本质是蛋白质，易受温度的影响。微生态制剂虽安全性高，但其抗逆性较差。因此，在添加酶制剂及微生态制剂时也要进行一定的预处理，当前可选择的预处理包括包被、微囊化及制成液体后喷涂。

三、配料的工艺流程和设备

预混料产品的配方特点主要有原料品种多，粒度、密度、静电特性、颜色、吸潮特性、酸碱度、流散性等物理化学特性差异大，各物料间相互影响较大。同时，预混料对微量组分的添加要求更高，且因其属于微量添加，对添加量的把控需做到精准，因此预混料与配合饲料相比对配料的要求更高。一般的配料工艺主要分为手动人工配料和机械自动配料，手动人工配料一般根据配方特点分为"大料"（如载体、石粉、磷酸氢钙、盐等配方中添加量大的原料）和"小料"（如维生素、微量矿物质元素、各类营养性和非营养性添加剂等配方中添加量较小的原料）。手动人工配料虽灵活，能够降低设备投资，但人为误差概率较大，因此手动配料更适用于称量小、浓度高的微量组分配制。机械自动配料分为一次性配料、分组配料及预混稀释混合配料。一次性直接配料的所有组分均由一台配料秤进行配制，配料秤的最大称量值以一批次中所有料的总量来选取，该工艺简单、操作方便但配料误差相对较大。分组配料主要是依据参加的各组分比例不同，由不同称量范围的配料秤来分组称量，之后集中同批送入混合工序，简言之是量大的料用大秤称，量小的料用小秤称，确保配料精度。极微量组分为了保证其添加的准确性和分布的均匀性，应当先用高精度的量具取一定量后加入载体或稀释剂进行稀释混合，再作为一个整体组分参与配料，如有必要可进行多次稀释混合，再参加配料。

当前为了实现生产自动化、提高配料精度，避免人为的配料事故，当前的预混料企业针对配方中添加量较大的原料（"大料"）进行机械自动配料，而配方占比较小的料（"小料"）仍然采用人工配料。具体的配料设备如下。

1. 常用设备

配料工艺确定后，应选择合适的称量设备，如图4-44和图4-45所示。

（1）手工称量设备。手工称量设备一般有小台秤、天平、分析天平等。特用于极微量组分的人工称重，确保称量的精确性。

（2）自动配料秤。自动配料秤主要用于称量载体、稀释剂、大比例的组分和经稀释预混合的单项原料，依据其控制原理可分为机械杠杆型、机电结合型和电子传感器。该设备的优势在于保证配料质量的可靠性、均匀性，并消除人为误差，加快配料速度，提升劳动生产率。添加剂预混料特有的微量配料秤主要有2类：①容积式微量配料秤；②重量式微量配料秤。

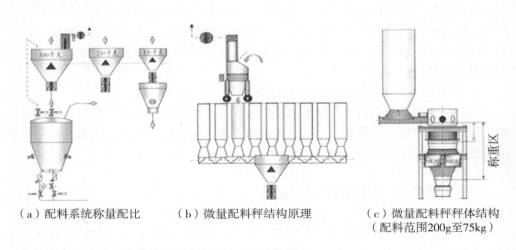

（a）配料系统称量配比　　（b）微量配料秤结构原理　　（c）微量配料秤秤体结构
（配料范围200g至75kg）

图4-44　配料及配料秤

（资料来源：曹康和郝波，2014）

2. 配料设备的定期校准

为控制好配料精度，生产企业需对配料设备进行定期校准，针对手工台秤的校准采用五点法校准，具体操作为：将标准砝码依次放到台秤的4个角和中间，其静态读数和标准砝码的理论重量差值不应大于设备标示的精度误差。针对自动配料秤的校准需使用至少超过满量程1/2以上的标准砝码，最好等于满量程的砝码。

为了满足农业农村部相关法规的要求，实际生产中设计与"小料"相关的配料系统，该系统主要由两个硬件和一个制度构成。

（1）定制特殊电子秤。该电子秤新增加了打印及联网功能，这样在称量的同时计算机能够将相应数据储存，在完成一个混合批次后能够完整地打印全部称量的数据记录，方便后期的追溯分析产品，提高称重环节的工艺质量。

（2）配料操作转盘。该称重转盘能够提高称重操作员的工作效率，同时定制若干不锈钢贮料罐，贮料罐上标明原料名称和配料序号。

（3）配料操作制度。为准确实现配方，避免称重误操作，每个配方配料前配料操作员首先备料，即将配方上的原料搬上配料转盘，并按配料顺序排列（通常配料顺序

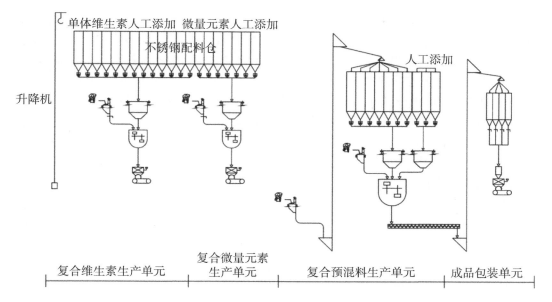

图4-45　多配料仓自动配料系统
（资料来源：曹康和郝波，2014）

按量由大至小排序）。不允许非配方中的原料留在转盘上，每称取一个原料，做好标记，避免重复称取。

　　预混合饲料配制过程中，若已知混合机每批的混合量、预混合饲料在配合饲料中的添加比例、每吨配合饲料中各微量活性成分的添加量等，具体的配制步骤：①确定配制系数；②确定每批预混合饲料中微量活性成分的含量；③确定每批预混料中液体原料的含量；④计算每批预混合饲料中载体和稀释剂的用量；⑤确定各种原料的混合程序。

四、混合的工艺流程和设备

　　混合是预混料加工过程中最重要的工序之一，也是保证预混料营养均衡的关键。当前预混料中的混合分为预混合及主混合两种形式。混合的目的在于确保微量组分混合均匀，同时加大微量组分与载体的结合程度，这样不易在运输中出现分离。一般要求混合机内的残留量越少越好，一般在1‰以内。预混料在混合的过程中也会有液体添加装置，有时会通过添加油脂来减少粉尘、增加载体的承载能力。

　　1. 混合工艺

　　一般的混合工艺分为单机混合和自动配料混合。单机混合只有一台小容量的混合机，配料、进料、开机、停机和出料均由人工操作。针对大型饲料企业来说，自动配料混合是主混合的主要工艺，具体分为两种，一种是由配料到混合到打包的流程；另一种是在混合和打包环节增加了垂直输送环节。第一种工艺主要用于高浓度微量组分的预混合，不用打包，该工艺的优点在于简单快速，不存在分级，但打包速度会影响生产效率。第二种工艺主要用于浓度不高的预混合饲料，该工艺的优点在于灵活、打包在专门的车间不影响生产，缺点是工艺复杂，对输送设备有较高的要求。如果使用第二种工艺应配备自清式刮板输送机、提升机或高浓度的气力压送等装置。液体添加的主要目的是利用水化添加的方式达到混合均匀的效果。液体添加主要有油脂、抗氧化剂、氯化胆碱等原料。其中油脂添加顺序很关键，其主要的技术点在于微量元素不能与油脂先接触，正确的添加顺序为油脂先与载体混合，提高载体的承载性能再与其他物料混合；或微量元素先与载体混合后再与其他物料混合，这样能够对微量元素起到良好的保护作用。

2. 混合机的类型

卧式或转鼓式混合机均可用于预混料的混合，主要是因为两者混合机能处理容重变异较大的物料，在混合时产生的摩擦力和热较少，并且在添加液态物料时可提供较大的暴露面。在选择混合机时需考虑以下特点：是否容易加料，并适于液态物料的添加；能否提高混合效率，消除静电荷；是否容易清洗等。以上特点中任何方面的缺失，均会带来较大的问题，当前常用的混合机性能对比见表4-6。

表4-6　常见的混合机的性能对比

机型	混合方式	混合速度	混合均匀度	残留量	适用范围
卧式螺带混合机	对流为主，剪切、扩散为辅	较快	一般	一般	配合饲料
单轴桨混合机	更强烈的对流剪切、扩散	很快	最好	很低	配合、浓缩、预混合饲料
双轴桨混合机	强烈的对流、剪切、扩散	很快	好	低	配合、浓缩、预混合饲料
"V"型回转混合机	扩散、剪切为主，对流为辅	很慢	较好		预混合及微量成分预稀释

3. 向混合机中添加物料的顺序

向混合机投放物料的顺序与最终产品的品质密切相关。在预混合过程中，最好先添加载体，然后加黏结剂，使黏结剂在载体上分布均匀，增加载体的承载能力；之后继续投放微量营养物质，以减少油球和尘埃的形成，根据加工预混合饲料的特殊性，此投料顺序可做适当调整。

4. 混合机批次和混合机的清洗

适当地安排混合批次，可降低不同批次之间交叉污染的概率。制作预混料时，因为有些批次的物料过量后会对动物产生毒性，因此要混合均匀，确保混合均匀度在要求范围之内，且各批次之间要有间歇，因此需要确定适当的混合顺序。不允许在预混料中添加或对某些动物有毒有害的动物饲料。所有含药物的混合均应有其混合次序表，尽管有适当的清洗，但是因为仍有高效药物残留，预混料的制造商应严格遵循该批次顺序。

五、成品的输送、包装和储存

1. 输送

预混料的生产工序中，尽量减少微量元素组分的机械运输，降低交叉污染的可能性，减少配料误差和混合后的物料分级。一般含量较小的微量组分多采用人工运输，载体、稀释剂及其他常量组分原料的接收一般用气力输送或斗式提升机投入厂区内的原料仓。机械输送的过程中应选用残留量小，不易分离的输送设备，如进行水平输送则选用刮板输送机较好，垂直输送则选用短距离重力输送。

2. 包装及标签

预混料散装容易产生分级现象，因此在生产后立即进行打包保证储存和运输过程中有效成分的稳定性。预混料由于其添加量较少，多采用小包装，供大型饲料厂使用的预混料一般按 25~40kg 包装。一般的包装材料主要有安瓿充氮包装、铝箔袋真空包装、黄釉瓶和棕色玻璃瓶蘸蜡包装、聚乙烯塑料包装、纸塑三合一包装、纤维板桶或箱包装。应根据预混料的生产类型去选择包装。预混料中的一些原料吸湿性较强，环境湿度过高会影响维生素和一些化合物的稳定性，因此，包装材料应避免潮气的侵入。另外，贮存期长短和贮存方式也需要考虑。

目前，整个饲料工业使用的标签标识在国家的要求下更趋于标准化。分析保证值中的营养素组成可能根据生产的预混料特殊要求（顾客专用或者商品预混料）、相关的法规要求，以及预混料中营养素的期望水平不同而有区别。

3. 储存

预混料在储存时其活性成分会损失，尤其是维生素。维生素对其所处的理化环境非常敏感。影响维生素稳定的主要因素有温度、湿度、还原剂、氧化剂以及光照等。预混料中某些维生素相互之间也存在影响。例如，吸湿性维生素在环境比较潮湿的情况下，会影响其他维生素的稳定性。预混料中因微量元素引起的氧化还原作用是影响维生素稳定性的主要原因。微量元素发生氧化还原作用的强度各不相同。如：与碳酸盐相比，硫酸盐因具有较高的可溶性，因此其氧化还原作用较强，氧化物的氧化还原作用最低。预混料中同时含有维生素和微量元素，这对很多饲料厂而言比较实用。其优点在于使用方便、存量可控、节省成本，以及有效混合。如果能选择合适的维生素、载体、包装，以及储存时间，那么将维生素和微量元素一起混合制成预混料就不会存在难以储存等问题。预混料的 pH 值是影响维生素稳定性的关键因素，维生素 A 和维生素 D、泛酸、叶酸对 pH 值酸性比较敏感；而维生素 E、维生素 K、维生素 B_1、维生素 B_2、维生素 B_6 和维生素 C 却对 pH 值碱性敏感；多数维生素在中性或 pH 值偏酸性（5.5~7.5）的范围内比较稳定，具有极端 pH 值的饲料原料（如磷酸二钙和石粉）会影响维生素的稳定性。为了防止储存期活性成分的损失对预混料质量的影响，可采取如下措施。①对稳定性较差的组分超量添加。②限制储存时间，一般 1 个月内用完，最好勿超过 3 个月。③控制储存条件。预混料应贮存于干燥阴凉的地方，并制定控制害虫和老鼠的方案。有人用常规分析方法研究贮存时间对预混料品质的影响，大量采购的费用应与因贮存而造成的预混合饲料质量下降带来的损失平衡考虑。④良好生产操作规范和科学的质控方案。常见的质量控制方案包括：以标准为参照，肉眼观察每批次产品的外观；混合过程中采样化验各批次预混料的活性成分含量；保留每批次产品的样品/批次记录一定的时间，具体时间长短根据活性成分的有效期确定；对每种原料均要保留其可追溯的原始记录。

第三节　配合饲料加工过程中的质量管理与控制

一、生产过程的质量管理

(一) 概述

1. 基本概念

又称现场质量管理、制造过程质量管理。是全面质量管理从原料投入产品形成整个生产现场所进行的质量管理，是直接把劳动对象变成产品的过程。

2. 基本原理

以生产现场为对象，以生产现场中影响产品质量的有关因素和质量行为的控制和管理为核心，通过建立有效的管理点，制定严格的现场监督、检验和评价制度以及反馈制度，形成强化的现场质量保证体系，使整个生产过程中的工序质量处在严格的控制状态，从而确保生产现场能够稳定地生产出合格品和优质品。

3. 主要内容

(1) 建立质量指标控制体系。从产品技术经济指标到岗位责任制，从统计方法、考核的内容到进程制度都必须体现质量第一的思想。

(2) 加强生产原料及生产工序在生产过程中的管理。每一道工序的职工，都要树立"下道工序是用户"的观念，而不是仅仅当作一道工序看待。

(3) 设置管理点。生产过程中，应当根据生产现场的实际需要设置管理点，依靠操作人员对生产工序关键部位或影响关键质量特征的主要因素进行重点控制，保证产品生产工序处于稳定的控制状态。在生产过程中不是所有的工序都能成为质量管理点，成为管理点的工序首先应该是该工序或部位的质量直接会影响产品主要性能和使用安全，对于此工序就必须要设置质量管理点。其次是对于一些质量不稳定的工序，需要加强其质量控制，因此需要建立质量管理点。在生产中某一工序或过程如果出现的不合格品较多时，此工序也需要设置质量管理点。而对于生产工艺本身有特殊要求的工序，也需要设置质量管理点。某一些工序和过程如果对以后工序加工或装配有重大影响，会直接影响到最终的产品质量和安全问题，则需要对此工序设置质量管理点，进行重点管理。用户普遍反映或经过试验后，反馈不良的工序需要进行管理点管理，以消除其对总体产品质量的影响。

(4) 做好生产现场的质量检测工作。对管理点设置生产工序自检员，制定自检和互检制度，使自检与专职检验密切结合起来，把好每一道工序的质量关。选择适宜的检验方式方法，根据具体情况加以运用。要做到预防为主，确保质量，也要便于生产，尽可能节约检验的工作量和检验费用。

（5）加强现场信息管理。随时掌握企业车间、班组的生产原料及工序在一定时间内的产品质量和工作质量的现状及其发展动态，并进行质量状况的综合统计与分析，找出影响质量的原因，并分清责任，提出改进措施，防患于未然。

要建立和健全原始记录制度，包括日常的生产记录、质量检验记录、质量数据图、各种分析化验报告、合格品转序、缴库、不合格品的处理意见、报废记录和凭证等。

（6）组织和促进文明生产。文明生产在企业中是一再强调的内容，但很多时候其实施会遇到诸多问题，组织和促进文明生产，是科学组织现代化生产，加强生产过程质量管理的重要条件。在组织和促进文明生产过程中应遵循合理组织生产过程的客观规律，提高生产的节奏性，实现均衡生产；应有严明的工艺纪律，养成自觉遵守的习惯；对于原料和制品应码放整齐，保障储运安全；生产过程中的各种设备应保持整洁完好；所有生产工具存放井然有序；生产工作场地应布置合理，空气清新，照明良好，四周颜色明快和谐，噪声适度。

（二）辅助生产过程中的质量管理

在饲料生产过程中除了直接参与最终产品形成的生产过程之外，还有诸多辅助环节的质量管理也不容忽视。往往是这些辅助生产过程的质量保障才能使生产过程顺利进行，确保最终产品的质量。辅助过程是指为保证制造过程正常进行而提供各种物资技术条件的过程。它包括物料采购供应的质量管理、工具供应的质量管理和设备维修的质量管理等。生产过程的许多质量问题，往往同这些部门的工作质量有关。

1. 辅助生产过程的质量管理的基本概念

（1）辅助过程。指为保证制造过程正常进行而提供各种物资技术条件的过程。辅助过程不直接参与生产，但对生产是否能够继续进行起到保障作用。包括物资采购供应、动力生产、设备维修、工具制造、仓库保管、运输服务等。

（2）基本任务。为生产过程提供优质服务和良好的物质技术条件，以保证和提高产品质量。

2. 辅助生产过程的质量管理的主要内容

（1）物资采购供应（外协准备）的质量管理。在饲料企业的成本中，仅原料成本大约占饲料总成本的80%。因此，外购原材料、零配件等所占的比例很大，部件的价格高低，原材料及外购件的质量状况以及能否按时交货等诸多问题会明显地影响企业的产品质量，也直接影响企业的经济效益。所以，企业应当重视物资采购供应的质量管理，保证采购质量，严格入库物资的检查验收，按期、按量、按质地提供生产所需要的各种物资，包括原材料、辅助材料、燃料等。为保证采购物资的质量，企业应做好以下工作：制定采购政策；确定货源，货比三家，择优选购；进行供应厂商的资格审查；与供应厂商协调规格要求；制订检验计划，选定抽样方案，进行入厂检验；建立与供应厂商的沟通联络制度；制订不合格品处理程序；对供应厂商进行质量评级等。

（2）工具及设备供应和维修使用的质量管理。①工具供应的质量管理：工具包括各种外购的标准工具和自制的非标准工具等。工具往往使用的时间较长，如何保证质量，是质量管理的一项重要内容。对这类工具，一般应采用"借用"的办法，由仓库统一管理。要建立工具卡片，记录使用部门、使用负责人以及使用消耗情况、借还日期。用完后要退库，验收合格后入库，如检查后发现有损坏或达不到质量要求的，要进行修理或报废。对长期在用的工具，要定期到使用地点进行检验，发现质量问题要及时处理。②设备维修的质量管理：设备质量的好坏直接影响产品的质量。保持设备的良好状态，首先要依靠生产员工正确使用和认真维护保养，及时消除隐患，使设备完好率保持在90%以上；其次要有专门的设备检修队伍来为生产服务。

企业的设备维修部门在维修设备工具时，要保证修复的设备达到规定的质量标准。设备的"三级保养"工作应由企业的设备管理部门负责组织和领导。维修人员和日常生产活动有着密切的联系，对保证设备质量，从而保证产品质量，起着重要作用。从质量管理要求来说，他们应做到以下几点。经常巡回检查设备，及时发现和解决隐患问题，预防设备故障的产生；与生产员工相结合，正确使用和维护设备，以生产员工为主进行一级保养，以维护工人为主进行二级保养；对发生故障的设备进行管理。修理要做到及时、迅速，修复设备的质量要符合标准，对关键设备要进行抢修。

（3）后勤服务的质量管理。要想使企业的各项生产工作高质量运行，后勤服务的质量管理则不容忽视。在后勤人员的工作过程中，管理质量的优劣对企业其他部门的生产具有很大的影响作用。良好的后勤管理质量不仅能够减少企业的额外支出，还能促进企业效益的增加，而且对于保障企业的生产，促进经营水平的提升具有不可忽视的推动作用。全面质量管理中提出全面质量管理的最终目的是满足客户的需求。在企业生产过程中不同的生产线针对的客户有所不同，后勤部门所面对的客户就是全企业的所有生产线的工作人员，满足他们的要求就是该企业后勤服务部门的最终目的。对于企业而言，在后勤的服务规范方面，通常需要做出相应的规章制度，以便于更好地进行管理与执行。在后勤的服务工作中，管理者或者负责人需要采取一些方法，或者凭借一些相关的理念，来开展相应的管理活动。在这个过程中，管理效果的优劣，与管理方法、管理人员、管理设施等，均有着密切的联系。因此，作为后勤的负责人，需要正视这项工作，致力于优化管理的策略，积极地提升管理的质量，以便于推动企业又好又快地发展。

二、配合饲料生产过程的质量管理

饲料生产加工是用饲料机械设备组合成的加工工艺将各种饲料原料按照配方比例进行生产饲料产品的过程，是实现饲料产品卫生质量、营养质量、物理质量和情感质量的重要途径，是实现配方价值、体现配方特点及确保饲料产品质量的重要保证。

（一）投料过程的质量管理与控制

投料过程的质量控制主要是原料品质感官鉴别、品种等级的确定、原料杂质含量控制、各品种原料正确进入指定料仓以及物料在料仓中储存的控制。企业应根据实际工艺流程分别制定小料和大料投料岗位的操作规程。

1. 原料的接收核实与验质

首先将原料与饲料配方进行核对，确定是不是这个料，确定原料的名称、产地、营养成分等。其次对原料进行验质，作为投料人员需要对原料的外观、结块与否、是否变质、是否有异味等方面进行检验。确定原料品质与清洁，确保无污染之后进行接收。原料虽然在入库过程中进行了严格的检验，但由于储存环境、储存时间等因素的影响，饲料原料的品质可能发生不同程度的变化。另外由于储存时管理方面的原因，有些原料还会受到虫害的侵入，产生污染，这些变化会影响产品的质量。投料前如发现原料品质变化，应及时通知生产主管与质检人员对其品质做出鉴定，杜绝不合格原料投入生产线。另外原料验质需要投料人员对产品包装标签进行审核，防止原料审等审级；如发现该产品标签不清或无标签时，应对原料进行认真鉴别，无法确定时，应通知生产主管或质检人员进行处理。

2. 下料斗与栅筛的质量管理

栅筛的主要作用是清除原料中的大型杂质、保护生产设备与投料人员的安全，是饲料生产原料清理的第一道防线。大部分饲料厂的投料是通过地下刮板输送机进入生产线的，所以投料前应检查下料斗上的栅筛是否安全就位或是否损坏，如栅筛不到位或损坏，原料中大块杂质就无法清除，任意投入下料斗进入刮板输送机，大块杂质就会影响饲料质地或损坏刮板输送机及其他设备。所以，无论投入何种原料（粒状的主原料与粉状的副原料）都应通过栅筛的下料斗投入。在工作过程中，应及时清理栅筛清理杂质，以保证栅筛的正常工作。下料斗是一种缓冲仓，以保证输送设备稳定连续工作。为使下料斗正常工作和不产生堵塞，下料斗的锥体倾角应满足：粉状物料 α 不小于 60°，粒度物料 α 大于 50°。

3. 初清筛

初清筛的作用是清除主原料中的杂质，主原料在收割、干燥、储存、运输等环节会混入石块、泥块、玉米棒子、绳头等大而长的杂质，需要在原料加工前用初清筛除去，以保证加工设备的安全和饲料质量。对于初清筛的质量控制要点在于对初清筛必须定期清理缠绕物，一般每班 1 次。如不能及时清理，就会发生堵料现象。初清筛筛筒如有破损，其清理作用就会丧失，一些杂质就会直接进入粉碎机堵塞粉碎机筛孔，造成粉碎机生产能力下降，从而影响生产的正常进行。因此在日常管理过程中一定要对初清筛进行定期清理缠绕物、严防破损、正确维护等管理措施。

4. 磁选

磁选装置可以被誉为饲料加工设备的保护神，其主要原因是原料在通过磁选装置时可将饲料加工过程中混入的铁钉、螺丝、垫圈等金属杂质通过磁选隔离筛选出来，避免随料一起进入饲料加工设备，对设备造成损伤，影响质量的同时对家畜带来伤害。磁选装置的好坏与其安装位置以及设备维护的完好程度有直接关系。磁选的安装位置应该在初清筛之后、粉碎机进口处、制粒机进口处等重要机械设备的前端。因为磁选效果的好与坏会直接影响粉碎机、制粒机等大型贵重设备的使用寿命，磁选装置的日常管理应注意定期清理维护，清理上面吸附的铁屑碎片等杂物，一般每班至少清除 1~2 次。且为了使物料中金属杂质能尽可能地在进入机器前被清理干净，磁选装置在安装时要注意物料的流动速度和方向。物料如果流动过快就容易将里面的金属物质弹开，不能吸附在磁选上。横向流动的物料内部金属杂质也不易被吸附清理。除了磁选也可以通过安装永磁筒对物料中的金属杂质进行清除。

5. 振动筛与粉料检验筛

振动筛在饲料生产上主要用于分级，可以将粉状原料中不需粉碎的细小原料分离后直接进入下一工序，筛上物进入粉碎机粉碎（有时根据工艺要求不同还将其他类似功能如成品料的颗粒分级）。其筛上物和筛下物是有严格区分界限的，所以，振动筛功能的好坏，将直接影响本道工序的加工质量。振动筛一般根据对物料的不同要求安装不同规格的筛网，检查核定筛网规格是必须的。另外，每班必须检查筛网的完好程度，如发生破损应马上更换，不然，不应作为筛下物的物料进入筛下，造成物料筛分不清而影响产品质量。粉状原料通常是粮食加工厂的副产品，在粮食加工时就进行了清理，但在包装运输时可能混入杂质，另外由于粉状原料粒度小，易结团，为保证饲料产品质量，通常用粉料检验筛进行清理，同时对结团的粉料进行疏松。

6. 料仓

料仓的作用是对原料起到调节、平衡、缓冲作用，保证饲料生产正常进行。根据料仓的用途可以分为原料仓、待粉碎仓、配料仓、待制粒仓、成品仓。根据类型可分为房式仓和立筒仓。

料仓主要储存主副原料与微量组分，在质量管理过程中要保持料仓内的清洁干燥，监控仓内温度并合理使用原料标签。需要说明的是，使用原料标签可对品质追溯、有利于施行先进先出原则、防止原料窜等窜级及错发的同时也方便核对库存数。

在生产中对料仓数量的要求应根据实际生产情况而定。一般原则是能够保障生产线机器不出现待机、等料的现象，能够均匀、顺畅地进行生产作业即可。一般生产线中粉碎仓比粉碎机数量多 1~2 个，配料仓数根据生产量确定。

需额外注意的是，原料仓内容物停留时间：以 6~8h 为宜，可尽量缩短时间，决不允许留物过夜，避免结拱，当班用完，用不完就卸料。

料仓的主要问题是饲料原料在仓内结拱，这也是饲料厂普遍存在的问题，也是质量控制的难点。物料原料水分含量大、物理性状差异、停留时间过长、倾角过小、管理不到位是造成原料结拱的主要原因。因此，定期清理料仓、保持清洁干燥、控制原料水分、杜绝料仓混料、选择适宜大小料仓、锥体倾角应大于 75° 是质量控制的要点。料仓不只是储放物料的容器，更重要的是要具备相关的工艺功能。因此，料仓设计时应满足以下 3 方面的要求：能储存规定数量的仓料；有足够的强度来承受料仓内物料所产生的压力以及外界自然环境可能施加在料仓上的力；在从料仓卸料时，物料能够顺畅而均衡地从料仓出口流出，且出料速度均匀可控。

（二）粉碎工序的质量控制

粉碎是利用物理方法将饲料原料粒度减小的一种方法，其主要目的是将饲料原料按照产品的设计要求粉碎成一定粒度，以增大饲料的比表面积，提高动物对饲料的消化利用率；改善配料、混合、制粒等后续工序的质量。粉碎作业涉及饲料加工成本（电耗、易损部件）、重量损耗（水分和粉尘）、混合、颗粒饲料质量、畜禽生产性能和健康状况、操作环境的改善（粉尘、噪声）。不同饲料原料、不同动物种类、不同生长阶段等对饲料粒度都有不同的要求。因此，在饲料的加工过程中，一定要根据配方工艺要求进行粉碎，并制定粉碎岗位的操作规程，规定筛片锤片检查与更换、粉碎粒度、粉碎料入仓检查、喂料器和磁选设备清理、粉碎作业记录等内容。

粉碎过程的质量管理要点主要有以下几点。

1. 对物料进行粉碎时应根据配方要求进行粉碎

饲料粉碎粒度的大小是根据畜禽消化道生理特点、粉碎的成本、粉碎机的产量、后续加工工序和产品质量等要求来确定的。确定适宜各种动物的物料最佳粉碎粒度，并用相应的粉碎技术达到其要求，是饲料生产中需要解决的问题，以及需要在粉碎管理中进行强化控制的。

2. 定期检查更换筛片、锤片

锤片是粉碎机最重要也是最容易磨损的部位。其形状、尺寸、排列方法、制造质量、操作使用等对粉碎效率和产品质量有很大的影响。操作过程应定期检查粉碎机锤片是否磨损，注意粉碎粒度的变化，当粉碎粒度变化较大或生产量明显减少时，说明锤片工作角磨损较大，应该进行调头使用或更换新的锤片，使粉碎机能高效工作。

筛片是控制原料粉碎产品粒度的主要部件，也是锤片式粉碎机主要易损件之一。它的种类、形状、包角大小以及开孔率对粉碎和筛分效能都有重要影响。粉碎机工作前应根据产品要求正确选用相应筛孔的筛片，筛孔太大，产品质量得不到保证，还会影响后续工序工作，筛孔太小，影响生产量和浪费电耗。同时应注意检查筛片有无漏洞、漏缝、错位等，一般每班一次。

3. 实时监控粉碎粒度

粉碎机对产品质量的影响非常明显，它直接影响饲料的最终质地（粉料）和外观的形成（颗粒料）。操作人员应经常注意观察粉碎机的粉碎能力和粉碎机排出的物料粒度。一般粉碎机超出常规的粉碎能力（速度过快或粉碎机电流过小），可能是因为粉碎机筛片被打漏而形成无过筛下料，物料粒度将会过大。检查粉碎机排出物料，如发现有整粒谷物（玉米等）或粒度过粗的情况，应及时停机检查粉碎机筛片有无漏洞或筛片错位与其侧挡板间形成漏缝，发现问题及时进行修理。整粒谷物或粒度过粗不仅会造成产品质量问题（不合理的粉料），还会降低制粒机的制粒性能和颗粒饲料的质量。

4. 注意喂料器及喂料仓的正常运行

检查粉碎机有无积热现象，如粉碎机堵料。粉碎机下口输送设备故障或锤片磨损粉碎能力降低时，会使被粉碎的物料发热。无论是什么原因，粉碎物料积热应及时解决，不然会毁坏粉碎机或对物料造成不良影响，从而影响饲料质量（有时还会发生火灾）。对于粉碎机来说，喂料量的控制是保证粉碎机高效工作和产品质量的关键环节，同时还需注意导料板的方向，使料流方向与锤片旋转方向相同，物料切向进入以提高粉碎效果。操作时应选择合理筛片孔径、通过适宜的吸风量及合理的喂料量来保证粉碎产量和质量。粉碎时应区分畜禽饲料与水产饲料，畜禽饲料粉碎粒度相对较大，喂料时稳定性差，电流应是额定电流85%至接近额定电流；而水产饲料粉碎粒度较细，喂料时稳定性较好，其运行时电流应接近额定电流，甚至可稍微超过一些，当然为防止损坏电机，在操作时应随时观察电机运行状况。

5. 合理制定粉碎岗位规程

在生产过程中每一个岗位都应有相应的岗位规程，粉碎过程作为配合饲料生产过程的重要管理点，企业应根据实际情况制定合理可行的岗位规程，员工应按照岗位规程保质保量地完成粉碎工序。具体过程可参考如下规程。

粉碎机在开机前应彻底检查粉碎机的密封性能及各紧固件和本班所需筛片筛孔情况。每次打开粉碎机操作门，要检查筛片破损和锤片磨损情况，导料板是否到位，转子是否灵活，如发现问题应及时处理。监视粉碎机及除尘器的工作情况，对立式粉碎机要检查气路情况，确保粉碎机正常工作。粉碎机每工作 8h，必须在粉碎机停机后改变导向板方向并与中控室协调改变粉碎机运转方向。每班清理喂料器杂质盒至少两次、每周清理除尘器布袋一次。每班作业完应及时清扫粉碎室设备和地面，确保设备表面和地面无灰尘、无污渍，卫生工具、筛片等工具定置存放整齐。严格按照规定的设备操作规程进行设备操作。认真如实填写本班记录，做好交接班工作。

应注意的是，粉碎机启动后，检查电流表指针，电流表指针由最大值回到最小值后，空转 1~2min，若无异常则可开始进料。若是自动喂料器则启动自动按钮即可；若为调速喂料器或手动插门，则根据主电机电流逐渐提高转速或加大门的开度，尽量使电流表读数接近额定电流值。粉碎粕类原料时，由于其性质易粉碎，粉碎量较大，因此要考虑出料器和斗提机是否能承受满负荷时的粉碎机出料量。若为新机器使用，应注意负荷程度在 70% 以下，50~80h 后，再将负荷程度提高。但无论是哪种喂料器都应均匀喂料，不得忽大忽小。粉碎机在运转过程中，应随时检查粉碎物料的粒度，若有异常则停机检查筛片是否破裂，严禁在粉碎过程中打开操作门。在正常生产过程中，不得打开联轴器防护罩，以防意外事故发生。工作过程中如果发现异常响声及剧烈振动时，应停止喂料，切断电源，待转子有效停止后进行检查，排除故障。若换料粉碎则必须将机内物料排尽并换好配料仓后方能再进料粉碎；若换料时间过长或只有一个待粉碎仓时可以考虑停机后再启动。

6. 粉碎机的定期维护及使用注意事项

值得注意的是，粉碎系统操作人员必须是经专门培训合格者持证上岗。粉碎机只有在机器有效停机后，才能打开粉碎操作门、清理喂料器的磁选器。粉碎机的粉碎室及其地下室内应采用防尘照明、其开关应在室外。粉碎机上所携带的防护装置如行程开关、安全销、气缸等不得拆除或更换成其他代用品。防护装置如果出现故障或损坏，应迅速修复或更换新的。粉碎机运行时联轴器上必须有防护罩。粉碎系统各设备应有良好的接地装置。所有电缆、电线均要通过保护套管。停机后，对粉碎机进行检查，发现问题及时解决。停机后，必须清理粉碎机入口处磁板上或喂料器上的磁性杂质，做好设备的清理和设备周边环境卫生工作，收拾好工具和材料，并定点存放。认真填写粉碎工作记录并做好交接班工作。如遇突然断电和后续设备堵机情况则应先关闭粉碎机手动插门，然后喂料器粉碎机按钮复位，排出机内物料，来电后按程序空载启动。如遇异物入机、振动较大、声音异常等情况则应立即关闭喂料器、关闭粉碎机、检查原因后重新按程序空载启动粉碎机。

（三）输送过程的质量管理与控制

输送设备在生产车间虽然不能形成独立的工序，但它是各个设备连接的重要组成部分。根据输送设备的特点以及加工设备要求来正确选用输送设备是保证产品质量的关键。要求输送设备能使物料先进先出、不产生残留以及对产品质量不发生损害。开机前操作人员应检查三通的方向是否正确、到位。如转向错误或转向不到位，物料就会不按规定的流程进入下一工序，造成混料或工作紊乱，生产出的产品就不可能是合格的产品。分配器的功能与三通类似，在开机或工作过程中也应保持在正确位置上。有的分配器在原料仓顶部来控制投入的原料进入不同的料仓。如分配器转向错误或不到位，投入的原料就会进入非指定料仓，从而导致投料错误而混料，这样，在配料过程中不能按指定的原料使用而改变配方的执行。分配器换仓时严禁带料旋转换仓。一般溜管设计安装时都保持了一定的倾角，不会发生堵料现象，如有物料水分过大或粒度过细的物料在其中流动时，有时也有堵料现象，这就要求设备维护人员及时清理，保障物料畅通。如使用时间过长，发生锈蚀或磨损而漏料，应及时更换或补漏，保障溜管的正常工作，不然发生漏料不仅造成损失，而且还会影响饲料质量。对于垂直输送距离较长的溜管，通常会采用缓冲装置来限制料流的速度，减少由于料流速度过大对产品的损害。缓冲装置会积聚部分物料，长期堆积的物料会产生霉变，影响产品质量，需要经常对缓冲装置进行清理。水平输送设备，饲料生产中水平输送设备有螺旋输送机和刮板输送机，输送距离较长（大于15m）时采用刮板输送机，输送距离较短时常用螺旋输送机。对于有特殊要求的机组部位，如混合机下的水平输送，为减少混合均匀的物料分级、减少残留，常采用自清式刮板输送机。在输送水分较大物料或添加液体组分物料时，要注意螺旋叶片或刮板上会有一些物料黏结在上面，需要人工清理。另外，输送成型饲料时，最好不采用螺旋输送机，以免损害成型饲料的物理质量。提升设备，斗式提升机主要用于物料的垂直输送，选用时要根据物料性质来确定，对于单一物料，可采用离心卸料的斗式提升机，对于成品粉状饲料或成型饲料，为减少饲料分级或对颗粒物理质量损害，应选用重力卸料或混合卸料的斗式提升机。工作时应经常检查有无漏料或回料现象，此外，由于斗式提升机结构的限制，在其底部会有一些物料的残留，应经常检查与清理，以免长期堆积产生霉变。

（四）称量过程的质量管理与控制

配料是饲料生产的核心，能使科学配方变成优质饲料成为现实。为实现配方价值，准确称量是配料的关键。配料过程中，选择相应量程的秤、物料称量顺序、配料操作人员的责任心是称量准确必须具备的条件。在原料变化或其他情况需要对配方进行变动时，要请技术人员来进行调整，不得任意变动，保证配方的科学性与严谨性。小型饲料厂采用人工称量配料一般选用磅秤，大型饲料厂一般采用自动称量系统和电子秤。配料秤的选择至关重要。秤的类型、额定量程、精确度是配料秤选择中必须考虑的。饲料生产中常用的配料秤有机械秤、机电秤、电子秤，在条件许可下，通常首选电子秤。在实际生产中，每一种原料匹配一台相应量程的配料秤是不现实的，一般采用大、中、小配料秤来满足配料准确要求。秤的精确度选择与物料添加量相关。大多数物料配料秤达到

0.1%即可，对于极微量组分的配料秤，其精确度要达到0.01%。

配料过程严格按配方要求，并根据不同原料的次序顺序称量，保证称量准确，误差在规定范围之内。饲料配料秤大部分是累计称量的，称料量越接近配料秤量程，配料所产生的误差就越小。配料的顺序可以是配比大的物料先称，配比小的物料后称。对于配比量小于5%的物料，为保证称量的准确性，不进入配料仓，通常采用人工称量后直接到混合机。

空中料柱又称为空中粮或空中量，是指给料器出口到物料重量被秤斗采集到之前的这段空中物料。其重量与给料器到秤斗之间的距离有关，也与料比重有关。空中料柱越大越不均匀，生产中一般用近似扣除法或自动配料器中计算机自动检测扣除。

对于称量过程的质量管理与控制应根据企业实际情况制定合理的管理规范。小型饲料厂一般采用人工称量配料，配料设备主要是磅秤，其质量管理要点一是要求磅秤（或其他称量工具）是合格有效的，要求每周由技术管理人员对磅秤进行一次校准和保养，每年至少一次由标准计量部门进行检验。二是每次称量必须把磅秤周围打扫干净，称量后将散落在磅秤或称量器具上的物料全部倒入混合机中，以保证进入混合机的原料数量准确。三是一般不用容器来指示数量，这样计量的准确度往往很差，切忌用估计值来作为数量投料。不能说一把、一碗、估计这样的词语。对于大型饲料厂一般采用由计算机控制的自动称量系统，称量系统中最常用的是电子秤，对其进行质量控制时应注意秤斗应自由悬挂于传感器下，所以必须定期检查悬挂的自由程度，以防机械性卡住而影响称量精度。必须保持电子秤体的清洁和杜绝在秤体上放置任何物品或人为撞动电子秤体。对电子秤定期进行校对与检验。在用计算机控制配料过程时，需要根据喂料器的大小、物料容重的不同，来调整下料速度；调整物料的落差，以保证在配料周期所规定的称重时间内完成配料称量，并且要达到所要求的计量精度。要及时发现并排除因原料在配料仓内结块而出现喂料速度过慢甚至输送器空转的现象。

为了保证各种微量成分，特别是药物性添加剂，准确均匀地添加到完全饲料中，保证其安全有效地使用，要求使用精确度高的秤或天平，所用秤的精确度至少应达到0.1%。其质量管理要点为：应在接近秤的最大称量的情况下称量微量成分，可根据称量不同品种原料的实际用量来配备不同的秤。秤的灵敏度和准确度至少每月进行一次校正。在配料过程中，原料的使用和库存要每批每日有记录，有专人负责并定期对生产和库存情况进行核查。手工配料时，应使用不锈钢料铲，并做到专料专用，以免发生混料造成相互污染。

（五）混合工序的质量管理与控制

在饲料企业中生产线的生产率取决于主混合机的生产率。现今，配方越来越复杂，所添加的添加剂种类多，添加量少，因此混合均匀度、物料的交叉污染与分级为重点管理对象。

混合（搅拌）时间是指批次式混合机从被混物料全部加入混合机后计时到混合结束所需的时间。最佳混合时间是指混合机达到最小或规定混合均匀度的变异系数时所需要的最短混合时间。混合均匀度变异系数是以混合均匀度相对数形式表示的变异指标。混合均匀度是指混合机搅拌饲料使饲料产品中各组分能达到分布均匀的程度，是判断混合工序质量优劣的关键指标，一般用变异系数表示。变异系数越小，混合均匀度越好，越均匀。一般要求配合饲料和浓缩饲料变异系数不大于10%，复合预混料要求变异系数不大于7%。混合均匀度取决于混合机类型、混合时间、原料种类及形状、原料的添加顺序等。影响饲料混合均匀度的因素来自很多方面，但在实际生产中，在混合机型号已固定的情况下，即混合原理及设备精密程度已固定，饲料混合均匀度受混合时间的影响较大。混合时间过短，饲料未能完全混合，混合过长不仅会增加效能，同时也会有过度混合下造成物料分离现象，我们需要一种有效可行的方法来确定最佳混合时间，并得到良好的混合效果。

不同的混合机、不同的原料其最佳混合时间都不一样，在生产中最佳混合时间应在生产线上进行测定，由混合曲线确定。最佳混合时间与搅拌机类型、原料物理性质等有关。一般卧式搅拌机3~6min，立式混合机8~15min、桨叶式混合机2~3min。测定最佳混合时间的方法为指示剂法，具体方法如下。

在混合机中加入饲料和指示剂（甲基紫等），启动运行（立式混匀机5min，卧式混匀机1min），停机取样，测定混合均匀程度，再开机30s后测一次，直到混匀为止，其最短时间为最佳混合时间。

在生产过程中混合工序的质量优劣直接会影响最终的产品质量乃至整个企业在消费者心中的地位，因此，企业应做好混合工序的质量管理，提高混合机的混合质量，可以从以下几点入手。

1. 混合机的充满系数

混合机的充满系数也就是混合机的装载量，不论哪种类型的混合机，适宜的装料状况是混合机能正常工作，并且得到预期的混合效果的前提条件。

在分批混合机中，卧式螺带混合机的充满系数在0.6~0.8较为适宜，料位×高不能超过转子顶部平面，饲料的最大装入量应不高于螺带高度，最小装入量不低于搅拌机主轴以上10cm的高度。分批立式混合机的充满系数，一般控制在0.8~0.85，还要看物料的比重、堆积密度等，因立式混合机残留料较多，容易混料，更换配方时一定要将搅拌机中残留的饲料清理干净。单轴或双轴桨叶式混合机充满系数为0.8~1。物料容重>0.6时，按每批混合量计算；物料容重≤0.6时，可按容重范围，在额定混合量40%~140%的范围内都能取得理想的混合效果。

2. 操作顺序

混合机的运行以及混合工序的质量往往跟混合时原料的添加顺序有直接的关系，在生产中为保证混合能够均匀，且最佳混合时间最短，在加料的顺序上，一般是配比量大的组分先加或大部分加入机内后，将少量及微量组分置于物料上面。在各种物料中，粒度大的一般先加入混合机，而粒度小的则后加。物料的密度亦会有差异，当有较大差异时，一般是先加密度小的物料，后加密度大的物料。饲料中含量较少的各种维生素、药剂等添加剂或浓缩剂均需要在进入混合机之前用载体事先稀释，制作成预混合物，然后才能和其他物料一起进入混合机。简单归纳一下在添加原料时应注意以下几点。

（1）先加入量大的原料，后加入量小的原料。如果先加了量小的，这些成分容易落在死角中，不能充分混合，不仅损失了营养成分，还改变了配方。

（2）其次加入微量成分如添加剂、氨基酸、药物等。微量添加剂质量轻，易飞溅，则先加80%的量大的原料，再加微量添加剂，最后加入剩下的20%的大量原料，之后混合。

（3）再用喷雾嘴喷入液体原料，如油、水、液体氨基酸等。液体成分可以通过混合机液体管道喷洒，以雾状喷入混合机中。压力小了没喷成雾状，而是以水滴样滴入，则会形成球状物；液体喷洒顺序不对，也会导致混合不均匀，原则上液体不能直接与微量组分接触。

（4）最后加入潮湿原料。潮湿原料最后添加，避免结块，且要加长搅拌时间。

3. 混合时间

对于连续式混合机不存在这个问题，但对于分批式混合机，确定好混合时间对于混合物料的质量是非常重要的：混合时间过短，物料在混合机中没有得到充分混合便被卸出，产品的混合质量肯定会受到影响；混合时间过长，物料在混合机中被长时间混合，不但造成能耗增加、产量下降，并且会因为过度混合，造成组分的分离积聚，使混合均匀度反而降低。

混合时间的确定取决于混合机的混合速度，这主要由混合机的机型决定。如卧式螺带混合机，它的混合作用以对流为主，它将物料成团地从料堆的一处移到另一处，可以很快地达到粗略的团块状的混合。因此，用这种混合机混合的时间就较短。通常每批2~5min，其时间长短则取决于原料的性质，如水分含量、粒度大小、脂肪含量等。对于以剪切和对流混合为主的双轴有效混合机，一般40~60s便可以达到混合均匀度要求，混合周期更短。

4. 避免交叉污染

混合过程是使各种成分分布均匀的过程，也是药物污染的主要环节。主要原因是，对混合时间设定不合理，未达到预期的混合效果，产生混合不均匀或过度混合现象；卧式混合机中设计及施工不当，搅拌螺旋带（或桨叶）与混合机内壁及底部的间隙太大，导致排料不完全，残留有饲料。立式混合机则经常残留在排料口下螺旋管或仓壁中无法排出。混合机料口无法紧闭或垫条损坏造成漏料。另外饲料黏度大（加入糖蜜及油脂）黏附在混合机内壁，或静电附着在混合机内壁、顶端及附着在空气回流管中。可以通过以下几点避免交叉污染。

（1）清洗。不是用水洗，而是用麸皮之类的物质走一遍生产线。

（2）按次序配料。无药在先，有药在后；高浓度在先，低浓度在后。

（3）减少静电产生。有效接地或加入抗静电剂（比如油脂等）。

（4）清除黏附。

5. 注意饲料分级现象的发生

饲料分级是指饲料中一种或几种饲料原料或原料的碎片与混合饲料中的其他原料发生分离的现象。固体颗粒的混合物有动态特征，即使物料在仓内或袋内明显地处于静止状态时，物料的颗粒仍是不断地相对运动着。任何流动性的粉末都有分离的趋势。分离的起因有两个。一是物料落到一个堆上时，较大的粒子由于有较大的惯性就会滚到堆下，而惯性较小的小粒子有可能嵌进堆上的裂缝。只是当物料被振动时，较小的粒子有移至底部，较大的粒子有移至顶部的趋向。二是当混合物被吹动或流化时，随着粒度和密度的不同相应发生分离。生产中饲料的分级与机械的种类、原料粒度大小、形状、密度等有关，在生产线中每一个过程，各个工序都有可能出现分级。为避免分级，可采用以下几个方法。

（1）尽可能减少原料之间物理性状的差异。

（2）在饲料配方当中添加液体，如糖蜜、油脂或水，将不同大小的颗粒黏结在一起，而且应该在干饲料完全混合之后再加液体。

（3）快速混合均匀，掌握混合时间，不要过度混合，一般认为应在接近混合均匀度之前将物料卸出，由运输或中转过程完成混合。

（4）减少物料下落距离，滚动或滑动越小越好。

（5）物料混合均匀之后最好立即压制成颗粒，减少搬运或存放时间。

6. 混合机的使用与维护

混合机使用时间长了之后，门体密封条会出现老化、磨损的问题。操作人员应定期检查混合机门体有无漏料的问题发生。出现门体漏料的问题应及时检修，更换相关易损配件。检查混合机螺旋或桨叶是否开焊、磨损。应该经常检查卧式混合机工作料面是否平整，料面差距大，桨叶磨损；卧式混合机下口排料时，是否能完全排入缓冲仓。检查混合机下口是否漏料进缓冲仓。定期清除混合机轴和桨叶上的绳头等杂物。检查油或其他液体添加系统是否打开，流量是否正常。油脂添加前，仔细检查喷油系统及油路，调整好给量。

（六）制粒过程的质量控制

1. 概述

制粒是指利用机械将配合饲料挤压而成颗粒状饲料的过程。制粒的目的在于将细碎的、有时是易扬尘的、不适口的和难以装运的饲料，利用热、水分和压力制成较大的颗粒。饲料在制粒之后不仅可以避免饲料成品在运输过程中因路途颠簸出现分级现象，还可以减少运输过程中的粉尘，降低微量元素的损失。制成颗粒状的饲料在饲养过程中可以有效避免动物挑食造成营养不均衡，且因制粒时的蒸汽作用使淀粉糊化，还可以提高饲料的消化率。制粒时为了使不同的饲料营养成分相互粘连，所以会加入糖蜜、油脂等黏稠剂，从而还能改善饲料的适口性。饲料原料在自然界中不可避免地会被各种细菌和微生物所污染，但制粒过程的高温调制会破坏动物饲料中的沙门氏菌等有害微生物和不耐热的抗营养因子，从而提高饲料的食用安全性。

2. 制粒前对设备的要求

制粒机上口的磁铁要每班清理一次。检查环模和压辊的磨损情况。定时给压辊加润滑脂，保证压辊的正常工作。检查冷却器是否有物料积压，冷却盘或筛面是否损坏，破碎机辊筒要定期检查。每班检查分级筛筛面是否有破洞、堵塞和黏结现象，检查制粒机切刀，检查蒸汽的汽水分离器，以保证进入调质器的蒸汽质量。换料时，检查制粒机上方的缓冲仓和成品仓是否完全排空，以防发生混料。

3. 调质技术

调质是饲料颗粒质量的核心控制点。调质是水分、湿度、压力等因素的综合应用，使原料中淀粉糊化，蛋白质变性，激发原料中的天然黏合剂，使颗粒饲料的营养质量与物理质量提高，改善其消化率与适口性。调质的目的在于有利于饲料制粒成型、提高饲料的消化吸收率、增加水产颗粒饲料在水中的稳定性、提高制粒机的产量、降低电耗、减少压模和压辊的磨损、损坏和杀灭有害因子且在调质过程中可添加 2~3 种液态组分，利于饲料营养更全面。调质的过程发生在粉状饲料原料进入混合机直至到达制粒机压制室前所做的任何改变或添加操作。颗粒饲料质量形成的第一位点是制粒机的调质器，而不是制粒机压模。

调质是制粒或膨化不可缺少的工序，没有良好的调质系统，就没有优良制粒或膨化效果，调质技术的质量控制要点如下（不同类型的饲料调质要求也不同）。

（1）依据物料性能合理制定调制条件。由于饲料的组分种类很多，其物料性质不相同，影响调质效果亦不同。根据其主体的组分，物料性质分为蛋白型、淀粉型、纤维型、脂肪型、热敏型等，在调质时作业参数应各不相同。

对于蛋白质含量较高的饲料因蛋白质具有亲水性，调质时水分不宜增加过多，否则易堵塞压膜孔，为此，采用过热蒸汽为好，因为蛋白型饲料调质是热量比增湿更重要。

对于淀粉含量较多的饲料因淀粉需要高温、高湿的调质条件，所以，采用低压过热蒸汽或在混合机内加一些水分为宜。

对于纤维含量较高的饲料因纤维持水性和黏结性差，为此水分含量不宜过高，一般为 13%~14%，料温控制在 55~60℃。如果料温过高，压制的颗粒易产生裂缝，采用较低的过热蒸汽或在混合机内加少量水分，以降低压制时的料温。

对于脂肪含量较高的饲料则水分不宜过高，为此，采用较高的过热蒸汽有利于脂肪型制粒。

对于配方中含有热不稳定原料的饲料在调质过程中要注意温度尽量要低，料温控制在 60℃ 以下，水分不宜高，所以，可采用较低的过热蒸汽或在混合机内加少量水分来降低料温。

（2）根据物料颗粒大小和均匀程度合理制定调制条件。由于饲料的组分种类很多，而相同类型粉状物料的颗粒大小和均匀程度相差亦大，这对调质器操作带来一定的难度并提出了较高的要求。因为调质要求使每个颗粒的中心都软化，如小颗粒调质已达到要求时，则大颗粒调质尚未达到要求。如颗粒粒径相差越大，调质效果就差距越大。因此应尽量保持物料颗粒粒径差异较小，便于取得均匀的调质效果。为此，对于大型饲料厂对调质要求高的品种，颗粒可采用先进行分级，再进行调质的工艺，来取得最佳调质效果，同时还能节约能耗。

（3）根据物料的水分合理制定调制条件。水分是影响调质效果的重要因素，在调质温度、调质时间相同情况下，物料的水分含量高，其调质效果优于水分低的物料。由于微生物对湿热的抗性较差，在蒸汽的作用下微生物能在周围介质中吸取高温的水分，因而，对微生物细胞蛋白质的凝固有促进作用，加速微生物死亡（湿热物料微生物死亡时间为较低水分物料的 1/3）。所以，在物料水分含量高的条件下沙门氏菌、霉菌及致病菌和植物血球凝结素、蛋白酶抑制剂等有害因子的破坏和灭活度高，同时淀粉糊化度亦高。但是如果水分含量过高则会加大后续制粒以及制粒后的冷却干燥工序的难度。

（4）根据调质器结构合理制定调制条件。调质器不同的结构和工艺参数会对调质质量造成一定的影响。如调质器的长短、直径大小、压力大小、桨叶结构、桨叶的数量、桨叶面积大小等等。调质器结构不同对调质时间、调质液体组分的添加量、调质的熟度都不尽相同。对于耐水性要求高的虾饲料，对于液体组分的添加量比例较高，宜用调质时间长、调质转速高的调质器，如差动调质器。耐水性要求不太高的鱼饲料用三层调质器、双筒调质器、差动调质器均可以，只要调节调质器桨叶的角度来控制调质时间，就可以满足调质要求，但要比较投资的经济性。一般畜禽饲料采用单筒大直径调质器、双筒调质器都能达到使用要求。差动调质器、三层调质器、长型调质器、高转速调质器、双筒调质器具有良好的调质性能，其中差动调质器和双筒调质器调质均匀性最佳，因差动调质器解决或改善了纵向调质均匀问题。其他调质器一定程度有纵向调质不均匀问题存在。桨叶结构不同调质性能仍然有不同，桨叶大，面积就大，对物料输送有利，但相对静止的物料就多，翻动性能相对就差，调质效果亦差。桨叶为有一定面积的方形杆状，桨叶数量多，则减弱了物料输送能力，延长调质时间，有良好的翻动性能，其调质效果也较好。

直径相同的调质器其转速对调质效果影响较大，转速高，使调质物料翻动性能加强，亦使蒸汽在物料表面的速度梯度加大，从而加速了调质速度和效果。同时，桨叶转速高，打击力大，加速了水分向物料内部扩散。所以，高转速的调质器具有较好的调质效果，液体组分的添加比例达10%后，仍然有较好的调质效果。

任何热量传递，质量（水分）传递都需要时间，才能获得最好的调质。而且，不同成品物料粉碎的粒度不同，熟化程度要求不同，调质器的结构不同，则调质时间要求亦应有所不同。一般畜禽饲料调质的时间为30s左右，鱼虾饲料的调质时间达2～20min。总之，调质时间对调质质量影响甚大。可通过调节调质器打板的角度、改变调质器长度和增设保温均质系统增加调质时间，使物料得到较好的调质效果。目前在制粒机上增设保温均质器，就可不同程度改善调质效果。

由于不同质量的蒸汽，其温度及含水率不同，过热蒸汽质量好，温度高及含水率低，而制粒调质和膨化调质对物料温度和物料含水率都有不同的要求，制粒工艺一般要求入制粒室的料温在75～85℃，物料含水量在17%～18%，制粒后的料温80～85℃。膨化工艺一般要求入膨化腔的料温在95℃以上，物料含水量在28%～30%为宜，膨化腔内的料温达130～140℃。由于蒸汽调质后物料难以达到28%～30%的水分，所以，膨化工艺必要时在混合机或调质器内加入水，才能使物料的水分达到28%～30%的要求。在调质器内加水，因水对物料作用时间短，形成物理化学结合水达不到25%的要求，很大一部分是机械结合水（游离水，自由水）。对制粒而言，如要增湿时，在混合机内加水比调质器内加水好，使物料增加的水易成物理化学结合水。而一般制粒和膨化宜在调质器内加水，因水易从颗粒中蒸发，稳定性较差，颗粒在冷却或干燥过程中易失去。外加的水对热敏型物料十分有益。总之，调质是制粒、膨化的重要环节，由于物料组分不同、饲料的成品不同、调质器不同，调质的各种参数亦应有所不同。

4. 压辊、环模、环模与压辊间隙

压辊的作用是将物料挤压入模孔，在模孔中受压成型。为使物料压入模孔，压辊与物料之间要有一定的摩擦力。因此压辊表面要用粗糙的形式，且压辊表面材料硬度在理论上应该是低于压模的硬度。环模是颗粒饲料成型作业的心脏，是饲料机械环模造粒机配备的环模配件模具。一般用于制作环模的材料有合金钢、碳钢和不锈钢。环模是造粒机的必备配件，环模的使用将直接影响环模的使用寿命和成品颗粒饲料的质量。环模的合理选择与产品质量、生产能力直接相关。环模的相关参数有开孔率、孔径、材料、转速、压缩比、孔模内粗糙度等。

压辊与环模的质量控制主要有以下几点。

（1）正确调整压辊与环模的间隙。对于新环模与压辊间隙的调整，应使环模与压辊最高点轻微接触，压辊达到似转不转的状态。若在工作状态下进行调整，可适当增加环模与压辊的压力，但必须适可而止。环模与压辊间隙过大，压辊不能转动，造成堵机；环模与压辊间隙过小，会增加环模与压辊的磨损，增加负荷，严重时会造成环模与压辊的损坏。环模与压辊之间的间隙应及时检查，每4个工作小时至少检查1次。调整各压辊时，注意各压辊的调整方向，使各压辊相对于制粒机轴的力矩和为零，使制粒机不受不对称力的影响。同时要注意原料的粉碎粒度，粉碎粒度越细，表面积越大，吸收水蒸气越快，利于调质，易于制粒，但蒸汽耗用量大，不易冷却干燥，容易堵机，粉碎耗电高。粒度过大，压辊与压模损耗大，不易压制，淀粉糊化效果差，颗粒含粉量高。

（2）正确安装或更换环模和压辊。一般新模配新辊，旧模配旧辊，使环模和压辊的表面形态接近，环模和压辊的局部间隙大致相同。这样，整个环模的受力和出料非常均匀，可以提高生产效率。

（3）正确维护。每班应进行班前检查，检查各传动部件、仪表、阀门，用锂基润滑油加注润滑油，清除铁器上的铁屑。组装压辊时，应注意轴承的检查。一旦发现损坏，应及时更换。压辊组装后，应确保有一定的间隙，使压辊能够自由旋转。每班必须按时向压辊注油。压辊一旦缺油，会造成轴承和压辊轴烧损，严重时整个压辊报废。组装前，应做好清洁工作，以确保所有配合表面的清洁。特别注意环形模具螺孔的清洁。如果环形模具螺栓孔中的材料未清洁，在紧固环形模具螺栓时很容易造成环形模具螺栓孔的破裂。用扭矩扳手拧紧环形模具螺栓，以确保规定的拧紧扭矩。

5. 切刀装置的管理

定时查看损耗情况，确保切刀锋利。切刀不锋利时，从环模孔中出来的柱状料是被打断的，而不是被切断的，颗粒两端面比较粗糙，颗粒成弧形状，导致成品含粉率增大，质量下降。切刀锋利时，颗粒两端整齐，光滑，含粉率低，颗粒质量好。

6. 制粒工序的质量管理与控制

（1）制粒前的质量管理。制粒前对颗粒饲料配方要有所掌握。配方首先要满足畜禽的营养需要，同时要兼顾产品经济性和物理品质要求，因此，配方设计时，不仅要熟悉各种原料的营养指标，而且要了解原料的物理特性，同时根据营养指标、物理特性进行合理组合，这样才能保证颗粒产品质量。与此同时也要注重原料的粉碎粒度，原料粉碎粒度是根据畜禽消化生理要求确定的，同时考虑颗粒调质要求，粒度越细，越有利于调质。粒度要求太细，粉碎加工速度低，生产率下降；粒度要求太粗，颗粒成型率下降，颗粒易破碎。实际颗粒饲料生产中，可根据用途的不同来调整饲料的粒度，如肉鸡饲料的粒度可大些，在 0.84~1.4mm 即可；鱼虾饲料的粒度要求细度高，一般在 0.25~0.42mm；一些特殊饲料的粒度要求更高，在 0.125~0.177mm。制粒前在设备的配置过程中，要考虑制粒原料特性、配方变化、产品种类、蒸汽质量和液体组分的添加等因素对其生产量和产品质量的影响，配套设备的产量、操作参数要与之相匹配，并能方便调节。只有这样才能充分发挥制粒机生产潜能，生产出高质量的颗粒饲料。对制粒设备单机台数，每台生产设备处于正常工作状态有所了解，且生产前要对设备进行检查和维护。

（2）制粒中的质量管理。要时刻注意机器的运行状态，颗粒的成型率等。如果机器出现过热、运行声音异常等现象要及时进行处理。时刻注意环模和压辊的运行情况、蒸汽出口的运行情况等。

（3）制粒后的质量管理。重视颗粒成型率与颗粒长度。筛上物百分比即可代表颗粒成型率。畜禽饲料的颗粒成型率>95%，鱼虾饲料的颗粒成型率>98%。直径 4mm 以下的饲料颗粒其长度为其粒径的 2~5 倍，直径在 4mm 以上的饲料颗粒其长度为其粒径的 1.5~3 倍。

重视制粒后冷却工序的质量管理。影响冷却效果的因素有饲料配方、颗粒直径、冷却器结构与参数、进风量、时间、环境条件等。在颗粒冷却中，要保证在不同的环境条件下，颗粒都能冷却，要根据不同气候条件，对冷却的风量进行调整，既不能急速冷却，不然会使颗粒内部水分降不下来，产生颗粒内部霉变，又不能过度冷却，使颗粒失水太多，造成颗粒破碎较多。在生产中应根据饲料颗粒含水量、颗粒直径及其成分对冷却时间与风量进行调整，使冷却均匀且颗粒中水分与温度符合储存要求。如果有油脂等添加剂，要对冷却速度降低，适当延长冷却时间、加大冷却器产量。

重视制粒后破碎工序的质量管理。颗粒破碎是加工幼小畜禽颗粒饲料常用的方法，要生产直径 2.0mm 左右畜禽颗粒饲料时，不宜采用直接制粒的方式，而是先制成直径 4.5~6.0mm 的大颗粒，再经过碎粒和分级，加工成所需粒径的产品。

重视制粒后颗粒分级的质量管理。制粒破碎合格的送入下一道工序，不合格的返回上一级工序重新破碎分级。

重视制粒后液体外涂的质量管理。热敏性添加剂一般在制粒后进行液体外涂。应注意分布均匀、添加量能准确控制；外涂料要吸附在颗粒表面，不能在输送过程中掉落。

（七）产品包装的质量控制

1. 饲料产品的包装

饲料产品包装的含义：一是指产品的容器和外部包扎，即包装器材；二是指包装产品的操作过程，即包装方法。根据包装在流通中的作用分为运输包装和销售包装，根据结构分为件装、内装和外装，根据包装材料分为纸包装、木包装等，根据包装技术分为防潮包装、防腐包装、防氧化包装等，根据产品类别分为一般包装和核心包装，根据销售地可分为进口包装和国内包装等。包装的分类可谓随着材料科学与生产技术的不断提高和发展有着日新月异的改变。但对于饲料产品包装的基本要求就是保护产品的原则、便于使用的原则、便于运输保管与储存的原则和美观大方的原则。

2. 包装物管理

（1）产成品包装袋入库管理。采购部预先通知到货日期、时间，经过磅后到包装物存放库房，由包装物管理员及品管部 QA 人员进行查验，填写检验报告，符合要求的包装物准予入库。包装物管理员应认真清点到货数量与送货单是否相符，如相符在"送货单"上签字认可，并按品种、用途分类堆码。包装物管理员应按实际收货数填写"入库单"入账。

（2）产成品包装袋的出库管理。打包员根据当日生产品种及生产计划填写"领料单"，到库房领取，库房如数发给。包装袋管理员依据"领料单"做账，填写"编织袋库存周报表"呈报生产部审阅。

（3）原料包装袋入库管理。原料入仓或投入生产使用后之包装袋，应按包装袋的种类、质量分类分级，整理后送库房。包装袋管理员清点数量，据实入库，填写"入库单"。

（4）原料包装物出库管理。内部使用的由部门主管审核"出库单"，外卖处理的应由采购部填写"物料出售结算单"按废旧原物料处理办法的规定办理。包装袋管理员核对手续，确定手续无误后，如数发放。包装袋管理员做好包装袋出库记录，填好报表、呈生产部。

3. 包装饲料的质量管理

（1）包装前的质量检查。包装前要检查被包装的饲料和包装袋及饲料标签是否正确无误。包装秤的工作是否正常，包装秤设定的数量是否与要求的重量一致。从成品仓中放出部分待包装饲料，由质检人员进行检验，并按规定要求对饲料取样，必要时进行理化指标分析。

（2）包装过程中的质量控制。包装饲料重量应在规定范围，一般误差应控制在 1%~2%。打包人员应随时注意饲料外观，发现异常及时报告质检人员。缝包人员要保证缝包质量，不漏、不开。质检人员应定时抽查检验，包括包装的外观质量和包重。

4. 散装饲料的质量控制

比袋装饲料简单，在装入运料车前对饲料的外观检查同包装前相同；定期检查卡车地磅的称量精度；检查从成品仓到运料车间的所有分配器、输送设备和闸门的工作是否正常；检查运料车是否有残留饲料；检查散装饲料随车的饲料标签是否正确。

三、生产过程的质量问题

最后，关于生产中容易因忽视而引起的质量问题简单总结如下。

（一）配大料工序

1. 原料异常

主要情况：原料结块、发霉以及掺有杂质等情况。

引起结果：产品质量问题。

2. 校磅

主要情况：称量用电子磅存在较大误差而未校正。

引起结果：原料称量误差，造成配料错误。在复称环节引起工作流程中断，从而影响生产效率和进度。

3. 核对配方

主要情况：未核对配方，用错配方。

引起结果：配错大料，在复称环节引起工作流程中断，从而影响生产效率和进度。

4. 配料后现场的清理

主要情况：未清理配料现场，引起原料的交叉污染。

引起结果：原料浪费或产生质量问题。

5. 配料后原料的码放

主要情况：码放混乱，分不清批次。

引起结果：增加推料工作困难，容易推错料，在复称环节引起工作流程中断，从而影响生产效率和进度。

（二）配小料工序

1. 核对配方

主要情况：没有注意配方所标明的使用量，配料出现失误。

引起结果：配错小料，在复称环节引起工作流程中断，从而影响生产效率和进度。

2. 按顺序配料

主要情况：不按顺序配料，配料现场摆放零乱。

引起结果：造成小料重复配料，多配。在复称环节引起工作流程中断，从而影响生产效率和进度。

3. 原料异常

主要情况：未检查小料的生产日期，以及原料结块、主要成分失效。

引起结果：产品质量问题。

4. 校磅

主要情况：称量用电子磅存在误差而未校正。

引起结果：小料称量误差，造成配料失误。在复称环节引起工作流程中断，从而影响生产效率和进度。

（三）推料、过复称工序

1. 核对品种批次

主要情况：未核对大原料品种和批次及小料的品种和批次。

引起结果：造成漏推料或推错料。在复称环节引起工作流程中断，从而影响生产效率和进度。

2. 校磅

主要情况：称量用电子磅存在误差而未校正。

引起结果：小料称量误差，造成复称误差，引起产品质量问题。

3. 漏料

主要情况：由于原料破包，没有及时发现或发现后忘记填补。

引起结果：在复称环节引起工作流程中断，从而影响生产效率和进度。

4. 检查小料整包及大料零头

主要情况：未检查所推品种批次的大料零头及小料整包是否与流程卡相符。

引起结果：推错大料零头或小料整包，或者忘记推，生产产生错误，造成回机事故，工作流程中断，从而影响生产效率和进度。如未及时发现，会直接影响产品质量。

5. 检查两批次原料间隔

主要情况：推两批次原料没有明显间隔，随意摆放。

引起结果：生产时投料错误，或影响投料员的工作效率，引起工作流程中断，甚至造成回机，从而影响生产效率和进度。

（四）投料、混合工序

1. 核对品种批次

主要情况：未核对品种批次及是否过筛。

引起结果：生产产生错误，或成品产生结块，引起产品质量问题。

2. 对投料口及投料口周围进行彻底打扫

主要情况：每批料投完后未对投料口进行清扫或未打扫干净。

引起结果：造成原料的交叉污染，引起产品质量问题。

3. 按投料顺序进行投料

主要情况：未按照技术部规定的投料顺序，随意进行投料。

引起结果：造成混合机混合不均匀，引起产品质量问题。

4. 混合机正确操作

主要情况：没有先开混合机，后投料；而先投料，后开机混合。

引起结果：损坏混合机或造成混合不均匀，引起产品质量问题。

5. 检查气门使用情况

主要情况：未检查气门，气门出现故障，不能正常关闭。或忘记关闭气门就进行生产混合。

引起结果：造成混料，引起回机或产生产品质量问题。

6. 混合时间的正确把握

主要情况：未经品管部允许，为提高生产效率私自更改混合时间或错误计时。应按最后一包小料投完后开始计时。

引起结果：造成混合不均匀或产生分级现象，引起产品质量问题。

7. 余料和回机料的处理

主要情况：对余料和回机料未按技术部下达处理方案进行处理，抱着无所谓的态度。

引起结果：造成多回料，引起产品质量问题。

（五）接料、打包工序

1. 核对品种

主要情况：未检查所打包品种与生产品种是否吻合，盲目打包。

引起结果：品种打包出错，造成生产错误。

2. 检查所接成品外观

主要情况：未检查成品料外观是否有异常，成品结块、未混合均匀及存在异物杂质。

引起结果：引起产品质量问题。

3. 校磅

主要情况：称量用电子磅存在误差而未校正，产生误差。

引起结果：引起产品质量问题。

4. 垛位码放

主要情况：成品码放乱七八糟，不清扫尘土，看不清品种。

引起结果：生产中预混料使用错误，引起产品质量问题。

（六）成品接收工序

1. 核对品种

主要情况：未检查所运送品种与生产品种是否吻合，盲目送料。

引起结果：品种送错，引起产品质量事故。

2. 检查所接成品外观

主要情况：未检查成品料外观是否有异常，成品结块、未混合均匀及存在异物杂质。

引起结果：引起产品质量问题。

3. 检查成品仓及料车是否清空

主要情况：成品未接完，料车未完全放完料。

引起结果：引起产品交叉污染，从而引起产品质量问题。

第五章

饲料成品评价与管理

第一节　饲料成品的营养价值评定——化学分析法

配合饲料的成品，其营养价值评定主要通过化学分析法、消化试验、代谢试验、平衡试验和饲养试验来评定。这一节主要介绍化学分析法。

化学分析法又称为实验室分析法，主要包括饲料样品的采集与制备、概略养分分析法、纯养分分析法、近红外分析技术和毒素和抗营养因子的测定5个方面。

一、饲料样品的采集与制备

（一）目的与原理

采样是从待测饲料原料或产品中按需扦取一定数量、具有代表性样品的过程。采样是饲料成分分析成败的关键性步骤，利用极少量样品的分析结果来反映整个饲料品质的真实性，对于饲料工业来说，它影响许多方面的决策，如配方设计的选择，供应商的选择、配合饲料质量、饲料稳定性状。

从生产地点如田间、草场、库房、青贮窖、试验场等被检测的饲料或原料中所采集的试样，称为原始试样。将原始试样搅拌均匀或简单地剪碎混匀，从中提取的试样称为次级试样。将次级试样进行粉碎、混匀等制备程序后，从中提取的一部分即为分析试样，也称为实验试样。为了使分析的试样准确地代表被测饲料的成分组成，首先要注意以下几点。原始试样要尽量从饲料大堆上的各个方向和各种深度进行，每一个平面的采集点不少于5个，原始试样一般不能少于2kg。次级试样一般不能少于1kg，再将次级试样按四分法均匀提取，得出分析试样。分析试样干燥后不能少于200g，且细度要通过40~60目筛。分析试样应储存于阴凉干燥的地方。采样记录要详尽、明确，并包含下列信息：试样名称及品种；采样地点、时间；采样时期；制样日期；制样人；采样时饲料的生长发育阶段；调制方式、贮存方法；采样时的外观性状（颜色、质地、香味）；试样的混杂程度。

由原始试样制备成分析试样，可以选择以下两种方法。

1. 四分法

主要针对均匀状物质，如单相的液体或混合均匀的籽实、糠麸等研细的物质，采用四分法来压缩原始样本（图 5-1）。将试样铺摊于表面平整而光洁的一方形纸板、塑料布、帆布或漆布等上面（大小根据样品的量而定），提起其中一角，使饲料流向对角，再提起对角使其流回，按此法，将四角轮番重复提起，使饲料不断流动并搅拌均匀。接着将饲料推成等厚的正四方形体或圆锥，用药铲、刀子或其他器具，在饲料样品方体上划一"十"字，将试样细分为 4 等份，接着随意弃去对角的 2 份，将剩余的 2 份混匀。继续按上述方法混合均匀、缩分，直至剩余试样量与试验中所要求的量相接近为止。

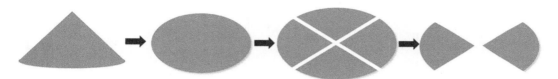

1. 将均匀样品堆成圆锥形　　2. 平铺成圆堆　　3. 分成4等份　　4. 移去对角部分，继续缩分

图 5-1　四分法示意图

2. 几何法

主要针对不平整的物质，如各类粗饲料，块根块茎饲料，家畜屠体，则需较复杂技术，因此通常使用"几何法"（把整个一堆东西看成一个带有规则图形的几何立方体，如立方体、圆柱体、圆锥体等）。取样时首先将整个立体分成几个大小均匀的部分，这些部分应在全体中散布均匀，即不仅仅在表面或其中的一面。从这些部分中提取大小相当的试样，这部分的试样称为支样，再把这些支样混匀即成试样。几何法适用于采集原始样和大批量的原料。

（二）器材

采样应选用符合产品颗粒大小、采样量、容器尺寸和产品物理性状等特征的仪器。

1. 手工对固体物料采样的器具

普通铲子、手柄勺、柱状取样器和圆锥取样器。

2. 袋装或其他包装饲料的采样器具

手柄勺、麻袋取样钎或取样器、管状取样器、圆锥取样器和分割式取样器。

3. 液体或半液体产品采样的器具

相应尺寸的搅拌器、取样瓶、取样管、带状取样器和长柄勺。

装样品的容器必须保持试样特性恒定直到测试结束。容器的大小以试样全部填满为宜。样品容器及盖子须用防水和防脂材质制作，如玻璃、不锈钢、锡或合适的塑料等，以广口圆柱形为宜，应与所装试样多少相配套。也可用塑料袋。

（三）流程与结果

粉末状或颗粒料的配合饲料或混合饲料、预混料等，这类饲料因储存方式不同，分散装、袋装、包装3类，其适用的采样器为探棒（或探管、探枪），具有锐利尖端。

1. 散装

（1）散装车厢原料及制品（每车至少10个不同角落处取样）。测定方法是用探针距离边缘0.5m和中间5个不同的位置，按不同深度选择，然后将原始试样放在样本容器中混匀，再用四分法缩样。

（2）散装货柜车原料及制品。从专用车辆和火车厢内选取散状和颗粒原始试样，在车厢内5~8个不同角落处提取试样（图5-2），也可在卸车时用卡柄勺、自动选样器等，选取间隔相同时间截断的料，然后再混合，四分法取样。

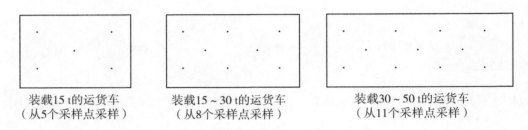

装载15 t的运货车　　　装载15~30 t的运货车　　　装载30~50 t的运货车
（从5个采样点采样）　　（从8个采样点采样）　　　（从11个采样点采样）

图5-2　散装货柜车中原料的采样点分布示意图

2. 袋装

最简单的一种方法是按总袋数的10%抽取代表样品。

（1）袋装车箱原料及样品。用抽样锥随意从约10%的饲料袋中抽样，用口袋探针从口袋上下两处选取，或将袋子放平，将探针的槽口向下，从袋子的一角沿对角线方向插入采样器（插探针前用软刷刷净选定位置，插入时槽口向下并转向180°再拿出）。

（2）颗粒状样品。用勺子在拆了线的袋子上面选取。

3. 仓装

（1）第一种方法。原始样本是在饲料进入包装车间和成品库的流水线或传送带上、贮塔下，料斗下、秤上或工艺设备上进行采集。方法：用长柄勺、自动或机械式采样器，间隔时间相同，截断落下的饲料流。间隔时间应根据产品的移动速度来决定，还要考虑选取的原始样本的总重量。

（2）第二种方法。储存于饲料库中散状的原始样品，料层厚度在0.75m以下时，从距料层表面10~15cm深处的上层和接近地面的下层两层中选取；当料层厚度在0.75m以上时，从距料层表面10~15cm深处的上层、中层和接近地面的下层三层中选取（在任何情形下，原始样品都是先从上层，其次是中层、下层中选取）。颗粒状的原始样本是用长柄勺或短柄大锥体探针，在至少30cm的深度选取。

所抽取的原始样本（包括散装、袋装和仓装）混合均匀，用四分法提取500g试样，进行粉碎分成两份，一份用来鉴定分析化验，另一份供检查用。

二、概略养分分析法

18世纪中叶德国Weende试验站的科学家Henneberg与Stohmann二人建立了用化学分析方法测定水分、粗灰分、粗蛋白质、粗脂肪、粗纤维与无氮浸出物的概略养分分析方法。此方法测定的各种物质含量，并不是化学上某种确定的物质，因而又被称为"粗营养物质"。Weende分析方法简单、迅速，虽然这套分析方法存在一些不足之处或缺点，但长期以来，这套方法仍在科研工作和教学上被普遍采纳，用这套分析方法所获得的数据在动物营养与饲料的科研与生产中发挥着非常关键的作用。

（一）水分的测定

针对一般饲料原料和产品，多采用烘箱干燥法测定水分。此方法是我国目前推荐性国家标准。

1. 水分测定的原理

饲料中水的存在形式分为游离水和吸附水。游离水在60~65℃干燥下散失；吸附水即吸附于蛋白质、淀粉及细胞膜上的水，与糖、盐类结合的水，它在（105±2）℃温度下能全部散失。因而风干试样在（105±2）℃、一个大气压下干燥，直至恒重，逸失的重量即为吸附水。

2. 器材与试剂

称量瓶、分析天平（感量0.000 1g）、恒温干燥箱、干燥器（用变色硅酸做干燥剂）。

3. 步骤与结果

（1）称量瓶恒重。将称量瓶洗净后放入（105±2）℃恒温干燥箱烘干1h，取出放入干燥器内冷却30min，称重。接着再烘干1h，干燥器中冷却30min，再称重，直至两次称重之差小于0.000 5g，即恒重。

（2）称样。向已恒重的称量瓶中加入2g左右混合均匀的被测样品，准确称重。

（3）烘干。将盛有样品的称量瓶放入（105±2）℃恒温干燥箱内，将称量瓶盖半开，进行烘干4~6h，取出移入干燥器内，冷却30min后（盖好盖）快速称重。

（4）恒重。称重后，按操作步骤（3）继续将称量瓶放入（105±2）℃干燥箱内，烘干1h，冷却30min、再称重直至恒重（两次称重之差小于0.000 5g）。

（5）计算。

$$吸附水（\%）=\frac{a}{b}\times100=\frac{烘后（瓶+样重）-瓶重}{样品重}\times100$$

式中，a——烘干后蒸发水分重；

　　　b——风干样品重。

重复性：将每个试样取2个平行样进行测定，并以算术平均值为结果，2个平行样测定结果相差不能超过0.2%，否则视作无效结果。

4. 注意事项

以下一些情况会引起测定结果的错误。

（1）加热时样品中挥发性物质可能随着样品中水分同时损失，比如挥发性脂肪酸。

（2）部分含脂肪高的样品烘干时间长反而会增重，是由于脂肪氧化导致的，这样的样品要使用真空干燥箱烘干。

（3）部分饲料在105℃下会发生化合反应，如糖分较高的饲料易分解等，宜采用减压干燥法（70℃、600mm 汞柱以下，烘干 5h）。

（二）粗灰分的测定

1. 粗灰分测定的原理

饲料中有机物的主要元素，如 C、H、O、N 等，在高温（550~600℃）灼烧后，被氧化而逸失，留下的灰白色物质用分析天平称量，即为粗灰分。粗灰分含有饲料中所需的各种矿物质元素的氧化物和盐类以及一些杂质，如泥土、沙石等，而纯灰分不含有杂质。

2. 器材与试剂

分析天平（感量 0.000 1g）、坩埚（瓷质，20~30mL）、坩埚钳、干燥器、马弗炉、电炉。

3. 步骤与结果

（1）将坩埚和盖子充分洗涤烘干后，置于马弗炉中在 550~600℃下灼烧 30min，小心取出放入干燥器中冷却 30min，放入分析天平上称重，重复灼烧 30min、冷却后再称重，直到 2 次称量值之差小于 0.000 5g 即为恒重。

（2）在已知重量的坩埚中装入待测饲料 1~2g（以坩埚容积一半为宜），然后用分析天平称重。

（3）将装有试样的坩埚，放在电炉上低温炭化至完全无烟。炭化时要在通风橱中进行并取下坩埚盖，一定要低温慢慢进行，如果温度太高部分样品颗粒会被逸出的气体带走，而且饲料中所含硅酸盐类在高温下熔化包裹住炭粒，会阻碍饲料样品的彻底灰化。

（4）饲料炭化充分后，将坩埚小心移入马福炉中，在 550~600℃下灼烧 4~5h，坩埚盖要打开少许，灼烧完全的样品呈白色；如果灰分呈灰白色，则表示灰分中仍含有炭质，应继续灼烧；如果呈红色则表示灰分中含有铁元素，如果呈蓝色则含有锰，不必再烧。如果出现有黑色颗粒，应将坩埚取出在空气中冷却，而后滴入 5~10 滴过氧化氢，小心蒸干后，再重新灼烧，直到呈白色为止。

（5）灼烧完全后，将坩埚小心取出移入干燥器中冷却 30min，用分析天平称重。

（6）再次将坩埚移到马弗炉中，灼烧 30~40min，再移入干燥器中冷却后称重，直至恒重（两次称量值差不超过 0.000 5g）

（7）计算。

$$灰分(\%) = \frac{坩埚 + 灰分重 - 空坩埚重}{饲料样品重} \times 100$$

重复性：将每个试样取 2 个平行样进行测定，以算术平均值为最终结果。粗灰分含量在 5% 以上时，允许相对偏差 ≤1%，在 5% 以下时，允许相对偏差为 5%。

4. 注意事项

（1）坩埚内试样应松松放置，不应压实以免氧化不足。

（2）灼烧温度要控制在 600℃以内，否则过高会引起磷、硫等的挥发。

（三）粗蛋白质的测定——凯氏定氮法

1. 粗蛋白质测定的原理

饲料中粗蛋白质指蛋白质和非蛋白含氮化合物（酰胺、硝酸盐及铵盐等）。凯氏定氮法的基本原理是饲料样品在还原性催化剂（如 $CuSO_4$、K_2SO_4 或 Na_2SO_4）的帮助下，用浓硫酸进行消化，使蛋白质和其他含氮化合物转化为 NH_3，并被硫酸吸收形成 $(NH_4)_2SO_4$，同时其他的非含氮物质被分解，以 $CO_2\uparrow$、$SO_2\uparrow$、$H_2O\uparrow$ 等状态逸出。得到的消化液在浓 NaOH 的作用下进行蒸馏，释放出氨气并用硼酸进行吸收，合成四硼酸铵，以甲基红–溴甲酚绿作混合指示剂，用盐酸或硫酸标准溶液滴定至终点，求出含氮化合物的含量。再乘以蛋白质的换算系数（一般按 6.25 系数计算），这样即得出样品中粗蛋白质的含量。

其主要化学反应如下：

$2NH_2(CH)_2COOH+13H_2SO_4\rightarrow(NH_4)_2SO_4+6CO_2+12SO_2+16H_2O$

$(NH_4)_2SO_4+2NaOH\rightarrow Na_2SO_4+2NH_3+2H_2O$

$4H_3BO_3+2NH_3\rightarrow(NH_4)_2B_4O_7+5H_2O$

$(NH_4)_2B_4O_7+2HCl+5H_2O\rightarrow2NH_4Cl+4H_3BO_3$

2. 器材与试剂

（1）仪器。消化管（200mL 或 250mL）、三角瓶（150mL 或 250mL）、分析天平（精度 0.0001g）、量筒（10mL 和 50mL，各 2 个）、酸式滴定管（25mL 或 50mL）、消化炉、半自动凯氏定氮仪。

（2）试剂及配制。浓硫酸、硫酸铜（$CuSO_4\cdot5H_2O$）、无水硫酸钾（K_2SO_4）或无水硫酸钠（Na_2SO_4）均为化学纯、400g/L 氢氧化钠溶液（400g 氢氧化钠溶于 1 000mL 蒸馏水中）、20g/L 硼酸溶液（20g 硼酸溶于 1 000mL 蒸馏水中）、盐酸标准滴定溶液：

$C(HCl)=0.10mol/L$：8.3mL 盐酸（分析纯），注入 1 000mL 蒸馏水中（用于常量定氮法）；

$C(HCl)=0.02mol/L$：1.67mL 盐酸（分析纯），注入 1 000mL 蒸馏水中（用于半微量定氮法）。

混合指示剂（甲基红 1g/L 乙醇溶液与溴甲酚绿 5g/L 乙醇溶液，两溶液等体积混合，阴凉处保存 3 个月以内）、蔗糖、硫酸铵。

3. 步骤与结果

（1）消化。①在普通天平上粗略称取约 0.5g 被测样品置于小试管内。将小试管放在分析天平上准确称重，再将小试管内样品全部倒入消化管底部，将空的小试管放在分析天平准确称量，两次称量之差即为试样重（差减法称重）。②向消化管中加入无水 Na_2SO_4 4g，再加 $CuSO_4\cdot5H_2O$ 0.3g，然后用量筒慢慢加入浓硫酸 15mL。③将消化管置于消化炉中，打开开关进行加热，先调至 200℃ 左右进行，以防管内产生的泡沫溢出管口，当泡沫停止产生时，将温度控制在 400℃ 左右，切勿剧烈沸腾，防止 $(NH_4)_2SO_4$ 分解而损失。消化完全时消化管内的溶液呈清澈透亮，饲料样品需消化 3~6h。

（2）冷却。待消化液冷却至室温后缓慢加入蒸馏水 30mL，并安装在蒸馏装置上。

（3）蒸馏。①采用半自动凯氏定氮仪装置，设置参数为 20g/L 硼酸溶液 35mL，

400g/L NaOH 溶液 50mL，蒸馏时间 5min，在三角瓶（150mL）中滴加 2 滴甲基红-溴甲酚绿混合指示剂，放置于蒸馏装置冷凝管下。②点击开始，锥形瓶中注入硼酸溶液，确保冷凝管末端要全部浸入溶液中，消化管中注入 NaOH 溶液，注意要将消化管外层门关上。③蒸馏结束后，用 pH 试纸检测流出的液体呈中性为蒸馏完全，取下锥形瓶，用蒸馏水冲洗冷凝管末端，冲洗液均需流入锥形瓶内。

（4）滴定。用 0.1mol/L HCl 标准溶液滴定，待溶液刚出现灰紫色，即为终点。

（5）空白测定。称取蔗糖 0.5g，代替试样，按试样测定步骤进行空白测定，消耗 0.1mol/L 盐酸标准溶液的体积不得超过 0.2mL。

（6）结果计算。

$$粗蛋白质的含量(\%) = \frac{(V - V_0) \times C \times 0.014 \times 6.25 \times V_1}{V_2 \times A} \times 100$$

式中，V——滴定消耗的 HCl 用量（mL）；

V_0——空白滴定时所需酸标准溶液的体积（mL）；

C——标准 HCl 的浓度（mol/L）；

0.014——1mL 1mol/L HCl 溶液相当于 0.014g 氮；

6.25——蛋白质转换系数；

V_1——试样分解液总体积（mL）；

V_2——蒸馏用试样分解液体积（mL）；

A——样品重（g）。

（7）重复性检测。每个试样取 2 个平行样进行测定，以算术平均值为最终结果。

当粗蛋白质含量在 25% 以上时，允许相对偏差为 1%；10%~25% 时，允许相对偏差为 2%；10% 以下时，允许相对偏差为 3%。

（四）粗脂肪的测定

1. 粗脂肪测定的原理

利用脂肪不溶于水而溶于脂溶性有机溶剂的特性，如乙醚、石油醚等，把饲料中的脂肪全部浸提出来，再将溶剂挥发，残留物的重量即为测定样品中脂肪的含量。有机溶剂不但可以溶解真脂肪，而且还包括游离的脂肪酸、蜡质、磷脂、固醇及色素等，因此称为粗脂肪。有些含糖较多的饲料，需用热水将饲料样本浸泡多次以除去可溶性糖分，经烘干后再用乙醚浸提。所以水分含量高的饲料要求烘干后再浸提。

粗脂肪的测定方法一般分为两类。

（1）索氏浸提法。样品中脂肪经乙醚浸提后溶于石油醚中，并保留在抽提瓶中，将抽提瓶中乙醚蒸发回收，用分析天平称抽提瓶的重量或者样品包浸提前后的重量，根据公式算出粗脂肪含量。如图 5-3 所示。

（2）鲁氏残余方法。乙醚浸提脂肪后，回收乙醚，再根据样本所减少的比重，计算样品中粗脂肪重（适用于不回收脂肪作其他分析时，此法简单、方便，但准确性差）。

2. 器材与试剂

索氏脂肪浸提器（冷凝器、浸提腔、抽提瓶）、分析天平、恒温水浴、干燥器、镊子、恒温干燥箱、脱脂滤纸、无水乙醚。

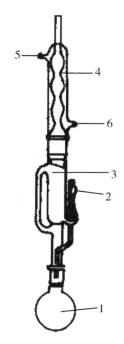

1. 抽提瓶；2. 虹吸管；3. 抽提管；4. 冷凝管；5. 出水口；6. 入水口

图 5-3 索氏脂肪浸提器

3. 步骤与结果

（1）将抽提瓶彻底洗净在 105℃烘箱中烘干 1h，置于干燥器中冷却 30min，分析天平上称重。重复烘干 30min，取出冷却称重，直到两次质量差小于 0.000 8g 为恒重。

（2）用小试管称 1~2g 待测样品于脱脂滤纸包内（同粗蛋白的称样方法）。用铅笔标记，并置于（105±2）℃烘箱中烘干 2h，干燥器中冷却后进行称重，滤纸包的高度应以可以全部浸没于无水乙醚中为准。

（3）将已知重量的抽提瓶安装在浸提腔下，提起冷凝器，用镊子将滤纸包放入浸提腔内，倒入乙醚，乙醚加至虹吸管 2/3 的高度，为了脂肪浸提完全将样本浸泡 8~12h，补充乙醚，打开开关进行加热。

（4）水浴锅温度应保持在 75~80℃，乙醚受热开始沸腾，乙醚蒸发后经冷凝器冷凝再滴到浸提腔内的样品包上，待浸提腔内乙醚超过虹吸管高度时，自动回流到抽提瓶中，浸提需要 6~8h（通常需要回流 50~70 次），直至浸提腔内液体变为澄清无色即为浸提完全。取出样品包，回收乙醚。

（5）依据采用残余法还是油重法，分别按照以下相应步骤进行操作。

残余法：当脂肪浸提完全后取出滤纸包，在通风橱中放入洁净的托盘中晾干，再将托盘放入（105±2）℃烘箱中烘干 2h，置于干燥器中冷却 30min，进行称重。重复烘干

30min，冷却称重，两次质量之差小于 0.001g 即为恒重。

油重法：取下抽提瓶，在水浴上蒸干残留乙醚，抽提瓶外壁擦拭干净，放入（105±2）℃烘箱中烘干 1h（开始时将烘箱门半开，以免乙醚气体燃烧起火）。轻放于干燥器内冷却 30min，进行称重，重复烘干 30min，并冷却称重，两次质量之差小于 0.001g 即为恒重。

根据抽提瓶浸提前后质量之差可计算粗脂肪重量。

（6）结果计算。

$$粗脂肪(\%) = \frac{粗脂肪重}{风干样品重} \times 100$$

$$残余法：粗脂肪（\%）= \frac{滤纸包烘干后质量 - 滤纸包浸提后质量}{试样质量} \times 100$$

$$油重法：粗脂肪（\%）= \frac{盛有脂肪的抽提瓶质量 - 抽提瓶质量}{试样质量} \times 100$$

4. 注意事项

（1）操作过程都要戴乳胶手套或棉手套。

（2）使用乙醚时，保持室内良好通风，抽提时防止乙醚过热而爆炸。

（3）测定样品在浸提前必须粉碎烘干。

（4）样品和乙醚浸出物在烘箱中干燥时，时间不宜过长，以免多不饱和脂肪酸受热氧化增量。

（5）重复性检测。每个试样取 2 个平行样进行测定，以算术平均值为结果。

粗脂肪含量在 10% 以上时，允许相对偏差为 3%；在 10% 以下时，允许相对偏差为 5%。

（五）自动化脂肪仪操作步骤

1. 样品准备

如图 5-4 所示。用分析天平准确称取待测样品 2~5g（精确至 0.01mg），小心装入滤纸筒内。

2. 索氏提取器的清洗

将索氏提取器的各个部分完全清洗干净。脂肪杯放在（105±2）℃的烘箱内进行干燥，冷却后称重，重复以上操作至恒重（前后两次称量差不超过 0.002g）。

3. 样品测定

（1）用镊子将滤纸筒置于索氏提取器的抽提筒内，连接已知重量的脂肪杯，向抽提器冷凝管的上端加入乙醚或石油醚至杯内容积的 2/3 处，接通冷凝水，瓶底需完全浸没在水浴中进行加热，冷凝管出口用脱脂棉轻轻塞入。

（2）抽提温度。根据具体实验设置温度。

（3）抽提时间。通常样品的抽提时间为 1~1.5h，也要按具体的脂肪含量而定，可以用滤纸检验是否抽提完全，将抽提管内乙醚滴在滤纸上，无油脂说明抽提完全。

（4）回收。提取结束后，回收乙醚。

（5）称重。蒸干脂肪杯中残留的乙醚，外壁擦拭干净，放入（105±2）℃烘箱中烘

图 5-4　索氏脂肪浸提器

干, 冷却并称重, 重复此操作至恒重。

4. 计算结果

$$脂肪（\%）=（W_1-W_0）/W\times100$$

式中, W_1——脂肪杯和脂肪重量（g）。

W——样品重量（g）。

W_0——脂肪杯重量（g）。

（六）粗纤维的测定——中性洗涤纤维和酸性洗涤纤维的测定

1. 传统粗纤维测定的原理

传统粗纤维测定的原理是应用特定浓度的酸（硫酸）、碱（氢氧化钠）及有机溶剂（醇或乙醚）依次处理试样。硫酸可溶解饲料中的淀粉、大部分半纤维素、部分蛋白质以及部分碱性矿物质。氢氧化钠可溶解饲料中绝大部分的蛋白质、脂肪以及部分半纤维素, 酒精或乙醚可溶解饲料中的剩余脂肪、蜡质及色素等。

此方法测得粗纤维含量并不精确, 仅含有部分纤维素和少量半纤维素、木质素, 要低于饲料中实际纤维素含量。针对这一测定缺陷, Van Soest 总结了中性洗涤纤维和酸性洗涤纤维的测定方法。

2. 中性洗涤纤维和酸性洗涤纤维测定的原理

（1）使用中性洗涤剂处理试样, 植物性饲料中的细胞内容物将大部分溶解于中性洗涤剂中, 溶解的部分为中性洗涤剂溶解物（NDS）, 包含了脂肪、糖、淀粉和蛋白质；未溶解的残渣中绝大部分是细胞壁成分, 这部分叫作中性洗涤纤维（NDF）, 包含了半纤维素、纤维素、木质素、硅酸盐和很少量的蛋白质。

（2）用酸性洗涤剂处理试样可将 NDF 更加细化, 试样中被酸性洗涤剂溶解的部分为酸性洗涤剂溶解物（ADS）, 包含了中性洗涤溶解物（NDS）和半纤维素；未溶解的残渣为酸性洗涤纤维（ADF），包含了纤维素、木质素和硅酸盐。由 NDF 和 ADF 之差，可计算出饲料的半纤维素含量。

（3）酸性洗涤纤维（ADF）经 72% 硫酸处理，纤维素被全部溶解，未溶解的残渣为木质素和硅酸盐。已知 ADF 值与经硫酸消化后的残渣相减，计算出的值即为纤维素含量。

（4）将剩余的残渣放入马弗炉中进行灰化，灰化后留下来的灰分即是饲料中硅酸盐的含量。在灰化中逸失的部分即为酸性洗涤木质素（ADL）。

鉴于上述，通过使用洗涤剂纤维分析法，能够精确地得出植物性饲料中纤维素、半纤维素、木质素和酸不溶灰分的含量（图 5-5）。从而克服了传统粗纤维测定时所产生的困难。这无疑是纤维素测定的一次重要变革。

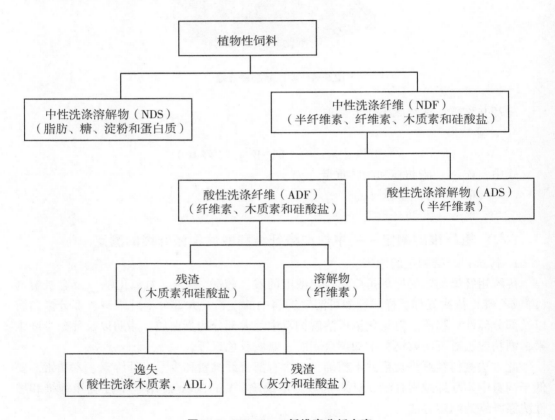

图 5-5　Van Soest 纤维素分析方案

3. 仪器与试剂

（1）仪器。烧杯、表面皿、抽滤装置（包括真空泵、抽滤瓶、抽滤漏斗）、古氏坩埚（带盖 30mL）、小匙勺、洗瓶、量筒、分析天平（精度 0.000 1g）、干燥器（变色硅胶）、电炉、恒温干燥箱、高温炉。

（2）试剂及配制。

①配制中性洗涤剂（30g/L 十二烷基硫酸钠）溶液。在烧杯（1 000 mL）中放入

18.61g 乙二胺四乙酸二钠（EDTA，$C_{10}H_{14}N_2O_8Na_2\cdot2H_2O$，化学纯，分子量 372.24）和 6.81g 四硼酸钠（$Na_2B_4O_7\cdot10H_2O$），加少量蒸馏水进行加热溶解，在溶解后的溶液中加入 30g 十二烷基硫酸钠，溶解后加入 10mL 乙二醇乙醚。在另一个烧杯中加入 4.65g 无水磷酸氢二钠（Na_2HPO_4，化学纯），加蒸馏水并稍微加热溶解，溶解后无损失地转移到第一个烧杯中，稀释至 1 000mL。此溶液 pH 值在 6.9～7.1，一般不做调整。

②配制酸性洗涤剂（20g/L 十六烷三甲基溴化铵）溶液。先配制 1 000mL 0.5mol/L 硫酸溶液，并进行标定，在此溶液中加入 20g 十六烷三甲基溴化铵，要充分溶解，也可以过滤。

③72%硫酸。在烧杯中加入 200mL 蒸馏水，再沿玻璃棒小心加入 734.69mL 浓硫酸，并不断搅拌，待冷却后稀释至 1 000mL。

④丙酮：化学纯。

⑤无水亚硫酸钠：化学纯。

⑥十氢萘或正辛醇（消泡剂）：化学纯。

⑦酸洗石棉。

4. 步骤与结果

（1）NDF 的测定。

①将古氏坩埚清洗干净并安装在抽滤瓶上，倒入少量酸洗石棉并进行抽滤，酸洗石棉厚度适宜，均匀适度即可，将坩埚放入托盘中并置于 105℃烘箱干燥 4h，烘干后放入干燥器中冷却 30min，用分析天平称重，重复此操作直至恒重（m_1）。

②在分析天平上准确称取待测样品 0.5～1.0g（m），待测样品需过 40 目筛处理，将称量后的样品倒入高型烧杯中，加入中性洗涤剂溶液 100mL、2～3 滴十氢萘（有时控制好温度可以不加，起消泡作用）和 0.5g 无水亚硫酸钠。

③盖上表玻璃，立即置于电炉上煮沸（5～10min），调小火保持微沸状态下回流 1h。

④煮沸完毕，冷却 10min，在烧杯中加入沸水，用抽滤装置抽滤，冲洗中性洗涤剂，多次冲洗抽滤，直至液体无泡澄清为止（注意不可损失样品），将称重后的古氏坩埚（m_1）安装于抽滤瓶上，将残渣全部移入，抽滤，最后再用 20mL 丙酮冲洗，抽滤。

⑤将古氏坩埚取下放置于 105℃烘箱中干燥 3h，取出放入干燥器中冷却 30min，进行称重，重复此操作直至恒重（m_2）。

（2）ADF 的测定。

①在分析天平上准确称取待测样品 0.5～1.0g（m'），待测样品需过 40 目筛处理，将称量后的样品倒入高型烧杯中，加入酸性洗涤剂溶液 100mL 和十氢萘约 2mL。

②盖上表玻璃，应立即置于电炉上煮沸（5～10min），调小火保持微沸状态下回流 1h。

③煮沸完毕，冷却 10min，在烧杯中加入沸水，用抽滤装置抽滤，冲洗酸性洗涤剂，多次冲洗抽滤，直至液体无泡澄清为止（注意不可损失样品），将称重后的古氏坩埚（m_1'）安装于抽滤瓶上，将残渣全部移入，抽滤，最后再用 20mL 丙酮冲洗，抽滤。

④同 NDF 测定，古氏坩埚+残渣质量为 m_2'。

（3）木质素的测定。

①在上述装有 ADF 并称重的古氏坩埚（m_2'）中加入酸洗石棉 1g，将古氏坩埚安放在 50mL 烧杯或托盘上，在坩埚中少量多次缓慢加入 72%硫酸（15℃），并用玻璃棒不断轻轻搅拌，硫酸需浸没坩埚中石棉与纤维，搅拌时应特别小心，防止捅漏古氏坩埚底部铺有的酸洗石棉，影响测定结果的准确性。玻璃棒可存在坩埚中。

②坩埚中的硫酸如果流出，需要隔一h再加一次硫酸并轻轻搅动，坩埚内的温度要保持在 20~23℃（必要时可以冷却）。按此操作溶解酸性洗涤纤维 3h。

③溶解后过滤。酸性洗涤纤维被溶解后，将古氏坩埚置于真空泵上进行抽滤，尽量将坩埚中硫酸抽滤干净，并用热水洗涤，同时用玻璃棒轻轻搅动，直到滤出液的 pH 值为中性为止。

④将古氏坩埚放入 105℃烘箱中烘干 3h，再放入干燥器中冷却 30min，用分析天平称重，并恒重（m_3）。

⑤再将古氏坩埚小心放入马弗炉中（550℃）灼烧 2h，取出在空气中冷却 1min，再放入干燥器中（起初干燥器盖应打开少许），冷却 30min，称重（m_4）。

⑥用石棉做空白实验：在已知质量的古氏坩埚中放入 1g 酸洗石棉，将坩埚放入马弗炉（550℃）中进行灼烧，可以得出酸洗石棉的失重（m_5）。若石棉在空白试验中失重小于 0.002 0g/g 石棉），则可停止空白试验。

5. 结果计算

（1）NDF 的计算。

$$NDF（\%）= \frac{m_2 - m_1}{m} \times 100$$

式中，m_2 为坩埚+NDF 质量；m_1 为坩埚质量；m 为试样质量。

（2）ADF 的计算。

$$ADF（\%）= \frac{m_2' - m_1'}{m'} \times 100$$

式中，m_2' 为坩埚+ADF 质量；m_1' 为坩埚质量；m' 为试样质量。

（3）半纤维素的计算。

$$半纤维素（\%）= NDF（\%）- ADF（\%）$$

（4）酸性洗涤木质素（ADL）的计算。

$$ADL（\%）= \frac{m_3 - m_4 - m_5}{m'} \times 100$$

式中，m_3 为 72%硫酸消化后坩埚+石棉+残渣（木质素和硅酸盐）的质量；m_4 为灰化后坩埚+石棉+残渣（硅酸盐）的质量；m_5 为石棉空白试验中失重；m' 为试样质量。

（5）酸不溶灰分（AIA）的计算。

$$AIA（\%）= \frac{m_4 - m_1' + m_5 - 石棉重}{m'} \times 100$$

式中，m_1'、m' 同"ADF"计算公式，m_4、m_5 同"ADL"计算公式；石棉重为测

定木质素时加入的石棉绝干质量。

（6）纤维素。

$$纤维素（\%）= ADF（\%）-ADL（\%）-AIA（\%）$$

（7）重复性。每个试样称取两个平行样进行测定，取算术平均值为分析结果。

中性洗涤纤维（NDF）含量≤10%，允许相对偏差≤5%；NDF含量>10%，允许相对偏差≤3%。

酸性洗涤纤维（ADF）含量≤10%，允许相对偏差≤5%；ADF含量>10%，允许相对偏差≤3%。

6. 注意事项

待测样品若是高蛋白饲料或者是高淀粉含量的饲料，使用中性洗涤剂处理样品不够完全，导致测定值偏高，针对此类样品，有关学者给出了一些解决途径。

（1）降低中性洗涤剂的 pH 值，由中性调节为酸性（pH 值为 3.5 左右）。

（2）针对高蛋白饲料，可先用蛋白酶进行预处理，使饲料中蛋白质被充分溶解，再进行 NDF 的测定，此 NDF 为蛋白酶处理的 NDF。

（3）针对高淀粉饲料，可先用淀粉酶进行预处理，使饲料中淀粉被充分溶解，再进行 NDF 的测定，此 NDF 为淀粉酶处理的 NDF。

（七）无氮浸出物的计算——差值法

1. 无氮浸出物计算的原理

饲料中无氮浸出物主要包含了淀粉、葡萄糖、果糖、蔗糖、糊精、五碳糖胶、有机酸和不属于纤维素的其他碳水化合物，如半纤维素及少量木质素（无氮浸出物中所含木质素的含量随饲料的来源不同而相差很大）。植物性饲料中，有少量的有机酸游离存在或与钾、钠、钙等物质形成盐类。有机酸多为酒石酸、柠檬酸、草酸、苹果酸；发酵过的饲料多含乳酸、醋酸和酪酸。

饲料种类的不同，其中含有的营养成分也不尽相同，因而饲料中无氮浸出物的营养价值也相差甚大，由于无氮浸出物的化学组成比较复杂，通常不进行化学分析测定，而是通过公式相差计算获得，目前仍使用此方法进行计算。

2. 计算方法

$$无氮浸出物（\%）= 100-［水分（\%）+粗蛋白质（\%）+\\ 粗脂肪（\%）+粗灰分（\%）+粗纤维（\%）］$$

三、纯养分分析法

随着动物营养科学技术的发展和检测方法的改善，饲料中营养价值的评定更加深入细致，也更趋向于自动化和快速化。饲料中的一些纯养分可以通过仪器进行测定，这些仪器均属于大型精密仪器，故需要严格按照操作规程进行操作。借助仪器测定的纯养分包括氨基酸、维生素、矿物质元素及必需脂肪酸等。

（一）矿物元素的检测

1. 矿物元素测定的原理

矿物元素的测定可以通过原子光谱技术进行，包括原子吸收光谱法（AAS）和原子发射光谱法（ICP），而原子发射光谱法又衍生出一种新型分析技术，即电感耦合等离子体原子发射光谱法（ICP-AES），此方法的优点有以下几点：分析速度快，可以将常量元素和微量元素同时分析；分析灵敏度高；分析精密度高，不管是常量元素还是微量元素，相对标准偏差极低；可以检测多种元素，几乎涵盖了所有可见光区和紫外光区的谱线。

iCAP 6000 系列是使用中阶梯光栅设计及电荷注入式装置（CID）固态检测器进行元素分析的系列化电感耦合等离子体发射光谱仪（ICP-AES）。待测样品经过前处理后呈液态，它们通过雾化器产生细的气溶胶喷雾，大颗粒的雾滴由雾化室排出，小颗粒雾滴将通过等离子体溶剂蒸发。剩余样品解离成为原子及离子并被激发，产生对应于原样品中每个元素的特征发射光谱。根据由已知浓度的每个元素的发射光谱绘制的标准曲线即可得到待测样品中每个元素的浓度。

2. 器材与试剂

（1）iCAP 6000。

（2）红外测温微波压力消解系统（马弗炉或电热板）。

（3）分析天平：感量 0.000 1g。

（4）容量瓶：50mL。

（5）浓硝酸。

3. 步骤与结果

（1）样品的前处理。可以使用微波消解系统快速消解样品，也可以采用"干法"或"湿法"将样品中的待测元素转化为离子形式。一般采用"湿法"进行消化。

"湿法"消化：精确称取 0.5g 样品于 100mL 的小三角瓶中，加入混酸 20mL（高氯酸：浓硝酸=1：3），浸泡过夜，在电热板上加热，保持微沸，至溶液澄清（时间约为 3h）。此操作需在通风橱中进行，待溶液冷却后，用漏斗过滤到 50mL 容量瓶中并定容。

微波消解系统操作流程参见使用说明书。

（2）iCAP 6000 的操作。

①开机预热。

a. 操作前先确定气瓶中氩气量充足，可以连续工作；

b. 确认废液收集桶有足够的空间用于收集废液；

c. 开启稳压电源开关，检查电源是否稳定，观察约 1min；

d. 打开氩气并调节分压在 0.60~0.70MPa；

e. 打开主机电源（左侧下方黑色刀闸），注意仪器自检动作，此时光室开始预热；

f. 打开电脑，待仪器自检完成后，双击"iTEVA"图标，进入操作软件主界面，仪器开始初始化。

②制定分析方案。

a. 确定样品是否适用于原子发射光谱法（ICP）分析：ICP 主要以常量和微量分析

为主，在没有基体干扰的情况下，样品溶液中元素的含量一般不应小于 5×DL（检出限）；

b. 确定样品分解方法：确保所测的元素能够完全分解，并溶解在溶液中，尽可能用 HNO_3 或 HCl 分解样品，尽量不用 H_2SO_4 和 H_3PO_4，会降低雾化效率；

c. 配制工作曲线（混标）：浓度之间相差 2~5 倍；

d. 样品准备：样品必须彻底消解，不得有混浊，如浑浊须用滤纸进行过滤，样品溶液中固溶物含量要求≤1.0%。

③编辑分析。

a. 操作软件（iTEVA）主窗口包括两个应用程序，分别为"分析"和"报告生成"；

b. 编辑分析方法：

单击"分析"进入分析模块，单击"方法"→新建……，选择所需的元素及其谱线；

单击"方法"→分析参数，设置重复次数、样品清洗时间、积分时间；

点击"等离子源设置"，设置清洗泵速和分析泵速，RF 功率，雾化器压力和辅助气流量。清洗泵速和分析泵速通常设定在 40~60r/min，RF 功率通常设定为 950~1 150W，雾化器压力根据需要通常设定在 24~32PSI，辅助气流量通常设定为 0.5L/min，观测高度通常设定为 15mm；

点击"标准"，可添加和删除标准，选择标准中所含有的元素及其所需的谱线，设置和修改元素含量；

单击"方法"→"保存"，输入方法名，点击确定，方法编辑完成。

④点火操作。

a. 确认光室温度稳定在（38±0.1）℃；

b. 再次确认氩气储量和压力（0.60~0.70MPa），并确保在 Boost 模式（大量驱气模式）下驱气 30min，以防止 CID 检测器结霜，造成 CID 检测器损坏；

c. 检查并确认进样系统（矩管、雾化室、雾化器、泵管等）安装是否正确；

d. 开启排风；

e. 打开水循环；

f. 安装好蠕动泵夹，把样品管放入蒸馏水中；

g. 单击程序中右下角点火图标，打开等离子状态对话框，查看连锁保护是否正常，若有红灯警示，须做相应检查，若一切正常点击等离子体开启，进行点火操作；

h. 待等离子体稳定 15~30min 后，即可开始制作标准曲线或分析样品。

⑤建立标准曲线并分析样品。

a. 点击"分析方法"，再点击"仪器"，选择执行自动寻峰，在执行自动寻峰时，标准溶液浓度不可太低或太高，最好控制在 1~10mg/kg，否则会出现寻峰失败的情况，如遇寻峰失败的情况，可采用单标，对已寻峰失败的谱线再次进行寻峰，寻峰结束后，需要重新保存方法，这样才能继续标准化，如果谱线没有漂移或漂移极小，可忽略此步骤，如果谱线漂移很远，可能需要重新做波长校准；

b. 单击标准化图标，开启标准化对话框，按照顺序逐一运行标准溶液，待所有标准溶液运行结束后点击"完成"；

c. 双击样品名称，即可打开 Subarray 谱图（样品谱图可叠加），察看谱峰是否有干扰，对于某些干扰可通过移动谱峰和背景的位置来进行消除，若将谱峰和背景的位置进行了移动，必须点击"更新方法"；

d. 通过点击"方法"→"元素"→"谱线和级次"→"拟合"，察看谱线的线性关系和相关系数，以判断该谱线是否可用。若确定可以使用，即可点击未知样图标，分析样品。

⑥熄火并返回待机状态。

a. 在样品分析完毕后，先点击蒸馏水冲洗 5~10min，再点击关闭等离子体，待水循环压力上升后，即可关闭水循环；

b. 通过点击仪器状态来查看 Camera 的温度，当温度回升到温室时，即可关闭氩气；

c. 松开泵夹；

d. 完全关机：如果仪器长期停止使用时，要将仪器主开关关闭。

（二）氨基酸的测定

1. 氨基酸测定的原理

试样中的蛋白质经盐酸水解后生成游离氨基酸，再经离子交换柱分离，并以茚三酮做柱后衍生，外标法定量。酸水解过程中，色氨酸被破坏，不能测定。而半胱氨酸、胱氨酸和蛋氨酸产生部分氧化，不能准确测定。

2. 器材与试剂

（1）器材。全自动氨基酸分析仪：日立 L-8900、分析天平、恒温水浴超声波仪、聚四氟乙烯材料的盖子的水解管（20~25mL）、电热恒温干燥箱：（110±1）℃、定量滤纸（直径 11cm）、比色管（10mL）、容量瓶、氮吹仪、有机溶液过滤滤膜（0.45μm）。

（2）试剂配制。若无特殊说明，本方法所用试剂均为分析纯，使用的水为 GB/T 6682 规定的一级水。

①7.8mol/L 盐酸溶液：将 650mL 盐酸沿玻璃棒缓慢加入 350mL 水中，搅拌均匀。

②0.02mol/L 盐酸溶液：吸取 1.00mL 盐酸加入 600mL 水中，混匀。

③50g/L 苯酚溶液：称取苯酚 5.0g，溶于 100mL 水中。

④混合氨基酸标准储备溶液：含 L-天门冬氨酸等 17 种常见氨基酸，各组分浓度为 2.5μmol/mL。

⑤混合氨基酸标准工作溶液：吸取 2.00mL 混合氨基酸标准储备溶液于 50mL 容量瓶中，以 0.02mol/L 盐酸溶液定容、混匀。各组分浓度为 100nmol/mL。

⑥高纯氮气：纯度≥99.99%

⑦茚三酮试剂：配制方法见表 5-1。

表 5-1 茚三酮试剂的组成和配制方法

储液桶	步骤	试剂或操作内容	用量
R1 茚三酮	1	乙二醇单甲醚（mL）	979
	2	茚三酮（g）	39
	3	鼓泡溶解时间（min）	5
	4	硼氢化钠（mg）	81
	5	鼓泡时间（min）	30
R2 缓冲液	1	水（mL）	336
	2	乙酸钠（g）	204
	3	冰乙酸（mL）	123
	4	乙二醇单甲醚（mL）	401
	5	定容体积（mL）	1 000
	6	鼓泡时间（min）	10

3. 步骤与结果

（1）准确称取 50~70mg（精确至 0.1mg）饲料样品于水解管中，加入 10.00mL 7.2mol/L 盐酸，再滴入 3 滴 50g/L 苯酚溶液，向试管中缓慢通入氮气 2min，将水解管的盖子拧紧，置于（110±1）℃烘箱中水解 22~24h。当水解管加热 1h 后，取出轻轻摇动水解管。继续加热到指定时间，取出冷却后，将水解管中的水解液摇匀，用定量滤纸干过滤，弃去最初几滴滤液，收集其余滤液。

（2）准确移取 100~200μL（精确至 1μL）的滤液于塑料离心管中，使用氮吹仪或真空浓缩仪进行浓缩至近干，温度设置为 60℃，然后再加入 200μL 水继续浓缩至近干，重复此操作两次。在离心管中加入 2.00mL 0.02mol/L 盐酸溶液超声溶解。过 0.45μm 的滤膜，所得滤液供上机测定。

（3）氨基酸自动分析仪测定参考条件。

①色谱柱：氨基酸专用分析柱（4.6mm×60mm）。

②流动相：可按照表 5-2 配制，也可根据仪器自身要求配制。

③检测波长：440nm 和 570nm。

④柱温：57℃。

⑤反应柱温度：135℃。

⑥流速：0.400mL/min。

⑦柱后衍生试剂流速：0.350mL/min。

⑧进样量：20μL。

（4）待仪器基线稳定后，依次注入标准工作溶液和样品待测溶液，外标法定量。

表 5-2 流动相缓冲溶液的组成

项目	流动相名称				
	PH-1	PH-2	PH-3	PH-4	RH-RG
储液桶	B1	B2	B3	B4	B6
钠离子浓度（mol/L）	0.16	0.20	0.20	1.2	0.2
相对密度	1.02	1.02	1.02	1.06	1.00
pH 值	3.3	3.2	4.0	4.9	—
超纯水（mL）	700	700	700	700	700
二水合柠檬酸三钠（g）	6.19	7.74	13.31	26.67	0
氢氧化钠（g）	0	0	0	0	8.00
氯化钠（g）	5.66	7.07	3.74	54.35	0
一水合柠檬酸（g）	19.80	22.00	12.80	6.10	0
乙醇（mL）	130.0	20.0	4.0	0	100.0
苯甲醇（mL）	0	0	0	5.0	0
硫二甘醇（mL）	5.0	5.0	5.0	0	0
聚氧乙烯月桂醚 Brji-35（g）	1.0	1.0	1.0	1.0	1.0
辛酸（mL）	0.1	0.1	0.1	0.1	0.1
定容体积（mL）	1 000	1 000	1 000	1 000	1 000

（5）结果计算。饲料样品中某种氨基酸的含量以质量分数 w（g/100g）表示，按如下公式计算：

$$w = \frac{c \times V \times D}{m} \times 10^{-9} \times 100$$

式中，w——饲料样品中某种氨基酸的含量（g/100g）；

　　　c——试液中某种氨基酸的浓度（ng/mL）；

　　　V——试样的最终体积（mL）；

　　　D——稀释倍数；

　　　m——饲料样品的质量（g）。

结果保留 3 位有效数字。在重复性条件下获得的 2 次独立测定结果的绝对差值不得超过算术平均值的 10%。

4. 注意事项

（1）水解液中蛋白质的最终浓度应在 0.5mg/mL 左右。上机液中氨基酸的最适宜浓度为 0.02~0.5nmol/μL。如果样品的浓度过大，会形成一种铵盐，可使反应柱堵塞。

（2）使用氮吹仪氮吹时，针头不要距离液面过近，气流量也不能太大，防止溶液吹出。

（3）使用水解管时，首先要检查是否密封，密封不严则无法使用。

（4）氨基酸自动分析仪对试剂和水的要求较高，纯度不高的试剂直接影响色谱柱的寿命和基线噪声等技术指标，尽量使用色谱纯试剂和超纯水。

（5）应严格按说明书配制各种缓冲溶液和反应溶液，并用 $0.45\mu m$ 滤膜过滤。

（三）维生素的测定——高效液相色谱法

1. 维生素测定的原理

维生素的测定有很多种方法，如分光光度法、荧光光度法以及色谱法等，经实验论证，色谱法的准确性和灵敏度最高，因此常采用色谱法。一般借助高效液相色谱大型精密仪器，它的操作原理是用碱溶液皂化样品，乙醚提取，除去乙醚残渣溶于正己烷，再注入高效液相色谱硅胶柱，通过紫外检测器测定，外标法定量维生素含量。

下面主要介绍维生素 A 的测定，其他维生素含量的测定方法类似。

2. 器材与试剂

（1）器材。分析天平、烘箱、旋转蒸发器、水浴、棕色容量瓶、圆底烧瓶（带回流冷凝器）、高效液相色谱仪、紫外检测器、皂化瓶。

（2）试剂。若无特别说明，本方法所有使用的试剂均为分析纯，所有用到的水均为蒸馏水，符合 GB/T 6682 中一级水标准。

①无水乙醚（不得含过氧化物）。②乙醇。③正己烷（GR，或重新蒸馏）。④异丙醇（GR，或重新蒸馏）。⑤甲醇（GR，或重新蒸馏）。⑥2,6-二叔丁基对甲酚（BHT）。⑦无水硫酸钠（AR）。⑧50%氢氧化钾溶液：准确称取 50g 氢氧化钾溶于 100mL 水中，抗坏血酸溶液：准确称取 0.5g 抗坏血酸（AR）溶于 4mL 温水中，再用乙醇定容至 100mL 容量瓶中备用。⑨维生素 A 标准贮备溶液：准确称量维生素 A 乙酸酯 0.034 4g 或维生素 A 乙酸酯油剂 0.100 0g 置于皂化瓶中，按照测定规程进行皂化和提取步骤，将乙醚提取液完全浓缩蒸发至干，再用正己烷溶解残渣，将溶液置于 100mL 棕色容量瓶中定容并摇匀，冰箱（4℃）内储存备用，此溶液为维生素 A 标准贮备溶液，维生素 A 浓度（以视黄醇计）为 300μg/mL，如以维生素 A 乙酸酯计，浓度则为 344μg/mL。⑩维生素 A 标准工作溶液：吸取 1.00mL 维生素 A 标准贮备溶液于 100mL 棕色容量瓶中，用正己烷稀释定容并摇匀，此溶液为维生素 A 标准工作溶液，浓度（以视黄醇计）为 3μg/mL。⑪若采用反相液相色谱测定，标准工作溶液的配制：吸取 1.00mL 维生素 A 标准贮备溶液于 100mL 棕色容量瓶中，用氮吹仪吹干，再注入甲醇溶液溶解残渣，定容并摇匀。⑫酚酞指示剂：准确称取 1.00g 酚酞溶于 100mL 乙醇中。⑬高纯氮气（N_2 99.9%）。

3. 步骤与结果

（1）皂化。用分析天平准确称取 1~10g 待测饲料试样，轻轻置于 250mL 圆底烧瓶底部，加入 50mL 配制好的抗坏血酸乙醇溶液，将试样全部分散并润湿，再添加 10mL 50%氢氧化钾溶液，充分混合均匀，最后装上冷凝管，加热回流 30min。皂化完成后依次用 5mL 乙醇、5mL 水从冷凝顶端冲洗内部，冲洗之后取下烧瓶并使烧瓶冷却至 40℃

以下。

（2）提取。将皂化液全部转入500mL分液漏斗中，并用少量的水冲洗圆底烧瓶，将冲洗液转移到分液漏斗中，冲洗2~3遍。再在分液漏斗中添加40mL乙醚，并加盖，振荡2min（注意放气），静置等待分层。将水相转移到第二支分液漏斗中，分别用100mL和80mL无水乙醚再次重复提取2次，将水相转移出去，合并每一次的乙醚相，并用蒸馏水（每次100mL）洗涤乙醚相，直至溶液呈中性。将乙醚相通过无水硫酸钠进行脱水，脱水后转移到250mL棕色容量瓶中，添加100mL BHT使其充分溶解，用无水乙醚定容至刻度（V_{ex}）。上述操作必须在避光的通风橱中完成。

（3）浓缩。从乙醚提取液（V_{ex}）中吸取适量体积提取液（V_{ri}，视维生素A含量而定）置于旋转蒸发器烧瓶中，水浴温度设置为50℃，真空条件下蒸发至干（或使用高纯氮气吹干）。残渣用少量正己烷溶解（反相色谱法则用甲醇溶解），并将其定容至10mL摇匀（V_{en}），通过离心机离心或用0.45μm过滤膜过滤，将滤液转移到2mL磨口试管中，封好盖。此溶液为待测溶液，作为上机分析用。待测溶液中维生素A浓度应在1~3μg/mL为好。

（4）测定。

①正相色谱条件。色谱柱为长12.5cm，内径4mm的不锈钢柱；固定相为硅胶Lichrosob Si 60，粒度5μm，流动相为正己烷-异丙醇（98+2），流速1mL/min；柱温为室温；进样体积20μL；检测器为紫外检测器，波长326nm；保留时间为3.75min。

②反相色谱法条件。色谱柱为长12.5cm，内径4mm的不锈钢柱；固定相为ODS（或C18），粒度5μm；流动相为甲醇-水（95+5），流速1mL/min；柱温为室温；进样体积20μL；检测器为紫外检测器，波长326nm；保留时间为4.75min。

③测定。按高效液相色谱仪使用说明书开启，调节仪器操作参数和灵敏度（AUFS），使色谱分离度R≥1.5，向色谱柱注入维生素A标准工作溶液（V_{st}）和待测溶液（V_i），得到色谱峰面积响应值分别为P_{st}和P_i，用外标法计算维生素A的含量。

（5）结果计算。

饲料中维生素A的含量按公式计算：

$$\omega_A = \frac{P_i \times V_{ex} \times V_{en} \times C_i \times V_{st}}{P_{st} \times m \times V_{ri} \times V_i}$$

式中，ω_A——饲料中维生素A的含量（μg/g）；

P_{st}——标准工作溶液相应的峰面积响应；

P_i——待测溶液相应的峰面积响应；

V_{st}——注入的标准工作溶液体积（μl）；

V_i——注入的待测溶液体积（μl）；

V_{ex}——提取液总体积（mL）；

V_{ri}——从提取溶液中分取的体积（mL）；

V_{en}——待测溶液体积（mL）；

C_i——标准工作溶液浓度（μg/mL）；

m——样品质量（g）。

注：每个试样取 2 个平行样进行测定，取算术平均值作为分析结果，允许相对偏差≤15%。

4. 注意事项

（1）测定中所用试剂均不含有过氧化物杂质，因过氧化物会氧化维生素 A。

（2）复合饲料中，通常不是一种维生素而是同时含有几种维生素，可以同时提取，同时分析多种脂溶性维生素，如维生素 A、维生素 D、维生素 E 和维生素 K。

（四）脂肪酸的测定——气相色谱法

1. 脂肪酸测定的原理

原理：以有机溶剂萃取试样总脂肪，再进行酯化反应为脂肪酸甲酯溶液，然后用气相色谱进行分析，用面积归一法测定其组成。

2. 器材与试剂

（1）实验器材。气相色谱仪（配备 FID 检测器）、分析天平、聚四氟乙烯材料的盖子的水解管、10mL 比色管或容量瓶、恒温水浴锅、振荡器、氮吹仪。

（2）试剂配制。如无特殊说明，所用试剂均为分析纯。

①去离子蒸馏水。

②氢氧化钠甲醇溶液（0.5mol/L）。称取 2g 氢氧化钠并溶于 100mL 无水甲醇中。该溶液在存放较长时间后，可能会有少量的白色碳酸钠析出，但此溶液不会影响甲酯的制备。

③盐酸/甲醇溶液：10mL 盐酸慢慢加入 100mL 无水甲醇中。

④正己烷：色谱纯。

⑤无水硫酸钠。

⑥高纯氮：纯度≥99.99%。

⑦脂肪酸标准：37 种脂肪酸混合标准溶液（Sigma），或相当者。

3. 步骤与结果

（1）脂肪提取与甲酯化。

①准确称取制备好的试验样品 0.5g 或相应含 20~50mg 脂肪的试验样品，放置于水解管中。

②在水解管中依次加入 1mL 无水甲醇、1mL 氢氧化钠甲醇溶液和 0.5mL 正己烷，将盖子拧紧放置于振荡器上轻微振荡混匀，在 50℃ 水浴锅中水浴加热 15min，取出冷却至室温，再加入 4mL 10%盐酸甲醇溶液，旋紧盖子并轻微晃动，在 90℃ 水浴锅中水浴加热 2h，中间要避免漏气，并且在水浴加热的过程中要轻轻晃动试管。

③水浴结束后，取出水解管冷却至室温，再加入 2mL 正己烷和 8mL 去离子水，放置于振荡器上轻微振荡混合均匀，静置约 10min。

④转移有机层于 10mL 比色管或容量瓶中，静置 5min，再加入 1g 左右的无水硫酸钠，待自然沉淀。

⑤最后小心吸取上层有机层进行气相色谱分析。

（2）色谱条件。

①色谱柱：弹性石英毛细管柱。

②载气：恒流 1.0mL/min。

③柱温：程序升温时，应将所有组分洗脱。

④进样口温度：200℃。

⑤检测器温度：等于或高于柱温。

⑥进样量：0.1~1μL，在检测痕量组分时，试样量可以相应增大（至 10 倍）。

⑦空气流速：55mL/min。

⑧氢气流速：40mL/min。

4. 定性分析与定量分析

同样的操作条件下，以样品分析过程中出峰的保留时间定性特定的脂肪酸甲酯，并利用面积归一法定量该脂肪酸甲酯的相对含量。

5. 结果计算

通过测定相应峰面积占所有成分峰面积总和的百分数来计算给定组分 i 的含量，用甲酯的质量分数表示。

$$X_1(\%) = \frac{A_i}{\sum A_i} \times 100$$

式中，X_1——甲酯的质量分数（%）；

A_i——成分 i 的峰面积；

$\sum A_i$——全部成分峰面积之和。

四、近红外分析技术

（一）近红外分析技术的原理

原理：近红外光谱方法（NIR）利用有机物中含有 C-H、N-H、O-H、C-C 等化学键的伸缩振动倍频或转动，以漫反射方式获得在近红外区的吸收光谱，通过选择化学计量学多元校正方法，将校定标样品的近红外吸收光谱和其成分的含量以及性质间的关系建立起定标模型，当测定未知样品时，通过已建立的定标模型和待测样品的近红外吸收光谱，即可快速计算出待测样品的成分含量。

（二）器材与试剂

（1）近红外光谱仪。NIR-5000 或相当设备。

（2）软件。与近红外光谱仪匹配的具有 NIR 数据的收集、储存、加工等功能。

（3）样品磨。旋风磨，筛片孔径为 0.42mm，或相当设备。

（4）样品皿。窗口采用可透过红外线的石英玻璃，能装样品 5~15g。

（三）步骤与结果

1. 待测样品预处理

用样品将样品磨碎，使之完全通过 0.42mm 孔筛（内径），并充分混匀。

2. 近红外光谱仪的使用前提

在使用仪器前首先要根据说明书的操作规程对设备进行严格检查。

3. 定标

NIR 分析得是否准确，起关键作用的是定标工作，而定标的原则和过程要参考相应的说明。

（1）定标模型的选择。定标模型的选择原则是校正样品的 NIR 光谱能对应待测样品的 NIR 光谱。定标模型是否符合是以光谱间的 H 值来判定的，若待测样品 H 值≤0.6时，该定标模型可以选择；若待测样品 H 值>0.6 时，该定标模型不可选择；若无现有的定标模型，则需要对现有模型进行升级。

（2）定标模型的升级。定标模型升级的主要目的，是使该模型在 NIR 光谱上更适用于待测样品。具体的方法是选取 25~45 个当地样本，并通过 NIR 光谱，再用经典方法测定各成分含量，随后把这些样本添加到定标样品中，用原有的定标方法进行统计计算，即得到了升级的新的定标模型。

4. 测定

用已建立的定标模型检测未知样品中的水分、粗蛋白质、粗纤维和粗脂肪等指标含量。

5. 结果判定

分析结果的允许误差见表 5-3。

表 5-3 分析结果的允许误差

试样中组分	含量（%）	平行样间相对偏差小于（%）	测定值与经典防范测定值之间的偏差小于（%）
水分	>20	5	0.40
	>10，≤20	7	0.35
	≤10	8	0.30
粗蛋白质	>40	2	0.50
	>25，≤40	3	0.45
	>10，≤25	4	0.40
	≤10	5	0.30
粗脂肪	>10	3	0.35
	≤10	5	0.30
粗纤维	>18	2	0.45
	>10，≤18	3	0.35
	≤10	4	0.30

五、饲料中黄曲霉毒素 B_1 的测定——酶联免疫吸附法

（一）饲料中黄曲霉毒素 B_1 测定的原理

待测样品中黄曲霉毒素 B_1、酶标黄曲霉毒素 B_1 抗原与包被于微量反应板上的黄曲霉毒素 B_1 特异性抗体发生免疫竞争性反应，在加入酶底物后出现显色，待测样品中黄曲霉毒素 B_1 的含量与颜色成反比。采用目测法来判断试样中黄曲霉毒素 B_1 的含量，或采用仪器法计算黄曲霉毒素 B_1 的含量。

（二）器材与试剂

1. 器材

小型粉碎机、分样筛（孔径1.00mm）、分析天平、滤纸（快速定性滤纸，直径9~10cm）、具塞三角瓶（100mL）、振荡器、微量移液器及配套枪头（10~100μL）、恒温培养箱、酶标测定仪（内置450nm滤光片）。

2. 试剂

除特殊说明，在分析中使用的试剂均为分析纯，使用的水为蒸馏水。

①黄曲霉毒素 B_1 酶联免疫测试盒中的试剂（因试剂盒中组成的不同，操作会有略微差别，需严格遵照说明书进行操作）。

②包被抗黄曲霉毒素 B_1 抗体的聚苯乙烯微量反应板。

③样品稀释液：甲醇-蒸馏水（7+93）。

④黄曲霉毒素 B_1 标准溶液：1.00μg/L、50.00μg/L。试验中所有接触黄曲霉毒素 B_1 的容器，需在1%次氯酸钠溶液中浸泡，浸泡12h后冲洗干净备用，操作过程中要佩戴医用乳胶手套。

⑤酶标黄曲霉毒素 B_1 抗原：黄曲霉毒素 B_1-辣根过氧化物酶交联物。

⑥酶标黄曲霉毒素 B_1 抗原稀释液：准确称取0.1g牛血清白蛋白（BSA）溶于100mL 0.01mol/L磷酸盐缓冲液（pH值为7.5）。

⑦0.01mol/L pH值为7.5磷酸盐缓冲液的配制：准确称取3.01g磷酸氢二钠（$Na_2HPO_4 \cdot 12H_2O$）、0.25g磷酸二氢钠（$NaH_2PO_4 \cdot 2H_2O$）、8.76g氯化钠（NaCl），溶解于1 000mL蒸馏水中。

⑧洗涤母液：吸取0.5mL吐温-20，并将其移入1 000mL 0.1mol/L磷酸盐缓冲液（pH值为7.5），充分混匀。

⑨0.1mol/L pH值为7.5磷酸盐缓冲液：称取30.1g磷酸氢二钠（$Na_2HPO_4 \cdot 12H_2O$）、2.5g磷酸二氢钠（$NaH_2PO_4 \cdot 2H_2O$）、87.6g氯化钠（NaCl），溶解于1 000mL蒸馏水中。

⑩底物溶液a：准确称取四甲基联苯胺（TMB）0.2g溶于1L pH值为5.0乙酸钠-柠檬酸缓冲液，此时溶液浓度为0.2g/L。

⑪pH值为5.0乙酸钠-柠檬酸缓冲液：准确称取15.09g乙酸钠（$CH_3COONa \cdot 3H_2O$）、1.56g柠檬酸（$C_6H_8O_7 \cdot H_2O$），溶解于1 000mL蒸馏水中。

⑫柠檬酸缓冲液。

⑬底物溶液 b：将 28mL 0.3%过氧化氢溶液溶解于 1L pH 值为 5.0 乙酸钠-柠檬酸缓冲液。

⑭终止液：硫酸溶液，$C(H_2SO_4) = 2mol/L$。

⑮甲醇水溶液。5mL 甲醇和 5mL 水进行 1：1 混合。

3. 测试盒中试剂的配制

（1）酶标黄曲霉毒素 B_1 抗原溶液：在酶标黄曲霉毒素 B_1 抗原中加入 1.5mL 酶标黄曲霉毒素 B_1 抗原稀释液，充分混匀，即配制成所需的酶标黄曲霉毒素 B_1 抗原溶液，于 4℃冰箱中保存。

（2）洗涤液：洗涤母液中加入 300mL 蒸馏水，即配制成试验用洗涤液。

（三）步骤与结果

1. 试样制备

将待测试样充分研磨，并能通过 1.00mm 的分样筛。若待测样品中脂肪含量在 10% 以上，则在粉碎前需脱脂。

2. 试样提取

（1）称取 5g 处理过的待测试样，精确至 0.01g，放置于 100mL 具塞三角瓶中，再加入配制好的甲醇水溶液 25mL，加塞放置于振荡器上振荡 10min，用定性滤纸过滤，将 1/4 初滤液弃掉，再收集适量待测试样滤液。

（2）根据不同饲料中黄曲霉毒素 B_1 的限量要求和黄曲霉毒素 B_1 标准溶液的浓度，用样品稀释液将待测试样滤液进行一定比例的稀释，配制成待测试样液备用。

3. 限量测定

（1）试剂的平衡方法。将黄曲霉毒素 B_1 测试盒放置于室温下，至少 15min，直至平衡至室温状态。

（2）测定。

①在微量反应板上选择其中一个孔，依次加入 50μL 样品稀释液、50μL 酶标黄曲霉毒素 B_1 抗原稀释液，作为空白孔。

②根据需要，在微量反应板上选取适量的孔，作为黄曲霉毒素 B_1 标准对照孔，再选取适量的孔为待测样品孔。在标准对照孔中加入 50μL 黄曲霉毒素 B_1 标准液，在待测样品孔中加入 50μL 待测试样液。标准对照孔和试样孔中分别加入 50μL 黄曲霉毒素 B_1 抗原溶液。在振荡器上轻轻振荡并混合均匀。将反应板置于 37℃恒温培养箱中，进行反应 30min。

③将反应板从培养箱中取出，将反应液全部甩干，在每一孔中加入 250μL 洗涤液，洗涤液不可以超过孔口，2min 后用力甩掉洗涤液，并在滤纸上拍干净，重复此操作 4 次。

④每个孔中各加入 50μL 底物溶液 a 和 50μL 底物溶液 b。轻轻摇匀。再次放入 37℃恒温培养箱中反应 15min。

⑤将反应板从培养箱中取出，每孔中各加入 50μL 终止液，显色后用酶标仪测定吸

光值，需要在 30min 内完成。

（3）结果判定。目测法：通过对比待测试样孔与标准对照孔的颜色来进行判定，如果待测试样孔颜色比标准对照孔浅时，则表示黄曲霉毒素 B_1 含量超标；如果颜色相近或更深则表示含量合格。

仪器法：用酶标测定仪进行测定，首先需要在 450nm 处用空白孔进行调零，再进行测定标准对照孔及待测试样孔的吸光度值。如果待测试样孔吸光值低于标准对照孔，则表示黄曲霉毒素 B_1 超标；如果试样空吸光值大于等于标准液孔，则表示含量合格。

4. 定量测定

如果待测试样中黄曲霉毒素 B_1 的含量超标时，需用酶标测定仪在 450nm 波长下进行定量测定，并根据绘制好的黄曲霉毒素 B_1 标准曲线来计算待测试样中黄曲霉毒素 B_1 的含量。用样品稀释液将黄曲霉毒素 B_1 标准溶液稀释成 0.0μg/L、0.1μg/L、1.0μg/L、10.0μg/L、20.0μg/L、50.0μg/L 的标准工作溶液，按限量法测定步骤测得相应的吸光度值 A。以 0.0μg/L 工作溶液的吸光度值作为分母，其余标准工作液的吸光度值作为分子，二者百分比作为纵坐标，黄曲霉毒素 B_1 标准工作溶液浓度的常用对数值作为横坐标，以此绘制标准曲线。

5. 结果计算

试样中黄曲霉毒素 B_1 的含量以质量分数 X 计，单位以 μg/kg 表示，按公式计算：

$$X = \frac{\rho \times V \times n}{m}$$

式中，ρ——从标准曲线上查得的待测试样提取液中黄曲霉毒素 B_1 含量（μg/L）；

V——试样提取液体积（mL）；

n——试样稀释倍数；

m——试样的质量（g）。

注：重复测定结果的相对偏差不得超过 10%。

第二节　饲料成品营养价值评定——动物营养研究方法与技术

如何确定动物对营养物质的需要量以及动物对饲料的养分利用率是饲料配合的重要依据。经过学界长时间探索，与配合饲料相关的动物营养学研究已形成了一套系统的研究方法，随着学科的发展及相互交融，研究方法与技术正在不断地改进和完善。针对不同的动物、不同的生产目的以及不同的营养物质，其研究方法也不尽一致。本节主要对评定配合饲料的饲料养分利用率及营养需要量中常用的消化实验、平衡实验、饲养实验、比较屠宰实验简要介绍，并对近些年新兴的研究方法和技术手段做简单的介绍。

动物营养学研究的常用方法有化学分析法、生长实验、比较屠宰实验、消化实验、代谢实验、平衡实验等。化学分析法是对饲料、动物组织及动物排泄物定性、定量分析营养物质、代谢产物、酶活性、抗营养因子含量等，是动物营养研究中最基本的方法。生长实验是通过科学设计、严格控制、规范操作的动物饲养试验，以获得可靠的实验结果和结论的综合实验方法。消化实验是根据动物摄入的营养物质和粪中排泄物的营养物质的差值来测定饲料可消化性以及动物对饲料消化能力的实验方法。消化实验种类较多，根据不同的实验目的可分为不同的实验方法。根据是否使用动物，分为体内消化实验、体外消化实验、尼龙袋法；根据收粪方法，分为全收粪法和指示剂法；根据收粪部位，分为肛门收粪法和回肠末端收粪法；根据指示剂的来源，分为外源指示剂法和内源指示剂法；根据待测饲料类型，分为直接法和套算法。代谢实验常用于评定家禽的代谢能和养分利用率，是在消化实验的基础上，进一步测定养分代谢后从尿中排泄的量，即评定各种饲料养分（如 C、Ca、P 等）在动物体内的沉积能力（沉积率），从而计算养分的利用率。平衡实验可用于研究机体能量代谢过程中的数量关系，通过利用动物采食与经所有途径排出体外的营养物质之差来测定动物体内组成成分变化情况的一种实验方法，从而确定动物对能量的需要和饲料或日粮能量的利用率。

一、饲养试验

　　饲养试验，又称生长试验，是在接近实际生产条件下，在特定的时间内，饲喂动物已知营养物质含量的日粮或饲料，观察动物在生产力方面的变化，如体重的增加、乳、毛蛋等畜产品数量的变化及有关的各种理化指标的影响，以此确定动物的营养需要量、饲料养分的利用效率或比较饲料或日粮的优劣。饲养试验是动物营养研究中应用最广泛、使用最多的基本的综合实验方法，可综合评定养分的需要量和养分的相对生物效价，条件接近生产，实验结果便于推广应用，可作为验证实验评定其他研究方法的评定结果。

　　饲养试验按照试验内容分为单因子试验和复因子试验。在一次试验中只研究一个试验因子的若干处理对试验结果的影响，称为单因子试验，单因子试验比较简单，目的明确，所得结果易于分析。在一次试验中，同时研究两个或两个以上因子的不同水平条件下对试验结果的影响，称为复因子试验，复因子试验的结果不仅能比较各因子的单独效应，而且还能进一步分析出各处理间的相互作用，使试验较全面地、完整地反映出事物的规律。单因子试验设计包括配对试验、完全随机设计、随机化完全区组设计、单向分类试验设计和交叉试验设计。复因子设计包括析因试验设计、拉丁方设计、正交设计、交叉试验设计和裂区设计。饲养试验按照试验规模分为小型饲养试验、中型饲养试验和生产推广试验。

　　实验动物的选择需遵循"唯一差异原则"，才能提高实验的准确性，以达到预期的目的。在营养研究中，由于实验的效应是以动物的生长变化和饲料养分的利用率来反映的，而动物自身的遗传特点、性别、年龄、体重和健康状况则是影响效应的重要因素。因此，试畜的品种（品系）、杂交组合、胎次、性别等应尽量一致；出生日龄相近（猪相差不超过 5d；禽 1d），体重无显著性差异（组内个体差异不超过 10%，组间平均体重差异不显著）；试畜必须健康无病，采食量、食欲正常，生长发育均衡。

实验的环境条件，例如温度、湿度、气流速度及空气的清洁度等也在考虑范围内。在安排处理组实验动物时，在畜舍的不同部位，即不同的小气候区，如靠近门窗与畜舍中央、笼子的上层与下层等，都应尽可能有每个处理的一个或两个重复，以消除由于实验环境不同导致的试验误差。

实验日粮的配合也是很严格的，必须明确实验目的和影响实验的一切营养及环境因素外，凡用作实验日粮的原料也必须标准，并要测定所需的各种营养成分的含量，以保证实验日粮尽可能符合设计要求。如果实验期较长，实验日粮需配几次，则饲料原料应一次备齐，并妥善保存。

饲养试验一般分为两个阶段：预饲期和正式期。预饲期一般在 10~15d，主要是为了使试畜适应于新的试验环境，同时摸索饲料适宜喂量，同时检验各试验组内的试畜增重、饲料利用效率、采食量、健康状况等是否一致。预饲期结束各组间平均日增重和饲料利用率差异不显著才能进入正式期，否则试畜要重新调整，重新进行预饲。正试期不应低于以下天数，肉牛 60d、肉鸡 28d、乳牛 60d、产蛋鸡 160d、育肥猪 60d。饲养实验需根据实验家畜和试验目的选择群饲或单饲，任食或限食。动物可群饲（几个动物同圈饲养），也可单饲（一个动物单独饲养）。群饲对于小动物较适合，可多设重复（群）。任食是指让动物自由接触饲料、任意采食或自由采食。限食则是对动物的采食进行一定的限制。在评定动物的营养需要、比较饲料或日粮的差异以及环境温度和其他非营养因素对生产性能的影响时，为使动物都有同等的机会，充分发挥动物和饲料的最大潜力以达到实验目的，任食则是必要的。限食多用于评定饲料的利用率和考察受采食量的影响因素，如动物生长速度、能量和蛋白质沉积与采食量的关系。试验前试畜需进行以下工作：去势（公畜）、驱虫、防疫注射、个体编号等。

二、比较屠宰试验

为进一步研究饲料对动物的肥育效果和观察其对幼畜生长的影响，必须屠宰动物，以比较实验组与对照组（常为实验前后）的差异，故称为比较屠宰试验。比较屠宰试验既可以比较动物不同生长发育阶段体成分的变化，也可以比较不同营养水平对体成分的影响。

动物的屠宰可先放血，收集血液称重取样；也可不放血，先用药麻醉，再迅速屠宰取样。营养学指标主要包括对屠体或组织中氮（蛋白质）、能量、矿物元素及某些酶活性的测定。对胴体品质进行检查测定，常包括肌肉颜色、肌内脂肪、眼肌面积、背膜厚、胴体长、空体重及屠宰率等指标。一般用左侧胴体进行测定。

常用于饲养试验和比较屠宰试验的相关观测指标见表 5-4。

表 5-4　畜禽生产性能与屠宰性能的测定与计算

畜禽	指标		测定方法
猪	繁殖性能	受胎率和情期受胎率	受胎率（%）=受胎母畜数/参加配种母畜数×100 情期受胎率（%）=情期受胎母畜数/参加配种母畜数×100
		产仔数	产仔数指出生时全部猪的总数（包括死胎和木乃伊等在内） 产仔数应在母猪产仔后 8~10h 内进行登记
		存活数	存活率（%）=产仔数-（死胎+死产）/产仔数×100
		初生重	仔猪初生重是指在仔猪生后 12h 内（吃初乳之前）所称重量
		均匀度（整齐度）	哺育率（%）=断奶成活仔数/出生成活仔数×100
		泌乳力与泌乳量	泌乳力以仔猪出生后 1 月龄（或 20 日龄）时窝重来表示（包括寄养的仔猪在内）。 母猪第 1 个月泌乳量=（生后 30 日龄窝重-初生窝重）×3 "3" 为每 1kg 活重需要 3kg 猪奶
		断奶全窝重	指断奶日龄（生后 45 日龄或 60 日龄）全窝仔猪的总重量（空腹称重）
		哺育率	哺育率（%）=断奶成活仔数/出生成活仔数×100
	育肥性能	增重	绝对增重（kg）=终重-始重 日增重（kg）=（终重-始重）/日龄 相对增重（%）=（终重-始重）/始重×100
		饲料利用效率	料肉比（饲料要求率）=肥育期中消耗的饲料量/肥育期中的总增重 转换率=总增重/消耗饲料总量
	屠宰性能	屠宰率	屠宰率（%）=胴体重/宰前活重×100
		宰前活重	宰前禁食 12~24h 的空腹体重
		胴体重	去头、皮、尾、蹄和内脏的胴体重量
		出肉率（净肉率）	出肉率（%）=瘦肉重量/宰前活重×100
		背膘厚	背膘厚是指皮下脂肪的厚度，一般是指第六、第七胸椎连接处的背膘厚度
		眼肌面积	一般是指家畜倒数第一、第二胸椎间背腰最长肌的横断面面积。与家畜产肉性能有强相关关系
		肉品质	肉色、肉的酸碱度（pH 值）、滴水损失、系水力、蒸煮损失、嫩度

畜禽	指标		测定方法
家禽	生产性能	种蛋合格率	母禽在规定的产蛋期内所产符合本品种、品系要求的种蛋数占产蛋总数的百分率
		受精率	受精蛋占入孵蛋的百分率（血圈、血线蛋按受精蛋计算，散黄蛋按无精蛋计算）
		孵化率（出雏率）	（1）受精蛋孵化率：出雏数占受精蛋数的百分率； （2）入孵蛋孵化率：出雏数占入孵蛋数的百分率
		健雏率	指健康雏禽数占出雏数的百分率。健雏指适时出壳，绒毛正常，脐部愈合良好，精神活泼，无畸形者
	产蛋性能	开产日龄	（1）个体记录以产第一个蛋的日龄计算； （2）群体记录鸡鸭按日产蛋率达 50% 的日龄计算，鹅按日产蛋率达 5% 日龄计算
		母禽存活率	入舍母禽数减去死亡数和淘汰数后的存活数占入舍母禽数的百分率
		产蛋量	产蛋量：母禽于统计期内的产蛋数： （1）按入舍母禽数统计； （2）按母禽饲养只日数统计
		产蛋率	母禽在统计期内的产蛋百分率： （1）饲养日产蛋率（%）； （2）入舍母禽数产蛋率（%）
		蛋重	（1）平均蛋重：从 300 日龄开始计算，以克为单位； （2）总蛋重（kg）
		蛋的品质	蛋形指数：蛋形指数=纵径/横径； 蛋壳强度：用蛋壳强度测定仪测定； 蛋壳厚度：用蛋壳厚度测定仪测定。分别测量蛋壳的钝端、中部、锐端三个厚度，求其平均值。应剔除内壳膜。以 mm 为单位； 蛋的比重：用盐水漂浮法测定； 蛋黄色泽：按罗氏（ROCHE）比色扇的 15 个蛋黄色泽等级分级，统计每批蛋各级的数量与百分率； 蛋壳色泽：按白、浅褐、深褐、青色等表示； 蛋白高度：用蛋白高度测定仪测量蛋黄边缘与蛋白边缘的中点，避开系带，测三个等距离中点的平均值为蛋白高度； 哈氏（HANGH）单位：也叫哈夫单位，是表示蛋的新鲜度和蛋白质量的指标。 哈氏单位 $= 100 \cdot \text{Log}\ (H-1.7\ W^{0.37}+7.57)$ H：浓蛋白高度（mm） W：蛋重（g）
		血斑和肉斑率	血斑和肉斑率（%）= 血斑和肉斑总数/测定的蛋数×100

（续表）

畜禽	指标		测定方法
家禽	肉用性能	屠宰率	屠宰率（%）＝屠体重/活重×100 活重：指在屠宰前停饲 12h 后的重量。以克为单位（以下同）。 屠体重：放血去羽后的重量（湿拨法须沥干）
		半净膛率	半净膛率（%）＝半净膛重/屠体重×100 半净膛重：屠宰体去气管、食道、嗉囊、肠、脾、胰和生殖器官，留心、肺、肝（去胆）、肾、腺胃（除去内容物及角质膜）和腹脂（包括腹部板油及肌胃周围的脂肪）的重量
		全净膛重	全净膛重（%）＝全净膛重/屠体重×100 全净膛重：半净膛重去心、肝、腺胃、肌胃、腹脂及头脚的重量（鸭、鹅保留头脚）
		胸肌率	胸肌率（%）＝胸肌重/全净膛重×100
		腿肌率	腿肌率（%）＝大小腿净肌肉重/全净膛重×100
		腹脂率	腹脂率（%）＝腹脂重/活体重×100
		饲料转化比	（1）产蛋期料蛋比（%）＝产蛋期耗料量（kg）/总蛋重（kg）×100； （2）肉用仔禽料肉比（%）＝肉用仔禽全程耗料量（kg）/总活重（kg）×100
奶牛	生产指标	产奶量	牛的产奶量，一般以 305d 作为泌乳期计算。产奶量可以逐日逐次测定并记录，也可每月测定一次（每次间隔时间要均匀），然后将 10 次测定的总和乘以 30.5，作为 305d 的记录（误差约为 2.7%）
		泌乳性能	（1）稳定系数＝1−本月挤奶量/上月挤奶量×100； （2）全价指数＝实际产奶量/（最高日产奶量×泌乳期日数）×100； （3）乳脂率>3.1%； （4）乳蛋白率>3.0%； （5）乳糖率平均为 4.6%，变化范围为 3.6%~5.5%； （6）体细胞数<40 万个/mL； （7）微生物数<10 万个/mL

三、消化试验

动物采食的饲料经消化后，一部分营养物质不能被吸收，随同消化道分泌物和脱落的肠壁细胞以粪便的形式排出体外。准确地量化饲料中各种养分被动物消化利用的程度，是评定饲料营养价值的重要方法。消化试验是用饲料饲喂动物，准确测定动物的采食量，并收集粪便，通过摄入和排出的差异来反映动物对饲料养分的消化能力或饲料养分可消化性的试验研究。消化试验的方法可分为体内消化试验、尼龙袋法和离体消化试验三大类。

(一) 体内消化实验

体内 (in vivo) 消化试验是利用动物来进行的, 通过准确测定动物摄入的养分数量及粪中排泄量来计算消化率。体内消化试验通常根据是否全部收集粪便分为全收粪法 (常规法) 和指示剂法; 因收粪的部位不同, 可分为肛门收粪法和回肠末端收粪法; 根据指示剂的来源不同, 可分为内源指示剂法和外源指示剂法; 根据测定的饲料种类不同, 可分为直接法和套算法。

1. 全收粪法

全收粪法是传统的消化试验, 动物采用专用代谢笼单笼饲养, 试验期内收集试验期内动物从肛门排泄的全部粪便或回肠末端的食糜来计算未消化养分的排出量。试验开始前需准备实验动物, 实验动物须体况良好, 对于采用外科手术在回肠末端安装一瘘管, 或采用回-直肠吻合术 (猪) 或盲肠切除手术 (家禽) 的动物, 也需要做好术前准备和术后护理, 待动物恢复正常后, 才能开始试验。实验重复数 4~5 头为宜。测定禽饲料氨基酸的消化率, 由于个体间差异大, 一般要求 16~24 只, 但为减少测氨基酸的样品数, 可 3~4 只为一组, 测其混合粪样的氨基酸。用于测试的饲料要一次备齐, 按每日每头饲喂量称重分装, 并取样供分析干物质和养分含量用。试验分为预饲期和正式期两个阶段。消化试验期的长短依畜种而定, 牛、羊为 10~14d、马为 7~10d、猪为 5~10d、家禽为 3~5d, 正式试验期牛、羊 10~14d、马为 8~10d、猪为 6~10d、家禽为 4~5d。公畜可在动物尾部系一集粪袋收集粪便, 对于不宜采用收粪袋的动物, 可收集排落在集粪盘上的粪便, 但应注意避免尿液、饲料和羽毛对粪便的污染。每天定时收集粪便后并称重, 将试验期内所取粪样混匀后称取总重的 2%~10%, 然后 100g 鲜粪加 10% 盐酸 10mL 或者加硫酸和甲苯, 固氮防腐。

全收粪法粪样收集的方法主要有肛门收粪法和回肠末端收粪法。①全收粪法操作方便、测定结果较准确, 但是粪样易被饲料、脱落羽毛、皮屑、尿等污染, 收集的粪便需要及时保存和处理, 以防止成分发生改变。该方法假设粪便中的养分代表饲料中未被消化的养分, 得出的消化率为表观消化率, 具体计算方法如下: 养分消化率 (%) = (摄入养分量-粪排泄养分量) /摄入养分量×100; ②回肠末端收粪法主要用于饲料氨基酸消化率的测定。回肠食糜的收集方法有多种, 包括通过屠宰取样, 或通过外科手术在回肠末端安装一瘘管收集食糜 (图 5-6、图 5-7 T 型瘘管和图 5-8 桥式瘘管), 或通过回-直肠吻合术 (图 5-9) 或通过可移动的回-盲瘘管术 (图 5-10) 或盲肠切除手术 (家禽) 后, 在肛门收集粪便。回肠末端收粪法可排除大肠微生物的干扰, 真实反映饲料养分的消化吸收情况。

2. 指示剂法

指示剂法是以饲料中或外源添加的难以消化的、可均匀分布、回收率高的物质为指示剂, 根据指示剂在饲料和粪便中与养分的比例变化来计算养分的消化率, 根据指示剂的来源又分外源指示剂和内源指示剂。

(1) 外源指示剂法。外源指示剂是加入日粮中的指示物质, 在实验预备期需将指示

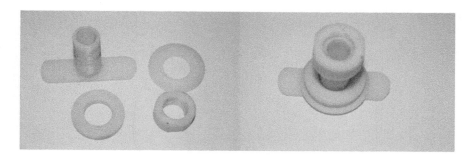

图 5-6　T 型瘘管

（引自 DB37/T 2471—2014《猪回肠末端 T 型瘘管术操作规程》）

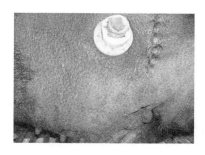

图 5-7　T 型瘘管安装部位

（引自 DB37/T 2471—2014《猪回肠末端 T 型瘘管术操作规程》）

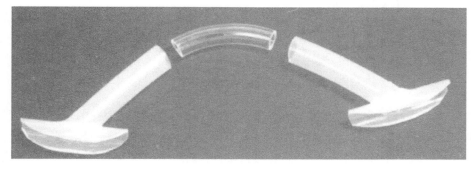

图 5-8　桥式瘘管

（引自 Leeuwen 等，1988）

剂加入日粮中混匀饲喂。指示剂法每日只需收集部分粪样。三氧化二铬（Cr_2O_3）是较为常用的一种外源指示剂，回收率一般在 90% 以上。具体算法如下：

$$日粮营养物质消化率=100\%-Ad/Af\times Bf/Bd\times100\%$$

式中，Ad——日粮中指示剂含量（%）；

Af——粪中指示剂含量（%）；

Bf——粪中养分含量（%）；

Bd——日粮中养分含量（%）。

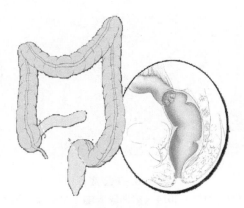

图 5-9　回-直肠吻合术

（引自 Foote 等，1964）

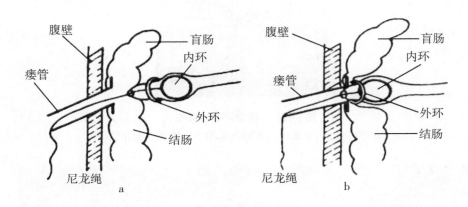

图 5-10　可移动的回-盲瘘管术

（引自张群英等，1996）

（2）内源指示剂法。内源指示剂是指用日粮或饲料自身所含有的不可消化吸收的物质作指示剂，一般采用 2mol HCl 或 4mol HCl 不溶灰分，故又称为盐酸不溶灰分法。内源指示剂法减少了收集全部粪便带来的麻烦，省时省力，尤其是在收集全部粪便较困难的情况下，采用指示剂法更具优越性。

3. 直接法和套算法

直接法是被测饲料为单一饲料原料，可以作为全部日粮饲喂的消化试验。该方法简单，不需要测定参考日粮，无养分互作的干扰，但是某些单一的饲料原料适口性差，时间长后可能导致营养缺乏症。

套算法又称为顶替法，被测饲料不能作为动物全部日粮饲喂，需要利用套算法进行测定。需要配制两种日粮：基础日粮和含待测料的新日粮（由待测饲料按一定比例替代基础日粮而成）。进行消化试验时，分别测定基础日粮和新日粮的养分消化率，然后，根据两种日粮的养分消化率，计算待测饲料的养分消化率。计算公式为：

$$D = [100\% (A-B)/F] + B$$

式中，D——待测饲料养分消化率（%）；

　　　A——新日粮养分消化率（%）；

　　　B——基础日粮养分消化率（%）；

　　　F——被测饲料占新日粮的比例（%）。

（二）离体消化试验

离体消化试验是指模拟消化道的环境，在体外进行饲料的消化。离体消化试验操作方便，环境条件、处理方法和时间易控制，更容易标准化，但动物的生理过程是建立在整个机体上的，离体消化试验与动物机体内的过程有一定的差异。按照消化液的来源，离体消化试验可分为消化道消化液法和人工消化液法。两类消化液也常混合使用。

1. 消化道消化液法

该方法需实验动物安装瘘管以收取小肠液或瘤胃液，加入试管中进行孵化。

由于饲料样品经瘤胃微生物发酵所产生的气体（CO_2、CH_4 和 H_2）为微生物的代谢产物。因此，在一定的代谢途径下，可以利用气体产生的数量或速度可以反映营养物质被瘤胃微生物发酵的程度和速度或直接用瘤胃液消化测定饲料蛋白质降解率。该方法是将一定数量的饲料样本在体外培养管（注射器）中接种瘤胃液和缓冲液混合物进行培养，培养条件模拟瘤胃温度、pH 值、缓冲能力、微量营养物质、氮源及其厌氧环境，可研究瘤胃微生物组成、特性，可通过测定产气量、发酵底物和营养物质消失率来评定饲料营养价值。

2. 人工消化液法

人工消化液法的消化液不是来自消化道，而是采用消化酶模拟制成的。主要用于反刍动物饲料消化率以及瘤胃饲料蛋白质降解率的测定。消化率的测定分为两步，第一步是用纤维素分解酶制剂加盐酸溶液，第二步仍是胃蛋白酶加盐酸溶液，所以又称为"HCl 纤维分解酶法"。

3. 尼龙袋法

目前，评价反刍动物饲料营养成分降解率的方法主要有体内法、半体内法和体外法3 种。尼龙袋法属于半体内法，是评价反刍动物营养价值的一种重要方法，主要用于研究饲料在反刍动物瘤胃内的降解速度和降解量。尼龙袋法能够比较客观地反映特定时间间隔内，样品在瘤胃中的降解度和降解率，而且还具有测定所需样品少、操作简单、测定迅速、费用低和重复性好等优点。1984 年，冯仰廉运用尼龙袋法测定了 5 种中国精饲料在羊瘤胃中的降解率等，目前尼龙袋法已经被广泛地运用于淀粉、酸性洗涤纤维、中性洗涤纤维等营养指标瘤胃降解情况的评价中。其原理主要是将待测的饲料粉碎，放进制作好的尼龙袋中，再将装有饲料的尼龙袋从瘤胃瘘管放进反刍动物的瘤胃当中，经过不同的时间点培养后取出，冲洗干净，在 65℃烘箱中烘干称重，根据饲料中蛋白质量降解前后的变化情况得到饲料蛋白质的降解率。具体计算公式如下：

$$dp = a + b (1 - e^{-ct})$$

式中，dp（%）——瞬时降解率；

　　　a（%）——快速降解成分；

b（%）——慢速降解成分；

c（%/h）——慢速降解成分的降解速率；

t（h）——降解时间。

影响尼龙袋法测定营养物质瘤胃降解率的因素主要有以下几个方面。①饲料样品的粉碎粒度大小和取样量。对于饲料的粉碎粒度，目前研究者普遍采用大小在2.0～3.0mm。2009年我国学者运用尼龙袋法测定了几种不同粒度的豆粕粗蛋白质和干物质在绵羊瘤胃内的降解率，结果表明粗蛋白质和干物质降解率与饲料的粉碎粒度有明显的关系，饲料粉碎粒度越小，饲料干物质和粗蛋白质在瘤胃内的降解率越高。冯仰廉等于1984年首次将尼龙袋法引入中国，用于测定几种中国精饲料在瘤胃中的降解率，其建议的饲料粉碎粒度为2.5mm。此外，饲料的取样量多少也会对降解率产生一定的影响，取样量过多或者过少都会对试验结果产生影响。一般情况下，样品的干物质消失率随取样量的增加而下降，但随着样品在瘤胃内降解时间的延长，这种差异会越来越小。运用尼龙袋法评价饲草料在羊瘤胃内的降解率时，精料和粗料的取样量应为3.0g和1.5g。②日粮的精粗比。日粮的精粗比会对反刍动物瘤胃内菌群结构产生一定的影响，从而对饲料在瘤胃中的降解率产生一定影响。如增加粗饲料的采食量，可以增加瘤胃内液体和精料的流通速率。③尼龙袋的材料、孔径大小和尺寸。尼龙袋的尺寸要与被测饲料的比例和放入瘤胃的袋子数量相匹配，要保证饲料能与瘤胃消化液充分接触，但对于袋子的尺寸与体积，并没有明确规定，目前在进行肉羊尼龙袋试验时一般采用的袋子尺寸为6 cm×10 cm、7 cm×10 cm、8 cm×12 cm。尼龙袋的孔径应保证饲料既不能从袋子中流出又能保证瘤胃液能与饲料充分接触，目前尼龙袋的孔径多采用40～60μm。④冲洗方法。尼龙袋从瘤胃中去除之后应立即将袋子表面的瘤胃液和瘤胃残渣冲洗干净，避免袋子中的饲料继续降解，影响试验结果。常用的冲洗方式主要有人工冲洗和机器洗涤两种。人工冲洗是将取出的尼龙袋用自来水冲洗干净后冷冻保存，待全部尼龙袋取完后，再在水龙头下用自来水反复冲洗至水澄清为止；机器洗涤是将取出的尼龙袋放入洗衣机中进行洗涤，洗涤过程中，洗衣机的转速、洗涤时间、洗涤时的水温和水质都是影响洗涤效果的重要因素。⑤瘤胃微生物污染与校正。瘤胃微生物污染是影响尼龙袋法评价瘤胃降解率的一个重要因素，国内外对瘤胃微生物污染及校正方面的研究相对较少。微生物污染的程度随着饲料在瘤胃内的滞留时间延长而增加，在低氮含量饲料中，微生物污染的程度相对较高。所以考虑到微生物对残留物污染的修正对粗饲料是必要的。

四、代谢试验

代谢是生物体内所发生的用于维持生命的一系列有序的化学反应的总称，分为合成代谢和分解代谢。代谢试验只是在消化试验的基础上增加尿液的收集和分析，其过程和要求与消化试验相同，一般用于饲料的代谢能或养分的代谢率的测定。但家禽的粪便和尿液均经过泄殖腔从肛门排出，难以分开。所以，测定家禽饲料的养分利用率比测定消化率容易。养分代谢率的计算公式如下：

养分代谢率（%）＝（食入养分-粪中养分-尿中养分）/食入养分×100

目前，比较公认的家禽饲料代谢能或氨基酸利用率的测定方法为 Sibbald（1976）提出的真代谢能（TME）快速测定方法，该方法采用饥饿—强饲—收粪法。其主要操作程序为：①选用成年家禽单笼饲养，正试期开始前一天 18：00 停食停水。试验开始第一天 6：00 称试鸡空腹重。②每日收取粪、尿一或二次。若收两次，可于 6：00 和16：00 收取；收取一次时于 6：00 收取。③第四天 18：00 饲喂结束后，去下饲槽和水槽，停食停水。④第五天 6：00 收取最后一次粪、尿，然后称鸡空腹重，最后将收集的粪样冻干，粉碎过筛，测其能量或氨基酸含量。根据食入和排出差额计算代谢能或氨基酸消化率。真代谢能或氨基酸真消化率用内源排泄量校正。收集排泄物时，通常在肛门缝合瓶，拧上塑料瓶来准确收集排泄物。

五、平衡实验

研究营养物质食入量与排泄、沉积或产品间的数量平衡关系称为平衡实验，主要包括氮平衡实验、碳平衡实验、能量平衡实验。

（一）氮平衡实验

氮平衡实验主要用于研究动物蛋白质的需要、饲料蛋白质的利用率以及饲料或日粮蛋白质质量的比较。通过对饲料、粪和尿中氮的测定，计算体沉积氮。实验需在代谢笼（柜）中进行，粪尿分开收集。

（二）碳平衡实验

碳平衡实验是通过测定动物摄入的碳及排泄的碳来计算体内沉积的碳。计算公式如下：

沉积 C＝摄入 C－（粪 C 十尿 C+呼吸气体 C+肠道气体 C+离体产品 C）

式中，呼吸气体 C 主要为 CO_2；肠道气体 C 主要为 CH_4；离体产品 C 指奶、蛋、毛中的 C；沉积 C 主要沉积在蛋白质和脂肪中。因此，结合氮平衡实验，可推算出脂肪沉积量。

（三）能量平衡实验

能量平衡实验用于研究机体能量代谢过程中的数量关系，从而确定动物对能量的需要和饲料或日粮能量的利用率。动物机体摄入饲料能量的去向主要包括以下途径：①粪、尿、脱落皮屑、毛等排泄物含能，②生长育肥等营养物质沉积能，③奶、蛋、毛等离体产品含能，④维持生命活动的机体产热。根据动物机体产热估计方法的不同，常将能量平衡实验分为直接测热法、间接测热法、碳、氮平衡法和比较屠宰试验。

1. 直接测热法

将动物置于测热室中，将食入饲料、粪、尿、脱落皮屑和甲烷（反刍动物）收集取样，直接测其燃烧值，即为机体产热。其他步骤同消化实验和氮平衡实验。根据一段时间（一般测定 24h）能量的收支情况，就可以估计出动物一个昼夜的能量需要和能量利用率。直接测热法原理很简单，但测热室（柜）的制作技术却很复杂，造价也很昂贵。世界上采用直接测热法测定机体产热的并不多。

2. 间接测热法

间接测热法又称呼吸测热法，根据动物在一定时间内呼吸商（RQ）可以找出相对应的氧热价，再根据动物在同一时间内的耗氧量便可计算出动物的产热量。呼吸商是指动物在一定时间内氧化体内营养物质所产生的 CO_2 的体积与同时间内消耗 O_2 的体积之比（$RQ = V CO_2 / V O_2$）。氧热价是指动物消耗 1L O_2（标准大气压）用以氧化某种营养物质释放出来的热量。

3. 碳、氮平衡法

此法是根据食入日粮的碳氮去向，脂肪及蛋白质 C、N 的含量，每克脂肪和每克蛋白质的产热量，或每克 C 的脂肪和每克 N 的蛋白质的产热量来估计动物对能量的需要或日粮能量的沉积。因此，碳、氮平衡实验需测定食入日粮、粪、尿、CH_4 和 CO_2 的 C 和 N 的含量。因蛋白质平均含碳 52%、氮 16%，每克蛋白质产热 23.8kJ；而脂肪含碳 76.7%、氮为 0，每克产热 39.7kJ。知道了沉积能、粪能、尿能和甲烷能，根据能量收支平衡情况，就可算出畜体产热。

4. 比较屠宰试验

动物食入日粮的能量的去向有粪能、尿能、皮屑能、甲烷能、沉积能和产热。将动物心脏静脉注入麻醉药和凝血剂，除去消化道内容物，冷冻、粉碎（胴体粉碎机），取样测组织燃烧热，也可推算出畜体产热（维持）。

六、消化道不同部位食糜流量测定技术

消化道不同部位食糜流量的测定对研究动物胃肠道养分的消化吸收具有重要意义，需要根据研究目的采集消化道不同部位的食糜样品，如果需要利用活体动物连续采样，需要在消化道的相应部位安装瘘管，如在瘤胃、十二指肠、回肠等部位。在动物营养中经常测定的是瘤胃外流速率和小肠食糜流量。瘤胃外流速率可以预测日粮和营养供给关系以及饲料组分的动态降解参数，进而明确供给微生物生长的营养和供给小肠的未降解的营养。小肠食糜流量测定能够了解饲料营养在小肠的消化吸收情况。

（一）瘤胃食糜外流速率的测定技术

瘤胃食糜外流速率是指单位时间内从瘤胃中流出的固体或液体体积占瘤胃内容物体积的百分比，常用 k 值表示，单位是%/h。国外对瘤胃食糜和颗粒流通速率有较广泛的研究。测定瘤胃外流速度经典方法是消化试验，采用间接标记技术测定。标记物分为内源标记物（如木质素、酸洗洗涤不溶性氮、酸不溶性灰分、不可消化洗涤纤维、长链脂肪酸）和外源标记物（例如金属氧化物、聚乙二醇、重金属螯合剂和稀土元素）。

瘤胃尼龙袋法可评价饲料在瘤胃内有效降解率，但必须结合饲料瘤胃外流速率进行计算。具体原理如下：国内研究将待测样品用重铬酸钾溶液标记，饲料的蛋白质及纤维成分均能与铬形成稳定的结合物，在瘤胃中几乎不被微生物降解，性状稳定。不同时间点从直肠取粪样或者从瘤胃中直接取样，分析铬含量，通过采集样本铬含量的变化来确定饲料的 k 值。粗饲料的种类繁多，k 值在实际测定中，操作烦琐，耗费人力物力，不便于对每种饲料的 k 值进行测定，相同类型或容重相近的饲料之间的 k 值可以互相借鉴。

日粮水平、日粮类型、饲料种类、颗粒细度和比重等基础日粮的粗饲料的长度都会影响瘤胃的外流速度。以长草为基础的日粮的外流速度比以短草为基础的日粮快。增加粗饲料的采食量，可以增加瘤胃内液体和精料的流通速率；提高日粮的精粗比，即总的干物质采食量增加，可引起瘤胃内固体颗粒流通速率的降低。饲料颗粒比重<1g/mL 时能被动物深度反刍且流通速率较小；比重在 1.17～1.42g/mL 时，颗粒通过速率最快；比重在 1.42～1.77g/mL 时，颗粒流通速度很慢，而且反刍现象不明显。

（二）小肠食糜流量测定技术

小肠是营养物质消化吸收的主要场所，测定小肠食糜流量对研究反刍动物小肠养分的消化吸收具有重要意义。肠道瘘管分桥型瘘管和 T 型瘘管两种类型。安装桥式瘘管是将肠道断开，通过两端的瘘管恢复肠道的连接，而瘘管可将食糜引出体外。因此桥式瘘管的优点是可以采集流出的全部食糜，样本的代表性强。其缺点是桥型瘘管对实验动物的食糜流通过程干扰甚大，且动物术后存活的时间较短，不能用于持续时间较长的试验。安装 T 型瘘管是在肠道壁的一侧做切口，将瘘管通过切口安装在肠道内，通过瘘管可从体外采集食糜样本（图 5-11）。由于食糜仍可通过肠道向后流动，而采集的食糜只是其中的一部分。又由于食糜的不均匀性，通常采集的食糜没有代表性。鉴于此，可采用双标记法来测定食糜流量较为合适，此法通常采用液相食糜和固相食糜双标记法来测定食糜流量，通过重组校正获得代表性食糜样本。使用标记法测定食糜流量的关键是选用适当的标记物。理想的标记物应具备以下条件：在消化道内不被吸收；对消化道正常生理功能和消化道内的微生物区系没有干扰；物理性质与所要标记的物质接近，或者是紧密结合在一起；特异性强，分析测定方法简单灵敏。按照标记物的不同又可以分为非同位素双标记和同位素双标记。

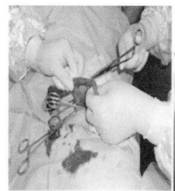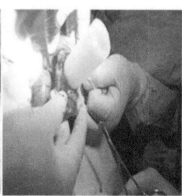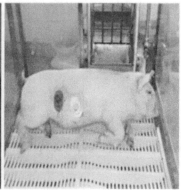

图 5-11 猪胃和回肠末端同时安装 T 型瘘管
（引自李凤娜等，2018）

1. 非同位素双标记

多种不溶性的金属氧化物和稀土元素可用作固相标记物，如三氧化二铬（Cr_2O_3）、二氧化硅（SiO_2）等，液相标记物为聚乙二醇 4000（PEG-4000）。具体原理如下：测定小肠食糜流量时，当非同位素标记物达到平衡，非同位素标记物流入该点的速度等于流出该点的速度，而流入速度等于非同位素标记物的注入速度。Cr_2O_3作为固相标记物的主要优点是回收率高、廉价、测定方法简单可靠。缺点是与固相食糜的物理特性有一定差别，很难在瘤胃中混匀，因而造成了Cr_2O_3粪回收率的变化和Cr_2O_3外排的昼夜变化。克服的方法是增加饲喂次数，并且使采样点分布在一天内的不同时间。PEG 的主要优点是在消化道中不被降解或吸收，易溶于水，与食糜液相充分混合；缺点是分析方法不够灵敏和准确。目前多用比浊分析方法。Downes 和 McDonald（1964）提出，[51]Cr-EDTA可以用作瘤胃液相标记物，其测定精确度比 PEG 要高，是一种理想的标记物。但是测定[51]Cr的放射性需要液闪仪这一特殊设备，所以这一方法的应用也受到限制。另外，作为液相标记物的还有 Cr-EDTA 等。

饲料中的某些不被消化的成分也可用做固相标记物，称为内源标记物，如盐酸不溶灰分（AIA）、不溶性酸性洗涤纤维（IADF）、不溶性酸性洗涤木质素（IADL）。内源标记物的主要优点是与食糜固相结合紧密。但也存在一些缺点，如 AIA 和 IADF 的粪回收率很高，但是对于高精料日粮和某些粗料日粮由于标记物含量不足而不能精确定量。

2. 同位素双标记

常用的放射性同位素固相标记物为邻二氮杂菲络合物（[103]$RuCl_3$）或镱的放射性同位素（169Yb），液相标记物常用[51]Cr-EDTA。但放射性同位素标记法需要放射性防护条件，试验成本较高。具体原理如下：测定小肠食糜流量时，当同位素标记物达到平衡，同位素标记物流入该点的速度等于流出该点的速度，而流入速度等于同位素标记物的注入速度。放射性标记物具有特异性强、灵敏度高、用量少的特点，因此其对动物消化道代谢和微生物区系的干扰就小，是一类比较理想的标记物。其缺点是试剂及测试费用高，试验室应配备放射性防护设施。国外多数测定小肠食糜流量的研究都使用放射性同位素作标记物。国内实验室大都不具备使用放射性同位素做标记物的条件。因此，研究非放射性标记物的试验技术对于推动我国在相关领域的研究具有重要意义。

七、消化道微生物研究技术

消化道微生物是一个庞杂、综合、动态且与机体密不可分的生态系统，动物的消化道内栖息着数量巨大并且复杂的微生物菌群，消化道在正常健康状态下，微生物宿主与环境之间，形成一个相互依存、相互制约的动态平衡，倘若这种平衡遭到破坏，便可以导致微生态失衡，肠道菌群的失衡不仅会影响消化系统的正常运转，甚至会导致宿主生理生化机能的改变，使健康机体发生疾病。消化道微生物菌群又是一组庞大的微生态系统，其数量大、繁殖速度快，是一个定性、定位和定量等三维生态空间的平衡体系，人们对其认识仍属初级阶段，研究需要不断深入，研究技术也在不断发展。

（一）无菌动物的人工培养技术

无菌动物作为一种理想的动物模型，通过接种特定的单一或多种微生物，对研究宿主与微生物之间以及微生物之间的相互作用具有重要意义。通常实验动物按照对微生物和寄生虫控制程度分为无菌动物（GF）、悉生动物（GN）、无特定病原体动物（SPF）和普通级动物（CR）。无菌动物是在其体内检测不出任何生命体，包括细菌、病毒、真菌、原生生物和寄生虫等。由于无菌动物体内没有任何微生物，因此可通过接种特定的一种或几种微生物来控制动物体内微生物群的存在。应用无菌动物模型研究宿主肠道微生物，很大程度上避免了因宿主本身携带的微生物对试验结果造成的影响，可提高试验的准确度、灵敏度和可重复性。无菌动物的种类主要有无菌斑马鱼、无菌鼠、无菌鸡、无菌猪等。无菌动物作为研究肠道菌群最适的动物模型，其建立需依赖完整的无菌培养系统，包括隔离器、传递窗、恒温加热装置、照明灯、紫外杀菌灯和空气过滤装置等。并且动物的饲养、试验等操作均需在严格无菌条件下进行。

1. 无菌斑马鱼

收集鱼卵并用一次性灭菌吸管将受精卵转移至无菌培养皿中。经无菌培养液清洗卵3次后加入适量无菌培养液，放入无菌培养隔离器，每12h更换一次无菌液，直至标本生长发育至实验标准，然后用一次性灭菌吸管采集斑马鱼周围环境、斑马鱼体及胚胎培养液样本，放入各种培养基中适宜温度培养，涂片染色，检测有无微生物的存在，明确是否符合无菌动物模型的要求。Semova等（2012）研究发现，正常斑马鱼较无菌斑马鱼脂肪酸的吸收更多，且无菌动物肠道黏膜细胞具有较低的代谢更新率，而微生物群落可维持消化道的功能。

2. 无菌鼠

构建无菌小鼠模型需保证小鼠胎儿期在母体内即是无菌的。无菌剖腹摘除小鼠子宫囊，消毒后放置于无菌隔离器中，然后将囊内的幼体转移至无菌鼠体内，之后在无菌隔离器内生长，经数代繁殖之后才可培育出无菌小鼠。无菌大鼠的培育主要由无菌剖宫产获得，首先建立SD大鼠群，使其交配产生子代，子代由无菌剖宫取出至无菌隔离器中饲养，饲料、水一律要求严格无菌，特制灌胃器的使用有助于无菌大鼠哺乳成功，最终检测其生长环境及大鼠是否达到无菌动物的标准。Zeng等（2013）以无菌小鼠为基础构建人源菌群（HFA）动物模型，发现肠道双歧杆菌计数随年龄增长而增加，而乳酸杆菌计数随年龄增长而减少，表明年龄影响HFA小鼠模型中的肠道微生物区系。

3. 无菌鸡

选取SPF（无特定病原体）鸡蛋，无菌操作放入无菌孵化器中孵化，孵化的子代在无菌隔离器中饲养，饲料均经高压蒸汽消毒后经隔离器传递仓对接送入。待动物生长到实验要求的月龄数，检查肠道（粪便）内有无细菌存在，无病原微生物即无菌动物模型建立成功。大量研究证实无菌鸡已是一种有潜力用于菌群代谢试验的动物模型。大量研究证实，选择鸡作为无菌动物模型，不仅因为其饲养过程简单，进化史及成长背景优良，还因为其在孵化之前我们就能判断其父母代是否达无菌状态。

4. 无菌猪

猪是通过无菌剖宫产手术、饲养于无菌隔离器，经现有检测手段，检测不出任何微生物的特殊动物。无菌猪最早用于重大疾病净化，以降低家畜生产的疾病风险。产肠毒素性大肠杆菌病（ETEC）是幼龄小猪最易患的疾病，极易引起仔猪腹泻甚至导致死亡。

（二）消化道微生物的厌氧培养技术

厌氧菌作为优势菌群很大程度上影响了整个肠道菌群的功能，由于厌氧菌特殊的生理特性，给其分离培养及研究应用带来了很大的困难。厌氧培养是指把微生物放在无氧或与氧隔绝的环境下培养，此方法适用于兼性厌氧菌和专性厌氧菌。消化道微生物厌氧培养技术是在 Hungate（1969）的基础上，经 Bryant（1972）改进而建立的。具体原理如下：通过使用无氧气体（CO_2、N_2、H_2 等气体）置换密闭空间中的氧气或利用焦性没食子酸等物质吸收密闭空间中的氧气造成厌氧环境，供厌氧微生物生长，其他技术与需氧微生物相同。对已知微生物可以选用适合的培养基和培养条件进行培养，研究消化道微生物多样性时尽量使用原消化道的环境进行培养。

在厌氧微生物培养方法中，如何快速、高效地去除体系中的氧气是开发厌氧培养方法及设备最关键的环节。国外对厌氧微生物培养方法做了大量研究，日本三菱公司的厌氧箱、英国 OXOTD 公司的厌氧袋和德国默克公司的厌氧盒已成为培养厌氧菌的成熟产品。我国国内厌氧微生物检测培养采用的方法主要有焦性末食子酸法、庖肉培养基、厌氧缸和厌氧手套箱等。近些年，智能厌氧系统因其轻便、简单，操作方便，培养专性厌氧菌、微需氧厌氧菌和兼性厌氧菌效果良好等特点得到广泛应用。智能厌氧系统的罐体都是采用透明的聚碳酸酯硬质塑料制成的圆筒形罐体，在盖的下方中央，与一个金属丝网盒连接，用于存放活化的钯条。达到无氧状态的方法是用抽气换气法以氮或二氧化碳驱除罐内氧气，并利用含钯的常温催化剂使氢与氧发生"燃烧"以达到除氧。

（三）核酸分子探针杂交技术

核酸分子杂交（简称杂交）是核酸研究中一项最基本的实验技术。互补的核苷酸序列通过碱基配对形成稳定的杂合双链 DNA 分子的过程称为杂交。核酸分子杂交有原位杂交、Southern 印迹杂交、斑点印迹等不同的方法，其中荧光原位杂交（Fluorescence *in situ* hybridization，FISH）在研究微生物分布时最常用，与其他杂交技术进行综合比较发现，FISH 具有一些优势：循环周期短，稳定性高，非常安全；分辨率高，为 3～20Mb；探针能较长时间保存；多色标记，简单直观；在荧光显微镜下在同一切片上同时观察几种 DNA 探针的定位，直接得到其相对序列和位置，从而大大加速生物基因组和功能基因组定位的研究。

FISH 的具体原理如下：其基本原理是如果被检测的染色体或 DNA 纤维切片上的靶 DNA 与所用的核酸探针是同源互补的，二者经变性—退火—复性，即可形成靶 DNA 与核酸探针的杂交体。将核酸探针的某一种核苷酸标记上报告分子如生物素、地高辛，可利用该报告分子与荧光素标记的特异亲和素之间的免疫化学反应，经荧光检测体系在镜下对待测 DNA 进行定性、定量或相对定位分析。

Gorham 等（2016）使用 FISH 技术研究小麦源阿拉伯糖基木聚糖含量不同的日粮对回肠末端、盲肠和结肠细菌菌群的影响。研究使用的杂交缓冲液中甲酰胺浓度为 25%，杂交条件为 46℃1h，洗涤缓冲液清洗后放入去离子水中 2～3s 去除盐离子。结果发现，日粮阿拉伯糖基木聚糖含量影响盲肠等肠道微生物的细菌菌群，并且梭菌属的 XIVa 和 XIVb 类群对猪肠道未消化的纤维素具有很强的吸附能力。

（四）PCR-DGGE 技术

关于消化道微生物的大部分知识来自传统培养方法，这些方法费时费工、多变，且在一般实验室很难进行。另外，一些微生物不能用现有技术培养，能增养的微生物只是天然微生物中的一小部分，因此，消化道微生物的多样性被严重低估。随着分子生物学技术的发展，利用 DNA 或 RNA 研究微生物多样性的方法应运而生，其中变性梯度凝胶电泳（Denaturing gradient gel electrophoresis，DGGE）是一种可以直接再现微生物群落的遗传多样性和动态变化的研究技术，另外还可以与分子克隆的方法相结合。

具体原理如下：PCR-DGGE 技术是利用带有 "GC 夹子" 的微生物通用引物进行 PCR，扩增产物在含有梯度变性剂（尿素和甲酰胺）的聚丙烯酰胺胶凝胶电泳，由于双链的解链需要不同的变性剂浓度，因此序列不同的 DNA 片段就会在各自相应的变性剂浓度下变性，发生空间构型的变化而停止移动，经过染色后可以在凝胶上呈现为分散的条带。产物中不同 G+C 含量的 rDNA 组分在电泳胶中的移动位置不一样，其中低 G+C 含量的序列在电泳胶中变性快些、在胶中的移动速度较慢，即使是大小相同，但序列有差异的 DNA 片段，在变性剂梯度凝胶中电泳时，由于 DNA 双螺旋结构分离的情况不一样，在胶中的移动速度不同，也可得到分离，其条带的多少体现微生物多样性，条带的浓度体现相应微生物的相对数量关系。姚文等（2004）研究了大豆黄酮对本地山羊瘤胃微生物区系结构的影响。结果表明，山羊饲喂大豆黄酮后，DGGE 图谱显示原有的优势条带变弱或消失，而出现了新的优势条带，说明大豆黄酮可选择性地促进瘤胃中某些细菌的生长。同时 16S rDNA 序列分析表明其中有 5 个克隆与基因数据库中序列有 97% 以上的相似性。

（五）高通量测序技术

高通量测序技术是目前基因组学研究中应用最广泛的测序技术，它有效避免了 Sanger 法烦琐的克隆过程，具有通量高、速度快、成本低等优点。16S rRNA 测序概念由 Handelsman 等（1998）首次提出，该技术是将某个生态环境中所有微生物基因做总和，通过获得微生物 16S rRNA 基因的序列信息与已知菌种的 16S rRNA 基因的序列进行比对分析，从而对细菌进行分类和鉴定。高通量测序技术具有简单且精准，在微生物分类、鉴定和多样性研究中起着至关重要的作用。毛胜勇等（2014）通过高通量测序研究发现提高日粮精料含量会降低奶牛瘤胃细菌中变形菌门和拟杆菌门的相对丰度，升高厚壁菌门和放线菌门的相对丰度；高精料饲粮显著降低了奶牛瘤胃菌群的丰度和多样性。韩旭峰等（2015）研究指出陕北白绒山羊瘤胃中拟杆菌门和变形菌门的相对丰度随年龄的增加而显著增加，而厚壁菌门随年龄的增加而显著减少。

八、动物营养消化吸收评价技术

（一）肠道组织形态学观察

肠道黏膜组织结构的完整性是营养物质消化吸收和动物健康生长的基本保证，同时也是肠道一切生理功能正常发挥的基础。肠道绒毛高度、隐窝深度、绒毛高度与隐窝深度比值（V/C）以及肠道细胞等指标常用来评价肠道的生长发育状况。肠道黏膜组织学观察是评价畜禽肠道黏膜最常用的方法，通过对肠道组织固定、切片和染色等制成组织切片，经光学显微镜、扫描电镜和透视电镜等观察肠道和黏膜状态，能够较准确地了解肠道黏膜形态结构的变化情况。大多数的生物材料，在自然状态下无法通过显微镜观察其内部结构，因为材料较厚，光线不易通过，以致不易看清其结构，另外细胞内的各个结构，由于其折射率相差很小，即使光线可透过，也无法辨明。但在经过固定、脱水和包埋等过程后就可以把材料切成较薄的切片，再用不同的染色方法就可以在显微镜下观察到不同细胞组织的形态以及肠黏膜组织中某些化学成分含量的变化，并且切片易于保存，是教学和科研中常用的方法。

（二）体外外翻肠囊技术和体外肠上皮细胞培养技术

研究小肠吸收的方法有很多种，大致分为体内和体外试验。体内试验包括肠灌注法、门静脉或腔静脉取血法以及测氮法等。体外试验包括外翻肠囊法、肠片孵育法、游离肠上皮细胞法以及刷状缘细胞膜微泡法等（图5-12）。外翻肠囊技术是在体外培养小肠肠环技术和刷状缘膜囊技术的基础上发展而来的，在动物麻醉无痛或屠宰状态下立即分离小肠，去掉肠系膜，用生理盐水或缓冲液冲洗干净。随后根据试验目的将所需肠段分割为若干小段，外翻使肠道黏膜的膜向外，浆膜向内，结扎一端形成肠囊状，灌注不含待测物质的人工培养液后结扎另一端，使肠囊充胀。将其置于添加有被测物质的培养液中，通入95%的氧气和二氧化碳的混合气体。培养一定时间后，根据囊内外被测物质的变化来反映肠道对物质的吸收状况。该方法操作简便，试验条件易控制，重复性好，经济实用，不仅可以用来观察小肠的吸收方法，还可以用于生物膜转运机制的研究，亦被广泛用来研究药物动力学。但是体外模型是在非生理状态下的，其结果能否用于说明体内情况，必须用体内试验证实。用外翻肠囊法进行试验研究时，首先要保证肠细胞的活性。必须做到以下几点。①小肠从取出到开始培养之间的时间最好不超过15min。②试验操作保证无微生物污染和不受其他有毒有害因素的影响。③培养液要与正常的生理环境相似。④培养温度要与动物体温一致，保持适当的振摇速度（一般80~100次/min）和通气速度。⑤培养时间要合适，培养时间因动物品种和试验条件有所差异。另外，肠囊在培养过程中要时刻注意培养液pH值的变化。

小肠上皮细胞的分离培养方法主要有组织块培养法、非酶学消化法、胰蛋白酶消化法、胶原酶消化法、嗜热菌蛋白酶法以及胶原酶和中性蛋白酶结合法。其中，组织块培养法一般是将组织剪成1mm³左右的组织块，经离心洗涤后直接进行培养的方法，其优点是获得的细胞活性较强，但杂细胞较多。许多学者采用或参考Evans等（1992）的分离方法，具体方法如下。①将小肠取出，剪成2~3mm的肠段，然后转移到50mL锥形瓶中，每次用25mL磷酸缓冲液洗涤8次以上。②将组织块剪碎至1mm³左右的组织块，然后转移至25mL锥形瓶中，用20mL酶溶液进行消化，25℃条件下，振荡消化25min。③用口径大于2mm的吸管对消化产物进行反复吹打15次以上，然后转移至25mL离心管中。④随后让消化产物静置60s，小心将上层悬液转移至另一离心管，重复静置。⑤将10mL DMEM培养液与上层悬液混匀，200~300r/min离心2min，去除上层液体，然后用20mL DMEM培养液重悬沉淀物。⑥重复上述步骤，直到上层液体清澈，并且沉淀的颗粒状清晰可见。最后，将其稀释到适宜的接种密度接种到适当的培养基中。

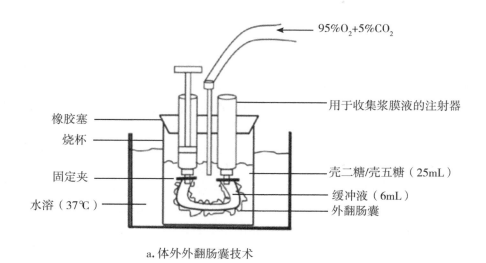

a. 体外外翻肠囊技术

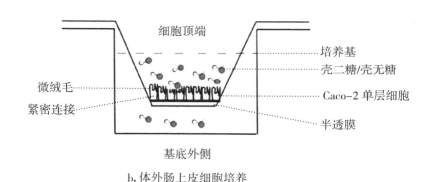

b. 体外肠上皮细胞培养

图 5-12　体外实验技术
（引自 Chen 等，2019）

（三）尤斯灌流技术研究肠道屏障功能

尤斯灌流技术主要通过检测同位素标记或荧光素标记的大分子物质通过胃肠道上皮的比例来研究胃肠道上皮通透性、内毒素及细菌移位的途径和具体机制，并且通过上述研究来探讨营养物质及植物活性提取物对肠道屏障功能的影响。Ussing chamber 系统主要由灌流室和电路系统 2 个部分组成，另外还有配套的组件，其通过电子计算机来处理分析数据结果。根据不同的试验目的，灌流室一般分为 2、4、6、8 室等 4 种类型。同时又有 2 种灌流方式可供选择：循环式和持续式。循环式灌流室包括 1 个 "U" 形管道系统和 2 个半室，管道系统主要用于加热和充入气体（CO_2、O_2 或 N_2），2 个半室中间是 1 个可嵌合组织样本且可移动的插件。持续式灌流室包括 2 个溶液贮器，通过聚乙烯管道将溶液引入 2 个半室，溶液温度由配套加热装置加以调节。电路系统可以测定电流、电压、电阻、阻抗和电容等。配套系统包括恒温水浴箱、5% CO_2 和 95% O_2 混合气体循环系统和注射器等。尤斯灌流技术主要通过检测同位素标记或荧光素标记的大分子物质通过胃肠道上皮的比例来研究胃肠道通透性。

（四）仿生消化评定技术

客观、准确地评定饲料养分的生物学效价既是动物营养需要量研究和优化饲料配方的基础，又是提高畜禽日粮利用率、降低日粮成本及养殖业节能减排的重要手段。采用体内法（in vivo）测试饲料的营养价值费时、费力、耗资，不同时空条件下的测值重演性及可比性较差，不能满足研究和生产应用所需。自 20 世纪 50 年代以来，各国学者试图通过体外法（in vitro）探索能够反映饲料养分在畜禽体内的消化吸收规律，且快捷、易于标准化的评定方法。在探明了猪、鸡、鸭胃肠道消化液及食糜组成变异规律的基础上，中国农业科学院北京畜牧兽医研究所的研究者开发设计了仿生酶谱、仿生消化器和电脑程控系统"三体合一"的全自动单胃动物仿生消化系统大型仪器。该系统模拟单胃动物胃、小肠、大肠的消化环境，采用组态软件技术、自动化电脑程控，稳定性测定能量饲料、蛋白饲料及饲料的干物质消化率，测定结果重演性绝对值偏差不超过 1%，可以为生产实践提供科学指导。中国农业科学院的研究指出，单胃动物仿生消化系统（型号 SDS-II）由模拟消化器和控制系统组成。模拟消化器中透析袋内视为胃、小肠、大肠的内环境（消化环境），透析袋外视为毛细血管体液环境（吸收环境）。用单胃动物仿生消化系统评定猪日粮及饲料原料能量和粗蛋白质消化率比动物试验法的精确度更高。该方法的应用领域包括：饲料能量与氨基酸生物学效价的评定、饲用复合酶制剂酶学特性的研究及酶谱的筛选、改善饲料养分消化关联产品的研发与效应检验、动态营养需要量饲养标准的研制和其他与饲料养分消化相关的领域。

九、反刍动物的营养物质灌注技术

消化道灌注营养技术（Intragastric nutrition technique）是指将所研究的营养物质以液体的形式灌注入动物的消化道，以维持动物正常生理状态的技术，可用于研究动物的营养需要及瘤胃上皮细胞对营养成分的吸收。目前，国内外常用的主要有瘤胃、真胃和十二指肠及全消化道灌注技术。此外，除消化道灌注营养技术外，动静脉营养灌注技术在反刍动物的研究中也较为常见。

（一）瘤胃营养灌注技术

将所研究的营养物质以液体形式直接灌入正常采食动物的瘤胃，根据不同的试验目的选择采样时间和测定指标；或只向试验动物瘤胃灌注营养素和缓冲液而不饲喂任何饲料。由于不采食饲料的动物没有瘤胃发酵过程，使复杂的瘤胃系统变成简单的模型，能精确研究瘤胃上皮细胞对挥发性脂肪酸（VFA）、水分和矿物离子等养分的吸收量。

（二）小肠营养灌注技术

将所研究的营养物质通过灌注技术直接注入动物小肠，由于避开了瘤胃的作用，可以精确研究营养物质在小肠中的消化吸收情况。例如采用氨基酸梯度灌注法，直接将氨基酸灌入十二指肠来确定反刍动物限制性氨基酸的种类和顺序。氨基酸梯度灌注法可分为递增和递减 2 种方法。递增法是以递增梯度灌注某种氨基酸，通过测定动物生产性能指标，确定限制性氨基酸，当第一种限制性氨基酸确定后，再确定第二种，但第三种限制性氨基酸用这种方法很难确定其顺序。递减法是在理想氨基酸模式下，将某种氨基酸按一定比例扣除后，根据生产性能指标下降的程度、氮的沉积效率，来确定限制性氨基酸的顺序。

（三）全消化道营养灌注技术

动物不采食饲料，所需全部营养物质，包括蛋白质、能量、矿物质、维生素和微量元素等均通过灌注方式提供。如反刍动物瘤胃灌入确定剂量的 VFA 和酪蛋白，而且可以根据需要调整 VFA 和酪蛋白的比例，进行能量和蛋白质代谢之间关系的研究。也可以通过直接停止灌注酪蛋白，而能量及其他营养物质灌注照常进行，待动物代谢稳定后，通过测定尿液中的氮来计算内源尿氮。

（四）颈静脉灌注技术

颈静脉灌注技术常通过静脉血液直接灌注某种特定营养素或某混合营养素，研究其在动物体内的代谢过程及各过程的代谢周期、代谢量等。本部分内容以奶牛为例（白晨，2018），简单阐述安置静脉留置针的方法：在安置静脉留置针前，需将奶牛固定，头偏向一侧，将颈静脉准备下针位置剪毛并使用酒精和碘伏消毒。随后用力按压奶牛脖颈下游的近心端，大约 5s，可明显看到颈静脉突起。将生理盐水浸泡的留置针顺血管方向以 45°角斜刺入血管，若位置准确，可见明显的暗红色血液流出。进针约 2cm 后，将留置针倾斜至与皮肤成 15°角，缓慢持续进针，在进针过程中时刻观察是否有血液流出，确保留置针在血管内。进针过程中若遇到阻力，则稍退出，调整角度后继续进针。待针管部分全部进入血管后，缓慢取出内置的钢针，并快速安置肝素帽。将提前准备好的 20mL 生理盐水以脉冲式打入留置针管内，用以冲洗管内的血液并封闭针管。清理伤口周围的血液残留，将留置针管外置部分缝合在皮肤上，消毒后，在伤口上贴上输液贴以避免感染。安置留置针后，每天使用温生理盐水（20mL/次）脉冲式冲洗针管 2 次，避免出现针管堵塞的现象。

（五）阴外动脉灌注技术

阴外动脉灌注技术常用于研究泌乳动物乳腺对养分的代谢状况。如将某种乳成分前体物质通过阴外动脉灌注，利用动静脉中养分的浓度差来测定营养物质的净吸收、乳腺对营养物质的摄取及调控，以及乳腺内营养物质代谢关键酶的功能和激素的相互协调关系，揭示乳腺对乳成分前体物质的摄取规律，阐明奶牛乳腺代谢乳前体物机制的重要实验手段。本部分内容仍以奶牛为例（白晨，2018），简单阐述安置阴外动脉留置针的方法。安置过程开始前，需将奶牛保定，在髂骨外侧角后缘 3~5cm 处，向下约 5cm 处的三角形柔软处剪毛，清理干净后，使用酒精棉消毒，打入局部麻醉药普鲁卡因，2min后，将一只手伸入奶牛肛门，并在肠道内摸到小拇指粗细的动脉血管，用手指轻微夹住，另一只手在外侧找到对应位置，将 18 号长管钢针刺入，缓慢进针约 15cm，此时夹住血管的手可感觉到有轻微的挤压感，将钢针对准位置后刺入血管，有鲜红血液喷出，说明穿刺位置准确。快速将静脉导管插入钢针内，一边伸入导管，一边缓慢取出导管中的铁导丝，待导管剩余约 10cm 时，快速拔出钢针，若导管有血滴快速滴出，说明导管安置位置准确，使用胶贴将导管固定，安置肝素帽，使用注射器抽取血液，若抽血较为通畅，说明导管安置成功。此时迅速向肝素帽内脉冲式注入 20mL 生理盐水，用以冲洗插管内残留的血液。安置血插管后，每天使用温生理盐水脉冲式冲洗导管 2 次，避免出现导管堵塞的现象。

十、免疫营养学研究技术

免疫营养学是一门具有重要预防价值和临床意义的新兴学科，是营养学和免疫学的交叉和边缘学科，主要研究营养物质对动物机体免疫系统的生长、发育和功能的影响及其机理。研究营养物质与免疫二者之间的相互作用，即研究体内众多的免疫因子与营养物质的转移、吸收、利用和代谢的相互关系，以及应用免疫学技术进行营养调控等问题。免疫营养学是从免疫学角度研究营养原理和营养需求模式，从而制定最佳饲养方案，尤其是疾病、亚健康等状态下的最佳饲养方案，保障和促进动物健康。营养素对机体免疫机能的影响方面，可以选择动物试验或体外方法。动物试验可以采用饲料中添加某些物质，通过研究动物机体的免疫系统机能的差异来确定这些物质对免疫系统机能的影响。体外方法通常是研究可以吸收入血液的营养素对体外培养的淋巴细胞功能的影响。

动物模型是动物免疫营养学研究中所建立的具有动物各种生理状态或疾病模拟性表现的动物试验对象和材料。动物模型的构建方法根据产生原因可分为自发性动物模型、诱发性实验动物模型。诱发性实验动物模型是指研究者通过使用物理的、化学的和生物的致病因素作用于动物，造成动物组织、器官或全身一定的损害，出现某些类似人类疾病时的功能、代谢或毒素使动物患相应的传染病，又如用化学致癌剂、放射线、致癌病毒诱发动物的肿瘤等。诱发性实验动物模型具有能在短时间内复制出大量疾病模型的特点，并能严格控制各种条件使复制出的疾病模型适合研究目的需要等特点，因而为近代医学研究所常用，特别是药物筛选研究工作所首选。但诱发模型和自然产生的疾病模型在某些方面毕竟存在一定差异。因此在设计诱发性动物模型要尽量克服其不足，发挥其特点。事实上很多疾病可用不同方式获得。例如已知有不少自发性肿瘤模型，也可用各种致癌剂诱发产生肿瘤模型。值得注意的是，它们在发病机理和疾病内在特征方面存在着各自的特点。如自发性肿瘤和诱发性肿瘤对药物的敏感性有明显区别。此外，大部分自发性动物模型是通过人为定向培育而成的，毕竟不同于自然发病情况，因此，自发和诱发模型所具有的优缺点只是相对的。对使用者来说，最重要的是所选择的模型究竟能否达到研究目的。

动物免疫系统机能的评价包括免疫器官的发育情况、细胞免疫功能、体液免疫功能、细胞吞噬功能、补体系统功能和免疫细胞因子及其受体含量等几个方面。

（一）免疫器官发育情况的研究技术

免疫器官的发育情况一般通过检测免疫器官，包括脾脏、胸腺、法氏囊、骨髓等的重量或免疫器官指数来评价。

免疫器官指数=免疫器官重量（g）/动物体重（g）

（二）细胞免疫功能研究技术

细胞免疫检测技术主要包括免疫细胞及亚群的计数、免疫细胞活性以及各种细胞因子含量的测定。

1. 免疫细胞数量检测技术

血液红细胞、白细胞和血小板数量可在全自动血液分析仪进行测定。另外，T细胞和形成抗体的B细胞数量可分别使用E玫瑰花环和溶血空斑试验进行测定。

2. T细胞亚群测定技术

T淋巴细胞是机体免疫应答的核心细胞，根据其表面分化抗原的不同，可将T细胞分成若干亚群，具有CD3抗原的T细胞为外周血成熟的T细胞，具有CD4抗原的为辅助性T细胞（TH细胞），TH细胞是机体免疫应答的启动细胞，它可促进T细胞、B细胞免疫应答，活化的TH可释放IL-2及IFN-γ；具有CDB抗原的T细胞为细胞毒性T细胞（Tc），Tc有TH辅助才能特异性杀伤或溶解靶细胞。T细胞亚群细胞数量及比例，是衡量动物机体免疫系统功能是否正常的重要指标，可以使用间接免疫荧光法检测淋巴细胞CD抗原或流式细胞仪等技术测定。

3. 免疫细胞活性检测技术

淋巴细胞的免疫活性可以通过淋巴细胞和巨噬细胞体外培养等技术进行测定。淋巴细胞转化试验是体外检测T淋巴细胞功能的一种最常用的方法。淋巴细胞是获得性免疫系统的重要组成部分。具体培养方法如下：首先采用肝素钠抗凝采血管采集血液样品，取5mL血液样品置于离心管中，于上层缓慢加入等体积淋巴细胞分离液。将上述溶液离心后（2 500r/min，20min）收集乳白色淋巴细胞层至15mL离心管中，使用PBS清洗液清洗2次后重悬于RPMI-1640培养基（含10%胎牛血清+1%双抗）中，用台盼蓝染色计数，调整细胞浓度为$2×10^5$个细胞/mL。将调整浓度后的细胞悬浮液接种于24孔无菌培养板中，每孔接种2mL PBLs悬液。

巨噬细胞活性检测技术是将待测巨噬细胞与吞噬颗粒（如鸡的红细胞、白色念珠球菌、酵母细胞）混合温育一定时间后，颗粒物质可被巨噬细胞吞噬，根据吞噬百分比和吞噬指数可反映巨噬细胞的吞噬功能。以小鼠腹腔巨噬细胞的培养方式为例：试验前3天，向每只小鼠腹腔内注入无菌硫羟乙酸肉汤1mL（勿注入肠内），随后引颈杀死动物，手提鼠尾将全鼠浸入70%酒精中3~5s。将动物置于解剖台上，用针头固定四肢，双手持镊撕开皮肤拉向两侧，暴露出腹膜，但勿伤及腹膜壁。再用70%酒精擦洗腹膜壁后，用注射器吸10mL Eagle液注入腹腔中，同时从两侧用手指揉压腹膜壁，令液体在腹腔内充分流动。用针头轻轻挑起腹壁，将动物体微倾向一侧，吸取腹腔中液体。小心拔出针头，把液体注入离心管中，$250×g$ 4℃离心10min，去上清，加10mL Eagle培养基。按照适宜密度接种细胞，待数小时后，去除培养液，用Eagle液冲洗1~2次后，再加新Eagle培养液置37℃、5% CO_2温箱中培养。

4. 细胞因子检测技术

细胞因子是由免疫细胞及相关细胞产生的一类多功能蛋白质多肽分子，其种类繁多，有白细胞介素、干扰素、肿瘤坏死因子、集落刺激因子、生长因子和趋化因子等，通常采用 ELISA 试剂盒测定细胞因子含量。

（三）体液免疫功能研究技术

由 B 细胞介导的免疫应答称为体液免疫应答，而体液免疫效应是由 B 细胞通过对抗原的识别、活化、增殖，最后分化成浆细胞并分泌抗体来实现的，抗体是介导体液免疫效应的免疫分子。因此，体液免疫功能可以检测 B 细胞的功能和血液中的抗体，B 细胞数量和分泌抗体的能力可使用溶血空斑试验进行测定，抗体一般采集血清进行试验，故又称为免疫血清学反应或免疫血清学技术。免疫血清学技术按抗原抗体反应性质不同可分为凝聚性反应（包括凝集试验和沉淀试验）、标记抗体技术（包括荧光抗体、酶标抗体、放射性同位素标记抗体、化学发光标记抗体技术等）、有补体参与的反应（补体结合试验、免疫黏附血凝试验等）、中和反应（病毒中和试验等）等已普遍应用的技术，以及免疫复合物散射反应（激光散射免疫测定）、电免疫反应（免疫传感器技术）、免疫转印以及建立在抗原抗体反应基础上的免疫蛋白芯片技术等新技术。但在动物免疫营养学研究动物体液免疫功能时，抗体测定通常采用 ELISA 和免疫转印等方法。

十一、组学技术

组学技术是后基因时代系统研究动物营养的主要生物技术手段，包括基因组学、转录组学、蛋白质组学和代谢组学等。

（一）基因组学技术

基因组学（genomics）是 1986 年由美国科学家 Thomas Rodefick 等提出的，主要包括以全基因组测序为目标的结构基因组学和以基因功能鉴定为目标的功能基因组学。该学科提供基因组信息，试图解决生物、医学和工业领域的重大问题。基因组学的主要工具和方法包括：生物信息学、遗传分析、基因表达测量和基因功能鉴定。

基因组学可分为结构基因组学、功能基因组学和比较基因组学 3 个分支。结构基因组学以全基因组测序为目标，绘制整个基因组的物理图谱、转录图谱、遗传图谱和序列图谱，通过基因绘图和核苷酸序列分析来确定基因的组成和定位。研究目标和内容主要包括：测定一些很有可能包括所有折叠类型的蛋白和测定果蝇等模式生物的蛋白质结构，是基因组学研究的一个重要领域；功能基因组学又被称为后基因组学，利用结构基因组提供的信息，分析和研究整个基因组内所含基因和非基因序列的功能，已经发展成系统地研究多个基因或蛋白质的功能，分析基因的生物学功能、细胞学功能和发育学功能等。研究目标主要包括发现基因功能、分析基因表达模式、突变检测以及从基因组水平阐述基因表达的规律等；比较基因组学基于基因组图谱和测序，对已知基因和基因结构进行序列和结构比对，以了解基因的功能、表达调控机制和物种进化等。

宏基因组学（Metagenomics）又叫微生物环境基因组学、元基因组学。它通过直接从环境样品中提取全部微生物的 DNA，构建宏基因组文库，利用基因组学的研究策略研究环境样品所包含的全部微生物的遗传组成及其群落功能。它是在微生物基因组学的基础上发展起来的一种研究微生物多样性、开发新的生理活性物质（或获得新基因）的新理念和新方法。其主要含义是：对特定环境中全部微生物的总 DNA（也称宏基因组）进行克隆，并通过构建宏基因组文库和筛选等手段获得新的生理活性物质；或者根据 rDNA 数据库设计引物，通过系统学分析获得该环境中微生物的遗传多样性和分子生态学信息。

（二）转录组学技术

随着分子生物技术的不断进步，转录组学技术已广泛应用于基因表达水平的研究。近年来，针对微生物转录组学的研究技术也在不断发展。

传统的微生物转录组学研究方法大致包括微阵列和测序技术。微阵列技术是利用分离自样品中的 RNA 与已知序列杂交进行定性定量分析，测序技术则是对提取得到的 RNA 进行前处理后直接进行测序，测序方法主要包括对序列标签的测序、对序列片段进行测序以及对全长 RNA 直接进行测序。

近几年，传统群体转录组逐步发展到单细胞、空间以及表观等层面的研究。①单细胞转录组技术主要是分析特定环境下单细胞的基因表达水平，单细胞转录组测序就是其中技术之一，现已被广泛应用于分析各种生物学过程。单细胞转录组学改变了传统微生物群体系统转录水平的研究，逐渐向单个微生物细胞水平进行动力学和生长发育方面的研究。并且该技术对自然群落的研究也具有潜在的价值，不仅对物种分类多样性，而且对微生物的生长发育情况、细胞生理状态和生态相互作用特征的描述提供了新的见解。②空间转录组的研究与先前的转录组学研究相比，不仅可以获得特定环境下单个微生物细胞基因表达水平信息，还可以了解在空间位置上微生物细胞之间基因表达的差异水平，为进一步细化在时间和空间 2 个特定条件下微生物真实基因表达的研究提供了重要的研究手段。③根据表观转录组学研究发现，大多数 RNA 动态可逆的化学修饰是在 tRNA、rRNA 和小核 RNA（snRNA）等中，随着检测技术的不断进步，逐渐形成了关于表观转录组的研究学科。

（三）蛋白质组学技术

蛋白质组学是 1994 年由澳大利亚科学家 Wilkins 等提出，它是研究基因组所表达的真正执行生命活动的全部蛋白质的表达规律和生物功能的方法，是研究细胞、组织或机体在特定时间和空间上表达的蛋白质组群。作为基因组学研究的重要补充，蛋白质组学就是从蛋白质的水平上定量地、动态地、整体地研究营养物质在机体中的代谢、功能及其调控机制。蛋白质质谱数据的产生促进了蛋白质生物信息学的发展。蛋白质生物信息学由蛋白质分子生物信息的获取、处理、存储、分类、检索与分析等一系列过程组成，是生物学与应用数学和计算机科学相结合的科学。庞大的数据信息量催生了具有完整蛋白质信息的在线数据库和能够快速高效整合数据的分析软件。目前主流的蛋白质组学数据托管平台包括 ProteomeXchange、PRIDE、ProteomeXchange 和 MaxQuant 数据平台。

蛋白质组学技术包括双向凝胶电泳、蛋白芯片法、鸟枪法、多维色谱质谱联用技术（MudPIT）、抗体芯片表面增强激光解析电离法质谱联用技术（SELDI-TOF-MS）、同位素标记相对和绝对定量技术（iTRAQ）等。

　　蛋白质组学中最常用的蛋白质表达方法是双向凝胶电泳，它是蛋白质组学研究的关键技术之一，是应用最广泛的也是最经典的蛋白质组学技术。双向电泳的基本原理是根据蛋白质的等电点和分子量在第一维电泳等电聚焦和在第二维电泳上进行分离，双向电泳分离后，蛋白质由考马斯亮蓝、银染或荧光染料染色得到图像和相对定量信息。双向凝胶电泳技术的优点是能够更直观分析差异蛋白种类，并能鉴定磷酸化、甲基化、羟基、糖基化和乙酰化等蛋白质翻译后修饰。缺点是鉴定的蛋白质数量有限，只能鉴定出表达丰度高的蛋白质，极端酸性和碱性蛋白质在电泳中丢失严重，碱性蛋白分离不佳，不易得到极端分子量（小于 8ku 或大于 200ku）蛋白、低丰度蛋白和膜蛋白，难以检测某些疏水蛋白，也不能实现大规模自动化分析和提供绝对定量的信息，并且试验周期较长，蛋白上样量大，试验的重复性、可靠性和灵敏度都不高。

　　蛋白质芯片又称为蛋白微阵列，是一种采用高通量方法来研究蛋白表达、结构和功能的分析技术，它可以检测蛋白质之间或蛋白质与其他物质之间的相互作用，这种方法是通过捕获到抗原、抗体、酶、蛋白质和 DNA 等分子结合在固相载体表面，从而检测与捕获分子相互作用的蛋白质分子。

　　鸟枪法是将蛋白溶液经 SDS-PAGE 分离的目的条带酶切消化为肽段混合物，然后在高效液相色谱分离形成简单的组分，再在线或离线导入高分辨率质谱仪中进行分析。肽段在质谱仪中离子化后，会带上一定量的电荷，通过检测器分析，可得到各肽段的质荷比，从而得知各肽段的相对分子质量。为获得脱段的序列信息，质谱仪会选取某些肽段进行破碎，再次分析，获得二级质谱。用检索软件选择相应的数据库对二级质谱进行分析，便可得到肽段的氨基酸序列，从而鉴定各蛋白质。该方法可分析多种类型的蛋白样本，如蛋白胶条带、组织提取液、全细胞裂解液等。而且液相与质谱连用，分析速度快，分离效果好。

　　MudPIT 技术是样品由特异性膜蛋白酶消化后产生的多肽，经由强阳离子交换柱和反相 HPLC 分离后经电喷雾电离，离子化的多肽经质谱仪进一步分离和鉴定。本方法用同位素亲和标签标记对照组和处理组样品的蛋白质，一方面可测定样品制备过程中肽的回收率，另一方面可得到蛋白组的定量信息。由于 MudPIT 法采用高速且高灵敏度的色谱分离法代替了耗时的双向凝胶电泳蛋白质分离法，具有快速、样品需要量少和多肽分离的通用性强等优点，但 MudPIT 法不能提供蛋白质异构体和翻译后修饰的相关信息。

　　抗体芯片表面增强激光解析电离法质谱联用技术（SELDI-TOF-MS）能从复杂蛋白质样品中富集蛋白质亚群，所得蛋白经激光解析离子化后进一步质谱鉴定。SELDI 技术的样品制备简便，减少了样品的复杂性，特别适于转录因子等低丰度蛋白质的检测，并能迅速进行蛋白质的表征。

　　iTRAQ（Isobaric tags for relative and absolute quantitation）和 TMT（Tandem Mass Tags）技术分别由美国 AB SCIEX 公司和 Thermo 公司研发的多肽体外标记定量技术，利用 8 种或 10 种同位素标签，通过特异性标记多肽的氨基酸基团，一次上机可实现 8 种或 10 种不同样本中蛋白质的相对定量，是近年来定量蛋白质组学中常用的高通量筛选技术。iTRAQ 技术是一种体外同种同位素标记的相对与绝对定量技术。该技术利用多种同位素试剂标记蛋白多肽 N 末端或赖氨酸侧链基因，经高精度质谱仪串联分析，可同时比较多达 8 种样品之间的蛋白表达量，是近年来定量蛋白质组学常用的高通量筛选技术。可用于筛选和寻找任何因素引起的不同种样本间的差异表达蛋白，结合生物信息学揭示细胞生理功能，同时也可对某些关键蛋白进行定性和定量分析。缺点是试剂昂贵。iTRAQ 试剂几乎可以与样本中的各种蛋白质结合，容易受样本蛋白质及缓冲液的污染。TMT 技术主要是通过高效液相色谱-质谱联用技术（HPLC-MS/MS），以液相色谱作为分离技术，质谱作为检测系统。它的优点是不受样本数目限制，定量准确，重复性好，鉴定结果可靠，蛋白质检测范围广。TMT 标记进行蛋白质定量的原理如下：首先是样品制备阶段，利用高效液相色谱蛋白鉴定技术对胶条样本进行纯化，并将蛋白质组分分级为肽段后用 TMT 标签进行标记，标记后进行一级质谱检测，不同同位素标记的同一肽分子量相同，因为 TMT 试剂是相等的，质谱形成单一峰，可以鉴定到大量肽段。其次是碰撞诱导离解，前体离子采用一级质谱检测，产物离子采用二级质谱分析。在解离过程中，报告基团、质量平衡基团和肽反应基团之间的键断裂，得到离子片段的质量数，通过查询数据库进行比较，能够鉴定出相应蛋白前体，最后得到蛋白质定量信息。

（四）代谢组学技术

代谢组学是 1999 年由德国科学家 Nicholson 等提出，一种将图像识别方法和生物信息学结合起来的分析技术。通过对代谢产物定量和定性分析，从整体上评价生命体功能状态和变化，能够全面、快速地研究机体内部代谢物的总体变化。代谢组学是继基因组学和蛋白质组学之后新近发展起来的一门学科，基因组学和蛋白质组学是说明什么可能会发生，而代谢组学则是说明什么确实发生了。代谢组学的概念来源于代谢物，代谢物是驱动细胞能量生产和储存、信号转导和细胞凋亡等基本功能的底物和产物，代谢物的变化是机体内外环境、酶和各种激素以及遗传物质共同调节作用的结果，机体的生理状态与其代谢物浓度紧密联系，因此，代谢组学分析能够展示机体的全面状态和整体效应，使复杂的基因、蛋白网络研究变得简单直观。代谢组学主要关注被检测系统中相对分子质量 <1 000Da 的物质，通常这些物质种类繁多且化学结构复杂，例如碳水化合物、脂类、氨基酸和有机酸等。代谢组学是对某个器官、组织或环境中整体代谢物质定性和定量的综合分析，是系统生物学的重要组成部分，是生命调控的 4 个层次（基因组、转录组、蛋白质组和代谢组）中最直接反映机体表型的组学技术，将其应用于营养物质代谢研究，是揭示更多代谢机制进而采取调控措施的有力手段。目前，代谢组学常使用的检测方法主要包括核磁共振（NMR）、气相色谱-质谱联用（GC-MS）和液相色谱-质谱联用（LC-MS）等，常用的数据分析软件主要包括 XCMS、MetAlign、MZmine、Tagfinder 以及 MAVEN 等。

1. NMR 技术

NMR 是唯一既能定性，同时又能在微摩尔范围定量大量有机化合物的技术。NMR 是非破坏性的，样本可以再用于进一步的分析。NMR 的样本制备简单且易自动化。NMR 最大的缺陷是灵敏度相对较低，对于复杂混合物 NMR 图谱的解析非常困难，因而它不适合分析大量的低浓度代谢物。通过检测一系列样品的 NMR 图谱，再结合模式识别方法，可以判断出生物体的营养状态、病理生理状态，并有可能找出与之相关的生物标志物，为相关预警信号提供一个预知平台。

2. 质谱及其联用技术

由于具有高灵敏度、快速、选择性定性定量、可识别代谢物和可测量多种代谢物等特性，质谱（MS）已经在代谢组学研究中成为首选技术。

采用气相色谱-质谱（GC-MS）可以同时测定几百个化学性质不同的化合物，包括有机酸、大多数氨基酸、糖、糖醇、芳胶和脂肪酸。GC-MS 最大的优势是有大量可检索的质谱库。尤其是二维 GC（GC×GC）-MS 技术，其具有分辨率高、峰容量大、灵敏度高及分析时间短等优势。

相对于 GC-MS，液相色谱-质谱（LC-MS）能分析更高极性和更高相对分子质量的化合物。LC-MS 的最大优势是大多数情况下不需要对非挥发性代谢物进行化学衍生。LC-MS 技术中的软电离方式使得质谱仪更加完善和稳健。整体式毛细管柱和超高效液相色谱（UPLC）在分离科学中的应用为复杂的生物混合物提供了更好的分离能力；另外，现代离子阱多级质谱仪的发展使 LC-MS 可提供未知化合物的结构解析信息。

相对其他分离技术，毛细管电泳质谱（CE-MS）具有高的分离效率、微量样本量（平均注射体积 $1~20\mu L$）以及分析时间短的优势。CE-MS 被用于代谢物的目标和非目标分析，包括分析无机离子、有机酸、氨基酸、核苷及核苷酸、维生素、硫醇、糖类和肽类等。CE-MS 的最大优点是它可在单次分析实验中分离阴离子、阳离子和中性分子，因此 CE 可以同时获得不同类代谢物的图谱。

应用代谢组学能从更加基础的层面全面探究营养利用与转化过程，极大推动了相关学科的发展。瘤胃代谢组学发展迅速，目前主要的研究集中于探究饲料养分的转化、瘤胃酸中毒、营养物质高效利用以及影响生产性能的调节机制。血液代谢组学主要用于发现反映营养代谢状况以及影响生产性能的生物标志物。代谢组学为提高乳和肉产量、改善乳和肉品质提供了更加全面的参考。随着后基因组时代的到来，各种组学技术的联合使用能更加宏观、全面、系统地、详尽地分析细胞或生物体的分子调控途径及其机制。

第三节　配合饲料成品的质量管理与控制

我国畜牧业经过 50 多年的发展，养殖水平已经有了极大的提高，这对饲料产品质量提出了新的要求，也是饲料企业竞争的焦点和核心。配合饲料成品的质量和安全直接影响动物的饲喂效果和饲喂安全，也和食品安全与人类健康紧密相连。饲料成品的质量管理与控制是企业质量管理体系的最后一环，这一环节管理是否严格直接关系到出厂产品是否合格。饲料成品质量是国家饲料质量安全监管部门重点监管的对象，因此饲料企业要依靠完善的质量安全管理手段确保饲料产品安全。

一、饲料成品检验的管理与控制

1. 企业应当建立检验管理制度
企业应建立制度规定人员资质与职责、样品抽取与检验、检验结果判定、检验报告编制与审核、产品质量检验合格证签发等内容。

2. 企业应当根据产品质量标准实施出厂检验，填写并保存检验记录

检验记录应当包括产品名称或者编号、检验项目、检验方法、计算公式中符号的含义和数值、检验结果、检验日期、检验人等信息。产品出厂检验记录保存期限不得少于2年。

3. 企业应当定期抽检产品

每周从其生产的产品中至少抽取5个批次的产品自行检验下列主成分指标。

（1）维生素预混合饲料：2种以上维生素。

（2）微量元素预混合饲料：2种以上微量元素。

（3）复合预混合饲料：2种以上维生素和2种以上微量元素。

（4）浓缩饲料、配合饲料、精料补充料：粗蛋白质、粗灰分、钙、总磷。

主成分指标抽检记录保存期限不得少于2年。

4. 企业应当每年进行检验能力的验证

每年选择5个检验项目，采取以下一项或多项措施进行检验能力验证，对验证结果进行评价并编制评价报告。

（1）同具有法定资质的检验机构进行检验比对。

（2）利用购买的标准物质或者高纯度化学试剂进行检验验证。

（3）在实验室内部进行不同人员、不同仪器的检验比对。

（4）对曾经检验过的留存样品进行再检验。

（5）利用检验质量控制图等数理统计手段识别异常数据。

5. 企业应当建立产品留样观察制度

对每批次产品实施留样观察，填写并保存留样观察记录。

（1）留样观察制度应当规定留样数量、留样标识、贮存环境、观察内容、观察频次、异常情况界定、处置方式、处置权限、到期样品处理、留样观察记录等内容。

（2）留样观察记录应当包括产品名称或者编号、生产日期或者批号、保质截止日期、观察内容、异常情况描述、处置方式、处置结果、观察日期、观察人等信息。

留样保存时间应当超过产品保质期1个月。

6. 企业应当建立不合格品管理制度，填写并保存不合格品处置记录

（1）不合格品管理制度应当规定不合格品的界定、标识、贮存、处置方式、处置权限、处置记录等内容。

（2）不合格品处置记录应当包括不合格品的名称、数量、不合格原因、处置方式、处置结果、处置日期、处置人等信息。

二、饲料成品贮存的管理与控制

企业应当建立产品仓储管理制度，填写并保存出入库记录。制度要求如下。

（1）产品库存量不准超过规定的安全库存量标准。

（2）仓储管理制度应当规定库位规划、堆放方式、垛位标识、库房盘点、环境要

求、虫鼠防范、库房安全等内容。

仓库保管员应根据先进先出原则，合理安排货品位置。成品的堆放应整齐、平坦、安全，同批生产的产品，应尽量在同一地点存放。成品每层堆码的袋数必须一致，以利出货及盘点作业。合理规划仓库库位，使库房空间得到充分、有效的利用。库位配置原则应配合仓库所使用的储运工具，规划运输通道，易于管理和质量检查。并依存货品种、类型、时间等分区存放，以利管理。每个品种原则上要配置2个以上小库位，进出轮流交替使用，达到先进先出的要求。仓储部门依各库位量存放品种，另就各库位予以编号，每日填写"成品库存货位表"，以利管制，仓储主管须随时查核变动情况。"成品库存货位表"由仓储部门发送到品管部、生产部，以便上述部门随时了解仓容情形，掌握存货变动状况。

饲料成品堆放时，在配置的库位区放置垫板。堆放时，纵横交错方式进行，包重在40kg（以上）的堆码高度以15层为限，包重在20kg（以下）的堆码高度不应超过20层。堆放的货物须讲求整齐、平坦、牢固、安全。每堆货物四周应留50cm的通道，便于储存期间随时检查品质。

（3）应当做好出入库记录。包括产品名称、规格或者等级、生产日期、入库数量和日期、出库数量和日期、库存数量、保管人等信息。

生产部根据生产计划，安排包装饲料的品名、数量及包装顺序。每一批成品入库完毕，仓库保管员应于货位最前端明显位置处挂"货位卡"，注明进货日期及数量，以利盘点及出货作业。及时电脑录入成品入库信息，并填写"成品入库单"交生产部和财务部。包装的头包与尾包，由包装员称重，并作记录，集中存放，等待回制，不作入库。

仓库发货员接到客户盖有财务章的"发货单"，经确认无误后，按"发货单"所列品名、数量，如数发给，并指挥搬运至车上。发货时，除有特别指示外，要根据"先生产先发出"的原则，以免造成逾期回制的损失。装货完成后，发货员需在"发货单"上签名确认，留下仓库联，再将"发货单"之其他联交于客户过磅出厂。同时电脑录入成品出货信息，填好"成品发货记录表"。

客户携经发货员签名的"发货单"将车开至地磅，地磅员应依实际过磅重量与订货数量核对，在允许误差范围以内，地磅员在"发货单"上签章，若过磅重量超出允许误差范围时，则通知该车返回，成品仓库做抽磅（每包重量）、抽点（出货包数），直到无误为止。

门卫根据发货员、财务收款室、地磅员签章的"发货单"核实出门车辆，留存"门卫联"后放车辆出门。每日出货作业结束，发货员应汇总发货票据，交仓库保管员核对。每日固定时间将上一日留存的"发货单"门卫联、"地磅日报表"交财务部复核。

仓库保管员依据电脑录入的成品出入库信息，进行当日库存盘点，并打印输出"成品库存日报表"，送生产部主管审核后，分送行销部、品管部和财务部。

（4）不合格产品和过期产品应当隔离存放并有清晰标识。生产出的合格产品，如果贮藏不当，不仅影响产品本身的质量，而且还影响到使用这些预混合饲料的全价配合饲料的质量。

（5）预混料要单独存放。注意产品的贮存温度、湿度、酸碱度、光照、通风及贮存时间等贮存条件符合产品特点，并且注意产品之间的相互影响。

（6）预混料贮存过程中微量组分的效价不可避免地会降低，因此应尽量缩短贮存保管期，控制使用期，要求生产、保存、使用的周转时间越短越好，最多不超过3个月。同时，存储期间要正确取样以监控水分、均匀度、重金属含量在贮存期的变化等。

（7）对预混合饲料产品的库存量要严格控制。每月检查产品的销售量与库存量，并保证仓库的贮存条件，确保微量活性成分的稳定性。

（8）企业应当在产品装车前对运输车辆的安全、卫生状况实施检查。

（9）企业使用罐装车运输产品的，应当专车专用，并随车附具产品标签和产品质量检验合格证。装运不同产品时，应当对罐体进行清理。

（10）其他要求。保持库房的清洁；定期检查库房的顶部和窗户是否有漏雨现象；定期对饲料成品库进行清理；做好防鼠灭虫工作；运输时防雨防水措施要有效。

三、饲料成品出厂销售的管理与控制

（1）产品不经化验不准出厂。

（2）产品质量不符合标准不准出厂。

（3）包重不符合要求不准出厂，缝口不符合标准不准出厂，没有标签或标签不合格不准出厂，破袋、漏袋不准出厂。

（4）不合格的产品必须重新整理或回机处理。

（5）企业应当填写并保存产品销售台账。销售台账应当包括产品的名称、数量、生产日期、生产批次、质量检验信息、购货者名称及其联系方式、销售日期等信息。

销售台账保存期限不得少于2年。

四、饲料产品投诉与召回的管理与控制

1. 企业应当建立客户投诉处理制度，填写并保存客户投诉处理记录

（1）投诉处理制度应当规定投诉受理、处理方法、处理权限、投诉处理记录等内容。

（2）投诉处理记录应当包括投诉日期、投诉人姓名和地址、产品名称、生产日期、投诉内容、处理结果、处理日期、处理人等信息。

2. 企业应当建立产品召回制度，填写并保存召回记录

（1）召回制度应当规定召回流程、召回产品的标识和贮存、召回记录等内容。

（2）召回记录应当包括产品名称、召回产品使用者、召回数量、召回日期等信息。

企业应当每年至少进行1次产品召回模拟演练，综合评估演练结果并编制模拟演练总结报告。

3. 企业应当在饲料管理部门的监督下对召回产品进行无害化处理或者销毁，填写并保存召回产品处置记录

处置记录应当包括处置产品名称、数量、处置方式、处置日期、处置人、监督人等信息。

第四节　饲料卫生与安全

　　饲料是动物的食物，是生产畜产品的原料，因而是人类的间接食品。饲料卫生与安全问题与畜产品的卫生和安全密切相关，直接关系到人类的健康和生存，关系到畜牧业和饲料工业的可持续发展。随着畜牧业与饲料工业的快速发展，人们对畜产品的消费需求已由过去的数量型转变为质量型，对畜产品品质的要求不断提高，追求低污染、低残留和无公害的安全畜产品成为人们消费所关注的重点。近年来，由于饲料卫生与安全引发的食品安全问题层出不穷，如国外由于饲料污染引起的"二噁英""疯牛病""除草醚"中毒，国内也相继发生了食用猪内脏或猪肉引起的"瘦肉精"中毒事件、劣质奶粉导致的"大头婴"事件，以及一些企业使用明令禁止的致癌食品添加剂"苏丹红一号"事件等。畜产品卫生与安全问题不仅直接威胁畜禽产业及相关产业的生存和发展，而且会给社会居民健康造成严重影响。因而，饲料的安全问题也日益得到重视。我国政府高度重视饲料卫生与安全质量问题，从饲料立法到饲料市场整治力度等方面都加强了力度。

一、饲料卫生标准

（一）饲料卫生标准含义

　　饲料卫生标准是以维护畜禽健康与生产性能以及不导致畜产品污染为出发点，对饲料中各种有毒有害物质以法律规定的形式提出限量要求。它由国家有关行政部门制定或批准颁布，是对饲料卫生质量进行监督和管理的依据，也是合理、安全、健康饲养畜禽的依据。

　　我国于1991年制定了饲料卫生标准（GB 13078—1991 饲料卫生标准），并规定为强制性标准，为规范我国的饲料市场，保障人民群众的健康和保护环境，发挥了很大的作用。但随着饲料、饲料添加剂品种的增加和人们对食物安全的日益关注，旧版本显然不能满足新形势下饲料工业的发展需要；由于旧版本覆盖面较小，造成许多事故纠纷无判定依据，一些重要的产品卫生指标没有规定等等，2001年全国饲料工业标准化技术委员会组织了华中农业大学、无锡轻工大学、中国农业科学院畜牧兽医研究所、国家饲料质检中心（北京和武汉）等10多个机构对《饲料卫生标准》进行了补充、修订。加入 WTO 后，饲料工业面临国际市场激烈竞争的严峻考验，提高产品质量，生产安全卫生、不污染环境的饲料产品是饲料工业健康发展的必需，因此 2001 版《饲料卫生标准》在制订时，对有害物质在饲料中的允许量指标进行规定时，充分考虑了国际上的有关规定，尽量与国际接轨。2004 年，标准中增补了砷的允许量相关内容。2006 年，又先后发布了 GB 13078.1—2006、GB 13078.2—2006，2007 年发布了 GB 13078.3—

2007，对亚硝酸盐、赭曲霉毒素 A、玉米赤霉烯酮、脱氧雪腐镰刀菌烯醇的允许量分别进行规定，不断完善《饲料卫生标准》。近年来，社会经济不断快速发展，消费者对畜产品的安全卫生要求逐步提高，国家"十三五"规划明确提出，发展饲料工业和养殖业首先要保障动物食品质量安全，与此同时还应统筹兼顾绿色、生态和可持续发展等目标，《饲料卫生标准》GB 13078—2001 已不能满足当前饲料工业的新形势要求。因此，我国饲料工业标准化技术委员会历时 5 年对《饲料卫生标准》进行修订，并于 2017 年 10 月 14 日发布，2018 年 5 月 1 日起实施。《饲料卫生标准》GB 13078—2017 为我国现行饲料卫生标准。

（二）饲料卫生标准的主要内容

1. 重金属元素的卫生质量指标

畜禽摄取后引起生长阻碍、生产性能降低乃至中毒死亡的毒性元素包括 Hg、Cd、As、Pb 等，它们主要是因矿物质饲料、微量元素添加剂及某些饲料原料的污染所致，如微量元素添加剂、磷酸盐类，动物性饲料鱼粉、肉粉和肉骨粉等。动物性饲料鱼粉、肉粉和肉骨粉等易受 Hg 的污染，使用时要注意 Hg 的含量。因此，在饲料卫生标准中规定了配合饲料、浓缩饲料、添加剂预混料、饲料添加剂及某些饲料原料中重金属元素 Hg、Cd、As、Pb 的允许量。

2. 菌类及毒素的卫生质量指标

饲料中常见的微生物主要包括霉菌和细菌。污染饲料的霉菌主要是曲霉菌属、镰刀菌属和青霉菌属的霉菌，可产生约 200 多种霉菌毒素。其中比较重要的有黄曲霉毒素、赭曲霉毒素、杂色曲霉毒素、T-2 毒素、玉米赤霉烯酮、二氢雪腐镰刀菌稀酮、岛青霉素、橘青霉素、黄绿青霉素等。在黄曲霉毒素中，B_1 毒素毒性最大，它可严重损害肝细胞、肾和其他器官，干扰免疫机制，引起食欲减退、发育不良甚至死亡，导致畜禽流产、致癌等。我国长江沿岸和长江以南地区饲料黄曲霉毒素 B_1 的污染较多，尤其是玉米和花生饼粕。因此，饲料卫生标准中主要规定了霉菌细菌总数的允许量，规定了饲料中黄曲霉毒素 B_1 的允许含量。玉米赤霉烯酮主要由镰刀菌产生，能引起不育、流产等综合征，猪对该毒素较敏感，仔猪饲料中含有 0.01mg/kg、母猪饲料中含有 0.03mg/kg 时出现中毒症状。

饲料中的细菌多种多样，其中包括致病性、相对致病性和非致病性细菌。因此，饲料卫生标准中规定了细菌总数的允许量，是评价饲料卫生质量的重要指标之一。沙门氏菌是细菌中危害最大的微生物，传递作用很强，容易传递给人，饲料中最易污染的是鱼粉。因此，我国饲料卫生标准规定，饲料中不得检出沙门氏菌。

3. 天然有毒有害物质的卫生质量指标

饲料中的天然有毒有害物质主要指饲料中天然存在的特征性的有害物质，有的饲料本身含有一些有毒有害物质，其种类较多，但对动物危害性较大的天然有毒有害物质主要有亚硝酸盐、氰化物、游离棉酚、异硫氰酸酯、噁唑烷硫酮等，因此，饲料卫生标准中主要对这些指标的允许量进行了规定。

4. 残留农药的卫生质量指标

农药的残留直接影响动物健康，进而威胁人类健康。对动物和人体毒害作用较强的农药有滴滴涕、六六六，因此饲料卫生标准中主要对这 2 项指标的允许量进行了规定。

二、饲料卫生与安全发展现状与解决措施

（一）饲料卫生与安全的含义及特点

饲料卫生质量是指饲料中产品本身的卫生状况，主要指饲料中有毒有害物质、微生物（特别是致病微生物）的种类及含量。

饲料安全指饲料中不含有危及动物健康与生产的物质，并且这些有毒、有害物质不会在动物产品中残留，进而危害人体健康或对人类、动物生存的环境构成威胁。饲料安全包含 3 个方面的含义：一是指饲料对动物健康和生产安全；二是指由该饲料生产的畜产品对人类健康安全；三是指动物采食该饲料后对人类与动物的生存环境无不良影响。

饲料卫生与饲料安全既有联系，又有区别，主要区别在于所涉及的研究范围、内容以及作用对象上。饲料安全的含义较饲料卫生更广。

同其他产品的卫生与质量安全问题相比，饲料产品的卫生与安全问题有 3 个特点。

（1）复杂性。影响饲料卫生和安全的因素很多，而且复杂多变。既有在饲料种植、储藏、加工、使用过程中，自然产生的一些有毒有害物质，也有人为添加等因素。有些是偶然因素，有些则是长期累积的结果。在已有的问题逐步得到解决的同时，新的问题还在不断出现。

（2）隐蔽性。首先，由于技术手段的限制，一些饲料在利用之初，其危害性并不能被充分地认识到；其次，对一些物质的毒副作用，利用常规的检测方法不能进行有效鉴别，其影响程度在一定时期内得不到研究证明；最后，有时候，有毒有害物质并未危及动物的健康和生产，但却蓄积进入畜产品或排泄进入环境，对人体健康和环境造成危害。

（3）长期性。一方面，饲料中的不安全因素是长期存在的，虽然通过加强监督管理和提高安全意识，危害发生的程度和范围会减小，但短时间内不可能完全消除；另一方面，在用饲料饲喂过程中蓄积在养殖动物体内的有毒、有害物质直接污染环境或通过人体蓄积所造成的影响也是长期的。

基于饲料的重要性和特殊性，解决饲料卫生和安全问题必须标本兼治，必须要有完整的战略思路，同时也要有一整套切实可行的政策措施。

（二）影响饲料卫生和饲料安全的因素

影响饲料卫生和安全问题的因素很多，根据饲料中危害物的性质，可以将影响饲料卫生与安全的因素分为生物性、化学性和物理性 3 大类。

1. 生物性危害

生物性危害包括传染性细菌、有毒真菌、病毒、寄生虫及外来转入基因等。危害较大的致病细菌主要有沙门氏菌、大肠杆菌等。致病菌可直接进入消化道，引起消化道感染，而发生感染型中毒性疾病。某些细菌在饲料中繁殖并产生细菌毒素，通过相应的发病机制引起的细菌毒素型中毒，如由肉毒梭菌毒素等引起的细菌外毒素中毒。

霉菌和霉菌毒素对饲料污染的比例在我国的饲料生物污染中占比较大。霉菌在自然界中分布广泛，种类繁多。从原料生产到配合饲料被动物食入这个过程，每个环节都有受霉菌污染的可能性。动物摄入受霉菌污染的饲料后，在肝、肾、肌肉、乳汁以及禽蛋中可以检出霉菌毒素以及其代谢产物，因而导致动物性食品污染。

2. 化学性危害

化学性危害包括有毒有害元素、有毒有害化合物、农药、兽药污染等。有毒有害元素主要有铅、砷、汞、氟、锡、铜等，可引起动物中毒，同时，这些物质在环境中难以排除，易富集，导致环境恶化。有毒有害化合物指亚硝酸盐、氰化物、植酸及其盐、组胺、单宁、皂角质、植物凝集素、茄碱、棉酚、硫葡萄糖苷及降解产物异硫氰酸盐、噁唑烷硫酮、氰化物、蛋白酶抑制因子、蓖麻毒素等物质。化学性危害还包括农药如六六六、工业"三废"中的苯丙吡、二噁英、β-兴奋剂、镇静类药物、己烯雌酚等。

3. 物理性危害

物理性危害指饲料中存在的任何可能使畜禽致病或致伤的非正常物理材料，包括玻璃、金属、石头、塑料、骨头、针、笔尖、纽扣、珠宝等物质。

（三）当前饲料卫生与安全中存在的主要问题

1. 滥用药物与抗生素

（1）使用违禁药物。常见的违禁药品包括激素类、类激素类和安眠镇定类。β-兴奋剂是一类化学结构和药理性质与肾上腺素相似的苯乙醇胺类化合物，化学合成的 β-兴奋剂种类较多，包括 Clenbuterol（克仑特罗、克喘素）、Cimaterol（息喘宁）、Racto-pamine（舒喘宁、莱克多巴胺）、Salbutamol（沙丁胺醇）、Carbuterol（卡布特罗）等。其中莱克多巴胺已获美国 FDA 批准用于饲料，克仑特罗在美国可以作为产科用药和治疗呼吸道疾病的辅助药，但在欧盟则为禁用药。β-兴奋剂又叫营养重分配剂，作为饲料添加剂可提高动物瘦肉率，降低脂肪沉积，因而俗称"瘦肉精"。盐酸克仑特罗成本最低，药效最高，一直在饲料中大量违规使用。该物质药性强，化学性质稳定，难分解，难熔化，加热到 172℃ 才能分解，一般烹饪方法不能使其失活，在体内蓄积性强。人食用了含盐酸克仑特罗残留的动物食品易出现中毒，表现为头晕、恶心、呕吐、血压升高、心跳加速、体温升高、寒颤等症状。对高血压、糖尿病、青光眼、心律失常、前列腺肥大等疾病的患者有较大的危害甚至危及生命。我国虽禁止使用盐酸克仑特罗，但是盐酸克仑特罗中毒事件时有报道。

不少厂家在肉猪饲料中使用"睡梦美"，"睡梦美"的实质是镇定类药物，受传统影响，以为猪肯睡必定肯长，实际上肯睡未必肯长，因为睡眠时动物代谢率降低。

玉米赤霉醇等和甲状腺类激素如 T3、T4、碘化酪蛋白因易在畜产品中残留而危害人类健康，已被各国禁用。我国也将这些物质列为禁用药物，但目前有少部分企业违法使用。肽类激素特别是重组猪生长激素（PST）的安全问题仍在讨论之中。大量试验表明，使用 PST 和 BST（牛生长激素）对人类健康无不良影响。由于 PST 对瘦肉率和饲料转化率、BST 对产奶量的改善效果明显，有部分国家批准这些激素在畜牧业中使用，而在欧洲国家禁止使用。考虑使用激素后可能引起的贸易摩擦等问题，我国禁止在养殖业中使用任何激素。

（2）超规使用抗生素。抗生素作为饲料添加剂在饲料工业中应用已有60多年历史，对预防动物疾病、促进动物生长、增加畜产品质量和提高养殖业的效益起到积极作用。但长期使用抗生素可能带来3方面的危害：一是使微生物产生耐药性，抗生素可抑制或杀灭大部分药物敏感的微生物，但有少量细菌产生了耐药性，并可能将耐药性传递给其他菌株，大量研究表明，微生物的耐药性已非常普遍；二是抗生素及代谢产物在畜产品中残留，对人类健康产生较大威胁；三是抗生素随畜禽粪尿排出后对环境尤其是土壤造成污染。为此，世界各国对抗生素的使用也有严格的规定，甚至禁用促生长类抗生素，但生产上仍有抗生素滥用情况，如超量使用、无休药期等。我国已于2020年开始全面禁止在畜禽养殖中使用促生长类药物添加剂。

2006年中国发生了"多宝鱼"事件。山东省日照市东港区涛雒镇先进养鱼场等3家企业，在多宝鱼养殖过程中违规使用氯霉素、孔雀石绿等违禁兽药。"多宝鱼"本身抗病能力较差、养殖技术要求较高，一些养殖者为降低养殖成本大量使用违禁药物，用来预防和治疗鱼病，导致"多宝鱼"体内药物残留严重超标。氯霉素、硝基呋喃类药物是人用药品，早已列入《食品动物禁用的兽药及化合物清单》，孔雀石绿也是禁用兽药，但不法分子却通过非法渠道销售给养殖户使用。

生产上曾广泛使用喹乙醇、氯霉素、金霉素等作生长促进剂。研究表明，畜产品残留的喹乙醇有较强的致染色体断裂，而诱发机体细胞突变作用。因此，对这些药物和抗生素的应用已有严格规定，必须按照要求进行。禽类促生长剂硝呋烯腙对肉鸡、肉鸭均有较好的促生长作用，但是因为其致癌和致畸的作用而未获批准使用。

2. 饲料污染现象频发

（1）二噁英污染。二噁英学名Dioxin，属于氯代三环烃类化合物，是多氯二苯并二噁英和多氯二苯并呋喃二类化合物的总称，共有210种同族体。由于氯原子的取代数目和位置不同而形成众多异构体。二噁英为脂溶性，毒性高，比氰化钾还要毒50～100倍，是目前发现的最有毒的化学物质之一。二噁英不是天然存在的，不过，人体吸收的二噁英90%来自膳食。研究表明，含有二噁英的饲料产品，特别是饲用油脂是造成畜产品"二噁英"严重超标的直接原因。二噁英不会在短时间内导致病变，但由于其稳定性强，一旦摄入不能被排出，大量积蓄在人体内，会损害肝脏、生殖系统，产生癌变。对婴儿来说，会导致皮肤病变、器官畸形等，因此被世界卫生组织列为1级致癌物质。目前食品中污染的量不会造成急性中毒，如果长期食用含有这种低浓度污染物的食品达10～20年可能会致癌或雌性化。过度使用含氯化物的农药，塑料之类的含氯垃圾焚烧时温度低于850℃，纸浆漂白、工业冶炼过程中使用含氯清洁剂及汽车尾气，都可产生二噁英，二噁英粒子会污染农作物进而累积于饲料中。

（2）饲料源引起的疯牛病。疯牛病从1985年在英国发现后，逐渐扩展到西欧，目前已经变成世界性问题。医学界对疯牛病的病因、发病机理、流行方式还没有统一的认识，也尚未发现有效的诊断方法和防治措施。但专家们普遍认为疯牛病起源于羊痒病，是给牛喂了含有羊痒病因子的动物蛋白质饲料所致。1988年以前，英国曾广泛使用反刍动物如羊、牛等的内脏、下脚料等制成的饲料喂牛，羊痒病因子通过这些饲料传染给牛。病牛的尸体经过加工后进入牛的食物链，导致牛之间相互交叉感染，人类也能被疯牛病病原体感染。

（3）重金属毒元素超标。重金属元素主要是指有毒金属元素，主要有铅、汞、镉、砷、氟、硒等，在常量甚至微量的接触下即可对人和动物造成毒害作用。

铅属于蓄积性的毒物。饲料中的铅进入动物体内后，经血液循环绝大部分蓄积在骨骼，一部分经肝脏通过胆汁排出体外。铅中毒后，主要对动物神经系统、造血系统和泌尿系统造成损害。脑血肿、脑血管扩张、神经节变性导致明显的神经症状；干扰体内卟啉代谢，体内血红蛋白合成和铁利用障碍，导致缺铁性贫血症状；肾小球上皮细胞肿胀，导致糖尿、氨基酸尿。铅可通过胎盘屏障传递给胎儿，对胎儿造成危害。饲料铅超标的主要原因是微量元素锌源中铅的超标和工业污染。在自然界中，锌、铅、镉是共生矿，生产锌源过程中，除铅工艺落后，则会导致锌源中铅超标。很多工业废气、废物都含有大量铅，如汽车废气可导致公路两旁的牧草铅含量超标。

镉对动物的毒性作用很早就已被人们肯定和关注，镉容易在动物体内蓄积，会造成动物性食品的污染，从而危害人的健康。早在 1972 年，联合国粮食及农业组织（FAO）和世界卫生组织（WHO）就已将镉列为仅次于黄曲霉毒素和砷的食品污染物。饲料中镉污染主要来自采矿与冶炼的"三废"。饲料中镉超标主要来自动物性饲料和锌源。通常情况下，植物性饲料镉含量很低，不超过 1mg/kg，但水中生物对镉有较强的富集能力，如藻类可富集 11～20 倍的镉，鱼类可富集 1 000～100 000 倍的镉。鱼粉镉含量可高达 1.2mg/kg，而受污染海域的鱼粉含镉可达 25mg/kg。此外，锌源生产中工艺不当，可导致镉含量超过 10mg/kg 以上。

氟是动物的必需微量元素之一，在体内主要保护牙齿健康，增加牙齿强度，预防成年动物产生骨松症，增加骨骼强度。但在生产条件下一般不易出现缺氟，而氟过量的现象更为多见。氟过量的动物牙齿变色，形态发生变化，永久齿可能脱落，骨膜肥厚，软骨内骨生长减慢，钙化程度降低，种畜繁殖机能下降。大量使用氟含量超标的矿物质饲料如石粉、磷酸氢钙及骨粉等，是造成日粮氟超标的重要原因之一。生产中常见的矿物质原料主要包括石粉、磷酸氢钙、磷酸钙、贝壳粉、骨粉、肉骨粉等富含钙磷的饲料。其中，磷酸氢钙不脱氟或脱氟不彻底，含氟在 0.9%～2%，某些石粉的氟含量很高，肉骨粉也是饲料中的高氟原料。因此，在生产中如果把关不严，使用了氟含量过高的矿物质饲料，将导致饲料氟超标，引起慢性氟中毒。动物对氟的吸收很快，当采食高氟日粮，动物的骨骼、牙齿氟含量增加，禽蛋尤其是蛋黄中氟含量明显升高，采食正常含氟量日粮的母鸡，其蛋黄氟含量为 0.8～0.9mg/kg，如果补饲 2%磷酸盐矿石粉后，则蛋黄氟可高达 3mg/kg。此外，动物排泄物中的氟含量也增加，引起土壤、水域的氟含量升高，影响植物、动物的生长，也可通过食物链影响人类的健康。利用氟污染的水域中生长的鱼生产鱼粉，含氟量也较高。有资料报道氟污染水域生产的鱼粉氟含量高达 1 000mg/kg。

（4）农药、化肥残留。我国农药、化肥施入量均大于国际平均水平。化肥主要造成重金属污染，如汞、铝、镉，导致一系列人畜不可逆转的神经系统中毒病变。农药是一类有毒化学物质，特别是一些高残农药。滥用农药或不合理使用农药带来了很多副作用：一方面，由于农药的使用时间长或使用不当，使得很多动植物的病虫害产生了不同程度的耐药性，使用者不得不加大使用量；另一方面，农药使用不规范，很多使用者施用农药时，不注意农药的停药期，由于畜禽是食物链的最终环节，农药残留可以通过饲料积蓄在畜禽体内。以上2方面的因素都导致了动植物体内农药残留量的超标，直接危害到动物及人体健康。农药主要造成有机磷、有机氯污染。有机氯大量残留于作物种子、秸秆中，并通过养殖业污染人类的食物链，使肝细胞病变和引起脂肪肝。有机磷在人体内富集，使血液胆碱酯酶活力下降，引起胆碱神经功能紊乱，导致严重的后果。

易在饲料中残留的常用农药如下。

①有机氯杀虫剂：如 DDT、六六六等。此类农药化学性质稳定，不易分解，在环境和动植物体内残留时间长。我国已于1984年停止使用，但尚存在长期的环境效应。

②有机磷杀虫剂：使用最为广泛，如敌敌畏、甲胺磷等。此类农药的化学稳定性较差，在环境和动、植物体内能迅速进行氧化和分解，故残留时间较有机氯短，但对哺乳动物的急性毒性较强。

③氨基甲酸酯类杀虫剂：如西维因等。具有杀虫效力强、作用迅速、易分解等特点，是继有机氯和有机磷农药之后应用越来越广泛的一类农药。

④拟除虫菊酯类杀虫剂：如杀灭菊酯等。具有高效、低毒、不污染环境等特点，由于施药量小，在作物上的残留量较低，一般不会造成中毒，但此类农药中的溴氰菊酯毒性较强，有些地方曾有引起中毒的报道。

⑤熏蒸剂。熏蒸剂常用于熏蒸粮库、防治储粮中的害虫，对人畜的毒性较大，但因容易挥发，残留量较低。

⑥常用的农药还有杀菌剂、除草剂等，一般残留量较少，对人、畜的毒性较低。

(5) 微生物污染。

①致病菌。危害较大的致病细菌主要有沙门氏菌、大肠杆菌等。致病菌可直接进入消化道，引起消化道感染，而发生感染型中毒性疾病。某些细菌在饲料中繁殖并产生细菌毒素，通过相应的发病机制引起的细菌毒素型中毒，如由肉毒梭菌毒素等引起的细菌外毒素中毒。

沙门氏菌是一群形态和培养性都类似于肠杆菌科中的一个大属，已发现有2 000种以上的血清型，对人、哺乳动物及鸟类有致病力。根据沙门氏菌的传染范围可分为3个菌群：一是专门引起人类发病的沙门氏菌，如伤寒沙门氏菌、甲型副伤寒沙门氏菌、乙型副伤寒沙门氏菌等，这一群称为肠热型菌群；二是对哺乳动物及鸟类有致病性的甲型副伤寒沙门氏菌，并能引起人类食物中毒，如鼠伤寒沙门氏菌、猪霍乱沙门氏菌、肠炎沙门氏菌等，这一群称为食物中毒菌群；三是仅能对动物致病，很少传染人的沙门氏菌，如鸡伤寒沙门氏菌、鸡白痢沙门氏菌，有时也会引起人胃肠炎。沙门氏菌在人和动物群体中的感染都很普遍，畜禽感染沙门氏菌后，可引起败血症、肠炎、孕畜发生流产等。如猪的沙门氏菌又称副伤寒，其急性型又称败血型，以败血症经过为特征，可见病猪耳根、后躯及腹下皮肤出现紫斑，全身淋巴充血、肿胀，胃肠黏膜出血等；牛感染后多表现为高热、下痢、怀孕母牛多流产。人感染沙门氏菌往往是因食入未经消毒或消毒不彻底的乳肉蛋产品，也可通过饮水感染，感染后，病人表现为突然发病、高热、头痛、寒战、恶心、呕吐、腹痛和严重的腹泻。据统计，世界各地的食物中毒事故中，沙门氏菌引起的食物中毒占第一位。

沙门氏菌广泛分布于自然界中，在动物源和植物源饲料上经常有沙门氏菌污染。沙门氏菌很容易在自然环境以及动物体内存活和繁殖，食物、饲料原料、粪便、灰尘、饮水都可能成为沙门氏菌的污染源，即使在低水分的原料中，沙门氏菌亦可存活。一般整粒的谷物和豆科籽实中不含沙门氏菌，但粉碎后容易受沙门氏菌污染。不同原料感染沙门氏菌的敏感性不同，一般蛋白质原料敏感性较强，动物性蛋白原料如鱼粉、肉骨粉、血粉及其他动物加工副产物最为易感。产品在生产和加工过程中，如热处理不够充分，也可能含有沙门氏菌。沙门氏菌还可通过禽蛋垂直传播给下一代或人类，在感染沙门氏菌后病愈或部分健康的种禽体内仍潜伏着沙门氏菌，可通过排泄物污染种蛋，从而传播给孵化后的幼禽，如雏鸡的白痢，往往是由种蛋污染引起的。蛋黄是沙门氏菌的保护层，它能明显提高沙门氏菌的耐热性，因此，通过禽蛋也可引起人沙门氏菌感染。饲料的加工设备也可能被沙门氏菌污染，如果这样，即使用无沙门氏菌的优质原料仍然不能生产出无沙门氏菌的饲料。不洁饮水也是沙门氏菌污染的一个途径。在普通的水中，沙门氏菌虽不易繁殖，但可存活 2~3 周。沙门氏菌的污染途径很多，它可能起源于饲料原料，并通过食物链（饲料原料—畜禽—食品—人）传染给人类。因此，为了生产无沙门氏菌的食品，必须给畜禽饲喂无沙门氏菌污染的饲料，必须对饲料原料进行严格的把关，加强各种动物的防疫措施，在饲料生产和畜产品加工过程中建立一套有效的沙门氏菌控制程序。

②霉菌和霉菌毒素。据估计全世界每年约有 25% 的谷物受到霉菌毒素的影响。霉变过程产生的代谢产物可使饲料感官性状恶化，如刺激性气味、颜色异常、黏稠、结块等，结果饲料适口性下降，饲料营养价值下降甚至完全不可利用；同时，霉菌产生的毒素及其代谢产物还可在动物的肝、肾、肌肉、乳汁以及禽蛋中残留，因而危害人类健康。只要温度、湿度适宜，并在有氧的条件下，任何饲料都有发霉的可能。黄曲霉主要污染花生、玉米、大米、薯类及豆粕等饲料原料，其中花生最容易受污染，花生饼、粕由于经过压榨或浸提油脂加工后原花生的保护层被破坏，更易受黄曲霉污染。玉米赤霉烯酮和单端孢霉烯族化合物主要污染玉米、稻谷、高粱、麦类等能量饲料。在我国，饲料霉菌的主要来源是玉米。国产玉米在收割环节没有控制霉菌生长的措施，自然晒干过程中受霉菌侵袭的机会很多，而机器烘干的玉米有时外表干燥，内部水分仍然较高，最易产生严重的霉菌污染。麸皮、次粉等小麦加工副产品因加工过程中需加水润麦，产品水分往往较高，在贮存过程中经常会发热，甚至霉变。一般情况下，豆粕、菜粕、棉粕等原料水分较低，受霉菌污染的概率较玉米和麦类副产品少。玉米胚芽饼（粕）、玉米皮通常水分不超过 10%，很少发生霉变。霉菌污染的发生常带有明显的季节性、区域性和波浪性，一般春夏季节比秋冬多，南方比北方多。

3. 饲料超量使用矿物元素

饲料中超量使用矿物元素有不同的情况。

（1）作为生长促进剂而大量添加，主要有铜、锌、有机砷。铜是动物生长必需的微量元素，主要作为金属酶的组成成分，直接参与体内营养物质的代谢，维持铁的正常代谢，参与骨的形成等。铜的缺乏可引起动物贫血、繁殖机能障碍、骨畸形、神经症状等。动物对铜的需要量很低，一般为 2~3mg/kg。大量试验证明，饲粮添加高剂量铜可促进猪尤其是仔猪的生长、提高饲料效率、降低断奶后腹泻，与抗生素的促生长效果相似。因此，在实际生产中，铜的超量添加问题比缺乏现象更为普遍。近年来，大量研究结果也表明，高铜将在许多方面造成负面影响。一是导致环境污染，破坏生态平衡。铜在消化道吸收率较低，高剂量时吸收率更低。高铜的表观吸收率，断奶仔猪为 5%~20%，成年动物一般在 5%~10%。大约 90% 的日粮铜经粪便排出。排泄的铜为不可降解物质，因此，土壤和水中铜浓度增加，造成环境污染。土壤铜污染可破坏土壤的物理、化学和生物学功能，引起土壤的肥力降低，植物生长受阻，影响作物产量和养分含量。过量的铜还可导致地区内植物种群的变化，能适应高铜的植物生存，不能适应的将被淘汰，从而引起某些物种的灭亡。草地中长期施用含高铜的粪便后，牧草含铜量升高，牛、羊对过量铜很敏感，容易引起牛羊的铜中毒。水中铜含量增加，可使水质恶化，导致水生物中毒、死亡，生态环境被破坏。高铜所带来的环境污染无法人为消除。二是在畜产品中残留，影响食品安全，人食入后可造成铜在肝、脑、肾等组织中积累，从而危害人体健康。高铜可使动脉粥样硬化并加速细胞的老化和死亡。铜在脑中沉积，可导致脑萎缩、灰质和白质退行性改变、神经元减少，最后发展为老年性痴呆。三是日粮添加高铜的同时，为防止锌与铁的缺乏，要求日粮必须提高锌与铁的水平。在增加饲料成本的同时，也增加了动物机体的代谢负担，增加了粪便中铜、铁、锌等矿物质的排出，增加了对环境的污染。四是高铜的添加增加了对维生素的破坏，因此必须适当增加日粮中维生素的添加量。

锌是动物生长必需的微量元素，主要参与体内酶的组成，参与维持上皮细胞、皮肤和被毛的正常形态，维持动物的生长与健康，维持激素的正常作用和生物膜的正常结构与功能。锌缺乏可使动物产生食欲降低、采食量及生产性能下降，皮肤与被毛损害，繁殖机能障碍以及骨骼异常等临床症状。大量研究表明，在仔猪日粮中添加高剂量锌，可减少仔猪断奶后腹泻，提高生长速度和饲料利用率。因此，在养猪生产中锌的超量添加较缺乏现象更为普遍。但锌在消化道吸收率较低，通常为 7%~15%，对反刍动物较高，可达 20%~40%，以氧化锌形式供给的高锌吸收率更低，断奶仔猪为 5%~10%。因此，饲料中高剂量锌大部分通过粪便排出体外，导致环境污染，土壤板结，若污染水源，将产生巨大危害，可降低水体自净能力，导致水质恶化，水生物死亡。日粮高锌，也将对维生素的稳定性产生负面影响，导致维生素的生物学效价下降。

砷可能是动物必需的微量元素，但砷在动物体内的含量非常低，在实际生产中几乎不出现缺乏症。一些研究证实有机砷制剂具有促进生长和抑菌的作用，在生产上普遍用作生长促进剂使用。饲料中添加的有机砷制剂主要是对氨基苯砷酸（阿散酸）和 3-硝基-4-羟基苯砷酸（洛克沙肿）。猪、鸡饲料中添加有机砷制剂，可提高增重、改进饲料利用率，并可改进生长鸡的色素形成，增加种鸡及产蛋鸡的产蛋率。砷制剂还具有抗菌作用，对治疗和防治猪的下痢、腹泻有疗效。砷制剂能够舒张毛细血管、增加毛细血管的通透性，猪采食后表现为皮肤发红，比较受养猪户的喜爱。因此，在过去的几十年中，饲料企业通常在日粮中添加一定剂量的有机砷制剂以促进动物的生长。不少饲料厂家片面强调有机砷制剂的促生长作用和防病效果，加上有机砷制剂可使动物产品皮肤红润的误导，致使有机砷制剂的应用越来越广泛，添加量日趋增高。然而，研究表明大量使用有机砷制剂不仅会导致环境砷污染，而且也危害人类健康。有机砷在动物体内不易吸收，排出体外变成毒性更大的无机砷。据预测，一个万头猪场按美国 FAD 允许使用的砷制剂推荐量计算，若连续使用含砷的饲料，每年可向环境中排放 125kg 砷，5~8 年之后，将可能向猪场周边排放近 1t 砷，这 1t "毒土"将长期影响周围的土壤和地下水。若将这些排泄物施用在 2 000 亩（1 亩 ≈ 667m²）的土地上可使土壤含砷量人为增加 4.6mg/kg，地下水的含砷量、作物含砷量均会增加。此外，对于生产砷制剂的工人和接触含砷制剂饲料的饲养员等来说，由于长期小剂量的砷不断进入体内，最终会在不知不觉中对他们及其后代带来安全隐患。砷被机体吸收后，主要蓄积在肝、肾、脾、骨骼、皮肤、毛发中，与巯基酶结合，使酶失活，导致细胞代谢紊乱。许多国家近年来相继对砷制剂的应用作了严格限制或禁用。我国也作了严格规定。

（2）忽略饲料中微量元素含量而再添加引起的日粮微量元素超量。饲料原料中含有的微量元素是动物机体的重要矿物质来源之一，其中，有些微量元素的含量本身较高，不需额外添加或只需少量添加就可满足动物的需要，但在实际生产中，往往不考虑饲料原料中本身含有的微量元素含量而额外添加，导致日粮中微量元素超量添加，如有些地区或饲料中铁、铜的含量很高，不需另外补加即可满足需要，但在日粮配合时仍然添加铁、铜的添加剂，不仅增加饲料成本，而且增加动物的代谢负担，对机体造成负面影响，影响畜产品品质，也增加了排泄物中矿物元素的排出。据报道日粮中添加 209~420mg/kg 铁时，过量铁会导致体内自由基增加，加剧脂质过氧化，猪肉中的非血红素铁和脂类过氧化反应产物含量显著增加，导致脂质过氧化，使猪肉产生异味。其他微量元素如锌、锰等也都存在不同程度的过量添加现象。

4. 违规使用饲料原料和掺假

（1）违规使用动物蛋白质饲料。由于担心肉骨粉等动物性饲料携带疯牛病因子，我国及很多其他国家都规定不准在反刍动物日粮中使用动物蛋白质饲料。但仍然有些企业违规使用，带来安全隐患。

（2）违规在蛋白质饲料中添加三聚氰胺。2007 年，美国暴发了猫和狗摄入含有三聚氰胺和氰尿酸的宠物食品而造成肾衰竭的大规模疫情。对造成该次疫情的受污染配料（蛋白粉）进行了分析，检出了以下三嗪类化合物：三聚氰胺、氰尿酸、三聚氰酸一酰胺、三聚氰酸二酰胺，以及脲基三聚氰胺和甲基三聚氰胺。2008 年中国婴幼儿肾结石和肾功能衰竭发病率增加，据认为是摄入受三聚氰胺污染的婴幼儿配方奶粉所致，部分生产者为了增加牛奶原奶中粗蛋白含量而蓄意添加三聚氰胺。三聚氰胺不被代谢，很快即通过尿液排出，在血浆中的半衰期约为 3h，具有低急性毒性。氰尿酸对哺乳动物具有低急性毒性。三聚氰胺和氰尿酸虽然只有低急性毒性，但在同时摄入三聚氰胺和氰尿酸后，会导致肾毒性。

（3）违规使用苏丹红。苏丹红是一种化学染色剂，主要用于石油、机油和其他的一些工业溶剂中，目的是使其增色，也用于鞋、地板等的增光。1995 年欧盟等国家已禁止其作为色素在食品中添加，我国也明文禁止。但由于其染色鲜艳，印度等一些国家在加工辣椒粉的过程中还容许添加苏丹红。

苏丹红为亲脂性偶氮化合物。其化学成分中含有一种叫萘的化合物，该物质具有偶氮结构，由于这种化学结构的性质决定了它具有致癌性，对人体的肝肾器官具有明显的毒性作用。进入体内的苏丹红主要通过胃肠道微生物还原酶、肝和肝外组织微粒体和细胞质的还原酶进行代谢，在体内代谢成相应的胺类物质。在多项体外致突变试验和动物致癌试验中发现苏丹红的致突变性和致癌性与代谢生成的胺类物质有关。

5. 饲料中存在天然有毒有害物质

饲料中常常含有一种或多种天然有毒有害物质，如植物性饲料中的生物碱、生氰糖苷、棉酚、单宁、蛋白酶抑制剂、植酸以及有毒硝基化合物等，动物性饲料中的组胺、抗硫胺素及抗生物素等。这些有毒有害物质可对动物健康和生产造成多种危害和影响，主要有 2 个方面：一是影响适口性，降低饲料的营养价值，降低动物生产性能；二是引起动物急性或亚急性中毒，诱发癌肿，甚至死亡。

6. 饲料养分利用率低

饲料养分利用率低导致对动物健康的危害和环境的污染。特别是动物排泄物 N、P 对环境污染已引起全球关注。

磷是动物必需的常量矿物元素，磷不足，导致动物出现明显的磷缺乏症。实际生产中，植物性饲料中磷含量很高，但主要是植酸磷，猪、鸡等单胃动物对植酸磷的消化吸收率很低，必须在配合饲料中添加无机磷（如磷酸氢钙）以满足动物需要，不仅增加了饲料成本，而且造成大量的磷随动物粪便排出体外。据研究，猪摄入的磷约有 75% 被排出，对土壤环境、水环境造成严重污染。日粮有机磷利用率低，导致日粮中超量添加无机磷是造成磷污染环境的重要原因之一。氮、磷等营养元素与藻类的生长繁殖关系极为密切，从而成为水域富营养化过程的主要控制因子。随粪尿排出的大量氮、磷等营养物质进入湖泊、水库、海湾等水域，可促使大量藻类及其他浮游生物迅速繁殖，水质恶化并出现鱼类等水生生物死亡，出现一系列的生态环境问题。此外，微量元素的无机盐类如硫酸盐、氯化物及氧化物等是目前饲料工业中应用的主要微量元素添加剂，这类添加剂虽然成本低，但吸收率较低，在日粮中的添加量较高，导致大量微量元素随动物的排泄物排出体外，造成对环境的污染。

7. 转基因饲料的安全问题

转基因打破了物种界限，不同物种间的基因可以进行前所未有的新组合，其所造成的危害也可能是不可预见的。目前对转基因植物的安全问题包括 2 方面：一方面是环境安全性，另一方面是食品安全性。

（1）环境安全性。核心问题是转基因植物释放到田间后，是否会将所转基因移到野生植物中，是否会破坏自然生态环境，打破原有生物种群的动态平衡。

（2）食品安全性。转基因饲料可能对动物乃至人类具有直接的抗营养作用。转基因产品对动物和人体健康可能产生的影响包括：①可能存在的过敏反应；②抗生素标记基因有可能使动物与人的肠道病原微生物产生耐药性；③抗昆虫农作物体内的蛋白酶活性抑制剂和残留的抗昆虫内毒素可能对人畜体健康有害；④除草剂在环境中残留量加大，随着基因改造的抗除草剂农作物的推广，可能导致除草剂的用量增加，从而导致除草剂在环境中残留量加大，最后污染饲料和食品。

转基因饲料应用于生产的时间尚短，安全性和可靠性都有待于进一步的研究和证明，转基因饲料可能会导致一些遗传学或营养成分的非预期改变，可能会对人类健康产生危害。转基因饲料对动物、人类健康和环境的影响要经长期考察，一旦对动物、人类健康和环境平衡造成了破坏，恢复起来将非常困难，因此有必要采取谨慎的态度。

（四）饲料卫生与安全问题产生的原因分析

我国现阶段的饲料卫生与安全问题是多方面因素共同作用的结果，包括人为因素、饲料生产加工及贮藏因素、工业污染、科研基础和技术推广环节薄弱、饲料行业体系发展不完善等。

1. 人为因素

一些饲料安全问题如违禁药物"瘦肉精"、安定、呋喃唑酮等违禁药物的使用、抗生素的滥用和违法使用等主要是人为因素引起，屡禁不止，根除困难。

2. 饲料含有天然有毒有害物质或生产、加工、贮藏因素

很多植物性饲料或矿石本身含有有毒有害物质，在饲料加工过程中难以消除而残留甚至产生一些毒害作用更强的代谢产物，如油菜籽榨油过程中硫葡糖苷降解产生异硫氰酸盐，在饲料生产、加工、贮藏的各个环节都可能产生饲料安全的潜在危机。霉菌生长不仅发生在饲料流通、生产、加工、贮藏环境，也发生在农作物的田间生长和收获环节。饲料贮藏条件不当，可能受到污染和产生毒素，如二噁英污染、鱼粉在贮藏过程发生自燃而产生肌胃糜烂素毒素、脂肪氧化酸败等。

3. 工业污染

工业"三废"的排放，使重金属污染环境或污染饲料原料，并转移到饲料产品中。由于重金属不易在环境中净化，且几乎不能被动物排出体外，因此，容易在动物体内积蓄，造成积蓄性中毒。动物性蛋白原料中的鱼粉，矿物质饲料中的贝壳粉，水产饲料原料中的虾壳、虾糠、乌贼内脏粉等重金属含量较高，是重要的重金属污染来源。此外，来自污染水域的各种饲料原料也是重金属的污染来源。

4. 科研基础和技术推广环节薄弱

科研基础和技术推广环节薄弱，导致饲料业和养殖业的发展缺乏足够的技术支撑。如动物营养需要研究薄弱，或饲料营养价值评定不健全，难以准确设定日粮营养水平、养分平衡和日粮配方，导致养分摄入不足或不平衡，不仅增加动物的代谢负担，也增加了对环境的污染。

科技水平是保证饲料安全的技术基础。一方面，饲料产业的发展要求相关的研究工作必须及时跟进，否则难免会产生新的安全隐患；另一方面，在饲料产品的开发、生产、经营、使用过程中，也都需要有相应的技术保障，任何一个环节存在漏洞，都会给饲料安全带来隐患。但目前我国无论在饲料科研体制、科研工作，还是在技术推广和服务方面还都存在一些问题，制约了饲料安全工作的开展。首先，饲料产业发展中出现的一些新的技术问题尚未得到解决。近年来，越来越多的新材料、新工艺被饲料行业所采用，例如转基因作物及其副产品、抗生素等药物的使用，这一方面促进了我国饲料产业的发展，但同时也对饲料安全提出了新的挑战。其次，科研体制与饲料产业的发展不相适应。由于发展水平的限制，我国多数饲料企业自身的科研能力不强；同时，由于科研

体制改革相对滞后，饲料业发展也难以得到足够的外部支持。科研与生产和市场脱节，不仅使许多科研成果不能得到有效转化，而且使饲料生产企业在提高产品质量、改进生产工艺、提高管理水平等方面的需求也得不到满足。再次，技术推广和服务体系的职能难以充分发挥。

5. 饲料工业体系发展不健全

饲料工业生产发展一方面受制于上游种植业生产，另一方面约束下游养殖业乃至畜产品加工、消费等环节。当前，我国饲料工业生产发展不平衡，存在下列问题。

（1）饲料工业生产发展不平衡。如饲料添加剂工业严重滞后，氨基酸、部分维生素、药物添加剂等不仅品种少，而且产量低，仍然依赖进口。添加剂开发、生产方面的科技成果储备低，工业基础薄弱，一些添加剂新品种或缺乏生产技术，或工艺不过关，导致生产成本偏高，难以与发达国家竞争，因此必然要受到国外产品的冲击。

（2）饲料工业企业发展不平衡。我国饲料生产企业参差不齐、良莠不分，生产企业无序竞争的局面尚未改变。为争夺饲料市场，一些饲料企业利用饲料监测不严格和农村养殖户专业知识不全面的特点，低成本操作，甚至进行欺骗性生产和销售，极大地扰乱了饲料市场秩序。

（3）生产、流通、消费脱节，加大了饲料安全的风险。近年来，饲料生产企业与养殖企业和食品加工企业联手开拓市场，已经成为国际饲料业发展的趋势。而我国绝大多数企业生产的饲料产品都是直接进入各类市场，生产、流通和消费环节没有组合成一个完整的产业链条。生产、流通和消费脱节对饲料安全的影响主要表现在3个方面。一是在激烈的市场竞争中，生产企业为争取经销商，维持市场份额，不得不将一部分利润让渡给中间环节，从而不仅使生产成本进一步上升，盈利水平进一步降低，而且使产品质量下降的可能性进一步加大。二是经营环节越多，饲料产品出现安全问题的概率越大。三是流通环节经营主体多样，从业人员的文化素质和专业素养差别很大。许多经营者对饲料产品的技术指标、专用性、使用规范等不能充分掌握，因而饲料产品的技术信息在向消费者传递过程中难免会出现偏差。而且，由于饲料产品经营者本身也是以盈利为目的的，一些经营者隐瞒或夸大产品信息，误导或欺骗消费者。

（4）以农户散养为主的养殖业生产方式，加大了技术服务和监督管理的难度。分散饲养是当前我国养殖业生产的主要模式。这一模式在我国有悠久的传统，符合我国的资源条件，同时也适应现阶段我国农村经济发展的水平。但分散养殖对饲料安全的负面影响不能忽视。首先，与规模化的养殖企业相比，农户在畜禽疫病防治、饲料产品鉴别和科学使用等方面的知识相对欠缺，饲养条件也相对较差，因此，虽然饲料产品的使用量较少，但因不合理使用饲料产品而造成安全问题的可能性却比较大。其次，千家万户分散饲养加大了技术服务和监督管理的难度，对于其中存在的安全隐患难以及时发现，一旦发生问题，特别是传染性疫病很容易扩散，造成大范围的影响。

（5）行业和质量标准体系不健全。监督与管理是保证饲料安全的关键环节。近年来，我国政府和有关职能部门对饲料安全问题非常重视，启动了以饲料标准化体系建设、饲料监测体系建设和依法行政管理为主要内容的"饲料安全工程"，加强了对饲料的监管力度，特别是加大了对饲料中使用违禁药品的查处力度，使我国饲料质量和安全状况有了较大改善。但在实际工作中仍存在不少问题：第一，产品质量和行业标准体系仍不健全，饲料标准体系建设滞后；第二，缺少通用性强、权威性高的饲料添加剂和违禁药物的检测方法，目前各地违禁药品检测均使用国外或国际标准，方法不一致，对比性差，因此亟须制订国家或行业标准；第三，检测手段相对落后，主要是检测方法和指标落后，检测部门基建资金投入不足，检测经费匮乏，仪器设备陈旧，检测覆盖面小，已不能适应行业监督管理和行政执法的需要，例如对盐酸克仑特罗（瘦肉精）等违禁药品以及饲料中抗生素的检测需要先进的精密分析仪器，但目前经费严重短缺，给监控带来困难，为查处、打击违规使用盐酸克仑特罗的生产源头和养殖企业带来很大难度；第四，管理方式存在问题，管理重点仍是单纯地抓生产，还没有转到抓总量平衡和安全卫生上来，此外，执法人员的素质也有待进一步提高，管理和服务工作的力度需要进一步加大。

（6）部门、地区间的工作不协调。纵观我国目前的饲料安全状况，饲料在生产、经营和使用过程中的各种人为因素对饲料产品安全的影响更为突出。而且，饲料生产、经营和使用中添加违禁药品，超量、超范围使用药物饲料添加剂和兽药，饲料及养殖产品中药物、重金属及其他有毒、有害物质超标是现阶段饲料安全中最突出的问题。同时，经营环节的问题比生产环节的问题更为严重。从表面上看，生产者、经营者及使用者的趋利动机以及各种有意或无意的不规范行为，是造成现阶段我国饲料产品质量安全问题的直接原因。但进一步分析可以发现，当前我国在饲料产品的科研等基础性工作上，在饲料业及相关产业的发展方式上，以及在管理体制和管理手段等方面存在的一系列问题，客观上助长了饲料安全问题的滋生。能否在促进饲料产业持续、健康发展的同时，从根本上消除这些不利因素的影响，切实保证饲料安全，是今后一段时期内我国各级政府面临的严峻挑战。

（五）饲料卫生与安全问题的解决措施

1. 依法加强饲料质量安全监管

（1）制定完善的饲料标准体系。抓紧研究、制定与国际接轨的饲料工业标准体系。在逐步提升现有的饲料原料和产品质量标准的基础上，加紧修订完善饲料卫生安全强制性标准，尽快制定转基因和动物性饲料检测方法标准。重点扶持一批国家级骨干饲料科研机构，为各类饲料标准体系建设提供技术支持。当前，应优先制定饲料生产和畜禽等饲养过程中使用禁用药品的速测方法标准，以及允许使用的药物饲料添加剂检测方法标准。

（2）加强饲料监测体系建设。以国家级饲料监测中心为龙头，部省级饲料监测中心为骨干，地、县级饲料监测站为基础，进一步加强饲料监测体系建设。加快实施饲料安全工程，改善饲料监测机构的基础设施条件。建立全国饲料安全信息网络，完善饲料业信息采集和发布程序，逐步把饲料监测机构建设成产品质量检测评价中心、市场信息发布中心、技术咨询服务中心和专业人才培训中心，提高饲料监测体系的整体水平。

（3）切实抓好饲料安全监管工作。加强对饲料生产、经营和使用等环节的监测，关口前移，从源头上抓好对饲料业的监管。禁止在饲料和动物饮用水中添加肾上腺素受体激动剂、性激素、蛋白同化激素、精神药品、抗生素滤渣等国家明令禁用的药品，对于允许添加的药品，在使用上要符合有关休药期的规定要求。禁止给反刍类动物喂食动物性饲料。防止假冒伪劣饲料产品和禁用药品流入市场。

（4）完善饲料管理法规，加大执法力度。抓紧有关饲料、饲料添加剂的配套法规和管理办法制定，完善饲料安全监管制度。全程监控饲料和饲料添加剂生产、经营和使用，切实抓好饲料质量安全监管工作。加强普法宣传，加大执法力度。各有关部门和地方各级人民政府要认真贯彻执行《饲料和饲料添加剂管理条例》，切实履行饲料管理和监督的职责。各级饲料管理部门要制定饲料安全突发事件防范预案，建立有效的预警机制，并会同公安、工商、药监、环保、质检等行政主管部门，坚决查处在饲料生产、经营和使用中添加禁用药品的行为。加强对进口饲料、饲料添加剂的检验检疫，严密监控动物性饲料、转基因饲料产品的质量安全和流向，消除各种隐患，确保饲料产品质量安全。整顿和规范饲料产品市场秩序，对于生产不合格饲料产品和安全隐患多的企业，要停产整改，跟踪监测。对于违法使用禁用药品和发生重大质量安全事故的饲料企业，要取消其生产和经营资格，依法追究有关责任人的法律责任。

2. 加强基础研究和技术开发，为饲料业发展和饲料安全提供技术支持

应该加大动物营养需要参数、饲料营养价值评定等基础研究的投入。以研究、开发蛋白质饲料、农副产品饲料的生产及高效利用技术为重点，大力开发非常规饲料。加速研制并推广安全、无污染、高效的饲料添加剂。大力推动专用饲料和饲料科学配方技术，以及大型饲料加工设备及成套技术的开发研究。加强生物工程技术及饲料营养理论的研究，加速科研成果的转化。提高信息网络技术在饲料生产和经营中的应用水平。逐步形成一批拥有独立知识产权的饲料生产新技术，增强饲料业的技术创新能力和发展后劲。建立饲料及食品安全预警机制，加强对饲料风险的研究。

3. 加快产业重组，促进饲料业及相关产业持续健康发展

要通过宏观调控手段支持企业走扩大和兼并之路，争取在较短的时间内，从根本上改变我国饲料企业数量多、设备简陋、技术力量薄弱、资源严重浪费、产品良莠不齐、恶性竞争的落后局面。应积极鼓励和引导饲料生产企业构建稳定的营销网络，积极扶持发展饲料产品连锁、配送等现代流通方式，通过销售和技术服务的紧密结合，促进饲料进乡入村。

三、饲料卫生与安全质量的控制

饲料卫生与安全涉及饲料的生产、储运及使用等诸多环节，其质量必须采取全程控制。

（一）饲料卫生与安全质量全程控制的意义

1. 控制饲料卫生与安全是人类健康的需要

饲料是人类动物性食品的生产原料，是饲养动物的基本食料，是人类的间接食品。在"饲料—饲养动物—人类"这条以食物营养为中心的食物链上，饲料是最基础、最重要的一环。通过生物的富集作用，饲料中的某些化学成分将会在人体内逐渐积累，成为影响人类健康的重要因素。因此，只有保证饲料的安全性，才能保证我们人类自身的健康和安全。

2. 控制饲料卫生与安全是促进养殖业发展的保证

发展健康养殖业，对优化农业经济结构，解决农村剩余劳动力，确保农民增产增收具有重要作用。据农业农村部估算，在近年农民增收的因素中，畜牧业贡献率达 30%以上，在一些欠发达地区，养殖业收入占到人均收入的 50%以上。但是，我们也应清醒地看到，因饲料卫生与安全问题导致禽、畜群体死亡和食品安全的事件在我国还时有发生，这不仅使养殖户经济损失惨重，同时也对我国的养殖业构成了潜在的威胁。因此，要想促进养殖业健康发展，就必须从根本上保证饲料产品的安全性。

3. 控制饲料卫生与安全是扩大畜产品出口的前提

由于我国包括畜产品在内的许多出口食品中农药、兽药的残留量以及重金属等有毒物质含量严重超标，导致出口业务受阻，被拒收、扣留、索赔等事件屡屡发生。面对国际市场空间不断拓宽的良好机遇，只有通过加强饲料产品安全性的监控，才能全面提高畜产品的安全性，从而扩大我国畜产品在国际市场上的竞争力。

4. 控制饲料卫生与安全是饲料企业生存的保障

我国的饲料企业点多面广，生产条件、产品质量参差不齐。这不仅造成资源浪费和市场恶性竞争，导致我国饲料行业缺乏规模效益和竞争力，同时也不利于对饲料产品安全性的监督。因此饲料行业的优胜劣汰、兼并重组势在必行。在对饲料企业进行重新组合的过程中，产品的安全性是决定其能否继续生存的关键。

（二）饲料卫生质量鉴定流程

1. 鉴定条件

饲料卫生质量鉴定就是经常或在需要的时候检查饲料中是否存在有害物质，并阐明其性质、含量、来源、作用和危害，在此基础上做出饲料处理等结论。通过鉴定，可保证畜禽健康和生产力的提高，减少饲料资源浪费，明确饲料卫生质量事故的原因和责任。在实际工作中，在下列情况下需要进行饲料卫生质量鉴定。

（1）经常性鉴定。有计划地、定期地或以抽查的方式对饲料卫生质量进行鉴定，在易发生季节应重点安排这项工作。

（2）对新产品和新工艺的鉴定。对未曾生产的新品种、新资源必须系统地进行鉴定，对原有配方或工艺的改进，也需进行鉴定。

（3）怀疑饲料受到污染时进行鉴定。

（4）为制定或修订卫生标准而进行鉴定。

2. 鉴定步骤和方法

（1）待鉴定饲料的基本情况调查。确定鉴定目标并提供线索。调查内容因鉴定目的不同而异。在饲料中毒调查中，要查清症状、潜伏期以及饲料加工、运输和销售过程中的详细情况；在评定新产品、新工艺时，要对该饲料的全部工艺和原料的详细情况进行调查；对饲料污染应查清污染物名称、污染物与被污染物的接触程度，调查中应深入现场搜集第一手资料，避免间接口述。

（2）明确鉴定方案和检验项目。饲料卫生质量鉴定工作的繁简程度差别较大，一般应根据目的确定检验项目，使检验工作有针对性。

（3）采样要在现场调查的基础上进行，采集的样品应符合鉴定目的和要求，具有充分的代表性，采样后避免变质或污染。因此，样品采集后必须合理包装、妥善保存和迅速送检。

（4）检验步骤和方法的选择要合理。一般情况下检验步骤为：首先进行感观检查，然后进行有害物质快速检验（理化常规检验），接着进行微生物学检验，最后进行简易动物毒性试验。检验方法应以卫生标准中的方法为主，如实验室条件受限，可作一定的修改。

3. 鉴定结论

经过上述步骤，可做出饲料卫生质量鉴定的最后结论：即饲料中是否存在有害因素，有害因素的来源、种类、性质、含量、作用和危害等情况，该饲料是否可"饲用"或可饲用的具体技术要求。鉴定结论基本上分为 3 种情况：①属于正常饲料，可以饲用；②该饲料需经一定方法处理或在一定条件下方可饲用；③对畜禽机体有明显危害的饲料，不能饲用。

（三）饲料卫生与安全质量的控制措施

在饲料企业引入危害分析关键控制点（HACCP）管理体系。HACCP 体系是一种建立在良好生产规范和卫生标准操作规范基础之上的控制危害的预防性体系，饲料工业上应用 HACCP 体系主要是控制饲料产品的安全性。HACCP 核心是确定潜在的危害环节，确定危害控制的关键点，以建立安全程序，消除隐患。HACCP 管理包括危害分析、确定关键控制点、确定关键控制点的关键限值、建立关键控制点的监控程序、纠正措施、纪录保持程序及验证程序 7 个方面，从而实现饲料生产全过程的追踪和在线控制，确保安全。

1. 严把原料关

原料质量是饲料产品质量的基础，没有好的优质饲料原料，就不可能生产出优质的配合饲料。饲料原料的卫生质量主要从 3 个方面来控制。

（1）控制原料的水分含量。一般玉米、高粱、稻谷等谷实类饲料应控制在 14% 以下，小麦、大麦、糙米、薯干、次粉、小麦麸、米糠、米糠粕、大豆饼粕应控制在 13% 以下，次粉、米糠饼、棉籽饼粕、菜籽饼粕、花生仁饼粕、向日葵饼粕、亚麻饼粕、血粉、羽毛粉、皮革粉、啤酒糟等应控制在 12% 以下，玉米胚芽饼粕、DDGS、鱼粉等应控制在 10% 以下。

（2）控制原料的有毒有害物质含量。我国饲料卫生标准（GB 13078—2001）严格规定了多种饲料中各种有毒有害物质的允许量：棉籽饼粕中的游离棉酚含量应 ≤1 200mg/kg，菜籽饼粕中的异硫氰酸酯应 ≤4 000mg/kg，玉米和花生饼粕中的黄曲霉毒素含量应≤0.05mg/kg，鱼粉中的亚硝酸盐含量应≤60mg/kg，胡麻饼粕中的氰化物应≤350mg/kg，石粉和磷酸盐中氟的含量应 ≤2 000mg/kg，鱼粉和石粉中铅的含量应≤10mg/kg，鱼粉中砷的含量应≤10mg/kg。

（3）感官检查应无异味无霉变。如是否被六六六和滴滴涕污染。发现霉变原料一定不用，要做到不使用有污染的饲料，不使用来源不明的饲料。在饲料保存过程中也要严防污染。

2. 限量使用

对含有有毒有害物质及抗营养因子的原料应限量使用，使配合饲料中的含量符合饲料卫生标准。如游离棉酚的含量，产蛋鸡配合饲料应≤20mg/kg，肉用仔鸡、生长鸡配合饲料应≤100mg/kg，生长育肥猪配合饲料≤60mg/kg。异硫氰酸酯的含量，鸡配合饲料≤500mg/kg，生长育肥猪配合饲料≤500mg/kg，另有研究报道，仔猪配合饲料游离棉酚含量应≤20mg/kg。

3. 脱毒与钝化

对于未经脱毒处理的棉、菜籽饼粕等原料，可进行脱毒处理；对含有抗营养因子的原料可进行消除或钝化处理，方法有物理法（如加热处理法、机械加工处理法、水浸泡法）、化学与生物化学法（如酶水解法、化学处理法）、生物学处理法（如发酵处理）和育种法。如大豆及饼粕的热处理，棉、菜籽饼粕的热喷处理、化学处理、生物学处理，蚕豆和高粱的脱皮处理，添加蛋氨酸、胆碱等。

4. 配合饲料生产的良好操作规范（GMP）、配合饲料企业卫生规范和卫生标准操作程序（SSOP）

（1）良好操作规范（GMP）。GMP是实施HACCP体系的基础和前提条件，饲料企业实行GMP管理后，HACCP计划的制定就容易得多，并且可以减少临界控制点的数量。GMP是政府强制性的生产、贮存卫生法规，是一种特别注重制造过程中产品质量与卫生安全的自主性管理制度。GMP最初由美国FDA于20世纪70年代初期提出，1969年美国开始公布食品GMP基本法，目前已立法强制性实施食品GMP。我国从1989年7月开始推行食品GMP，采用自愿认证方式，经过十几年的发展，从2000年始，食品GMP认证体系正式"迈入政府-民间共同推动阶段"。食品GMP旨在食品的制造、包装、贮存等过程中，确保有关人员、建筑设施和设备均能符合良好的生产条件，防止食品在不卫生的条件下或在可能引起污染或品质变坏的环境中操作，以保证食品的安全和质量稳定。GMP目前已广泛应用于全世界的药品和食品加工行业。

（2）配合饲料企业卫生规范。饲料是动物食品，我国虽未颁布饲料GMP法规，但已于1997年颁布了《配合饲料企业卫生规范》（GB/T 16764—1997），对饲料企业的采购、运输、工厂设计及设施、工厂的卫生管理、生产过程的卫生管理、成品包装、贮存、运输、卫生与质量检验管理等进行卫生规范。该规范在参照有关国际标准和先进国家标准的基础上，吸取了我国食品生产企业卫生标准方面的经验，对配合饲料企业的厂房设计与各项卫生设施、周边环境等提出了要求，对生产车间的粉尘浓度和噪声进行了限定；规定了原料采购、储存、运输以及成品管理的卫生要求等。适用于配合饲料、浓缩饲料、精料补充料的工厂设计、生产管理以及饲料加工、贮存、运输和营销等。该标准的制定为配合饲料生产企业的卫生规范提供了全国统一的技术依据。配合饲料企业根据"安全第一，预防为主"的方针，通过合理的规划、设计和科学管理，尽可能从根本上消除危险因素和有害因素。在消除危害源的技术上和经济上有困难时，采取预防性的技术措施，以减少或降低配合饲料生产加工、包装、贮存和运输过程中对生产人员、产品及生产设施和环境造成的有害影响。

（3）卫生标准操作程序（SSOP）。SSOP实际上是文字表述的标准操作程序。饲料企业可参照GB/T 16764—1997的规定制定一套可操作的标准操作程序来控制产品的卫生质量。饲料工业企业的SSOP分为8个环节：建筑设施、原料接收、配方设计、储藏和运输、设备运行和维护保养、卫生和虫害控制、加工控制、产品追踪和召回。

5. 饲料企业的 HACCP 体系

配合饲料生产过程的危害包括生物、化学和物理的危害，必须根据生产工艺流程图对这些危害进行全面的分析，确定显著性的危害，提出纠正和预防控制措施，并做好每个生产环节的质量控制。

（1）生产过程中的安全质量控制。

①生产条件的安全控制。饲料生产企业应通过国家有关部门的审核验收，并获得生产许可证；企业的生产技术人员应具备一定的专业知识、生产经验，熟悉动物营养、产品技术标准及生产工艺，特有工种从业人员应取得相应的职业资格证书；厂房建筑布局合理，生产区、办公区、仓储区、生活区应当分开；要有适宜的操作间和场地，能合理放置设备和原料；应有适当的通风除尘、清洁消毒设施。

②原料的安全质量控制。应制定较为详细、全面的饲料原料安全卫生标准，强化对霉菌毒素、有毒有害污染物的检验，禁止使用劣质、霉变及受到有毒有害物质污染的原料。例如，玉米是主要的饲料原料，易受霉菌感染而带毒素，应采取拣出霉粒、去除胚部等措施（毒素集中在胚部，比胚乳高 6 倍）降低原料中的毒素含量。色泽异常、气味不良及霉变结块的劣质豆粕，不应作为饲料原料使用。

③添加剂使用的安全质量控制。严格执行《饲料和饲料添加剂管理条例》，生产、经营、使用的饲料添加剂品种应属于农业农村部公布的《允许使用的饲料添加剂品种目录》中的品种，严禁违规、超量使用。尽管抗生素还将在一定时间内在畜牧业和饲料工业中广泛应用，但必须科学辨证。各级政府部门，要顺应广大消费者对食品安全的新要求，从政策、管理等环节入手，确保饲料添加剂的使用安全，并根据我国具体国情和畜牧业发展状况，逐步减少抗生素类等饲料添加剂的使用。对于使用违禁药品或者未按规定使用造成严重后果的，要按照《饲料和饲料添加剂管理条例》的有关罚则予以处罚。

④产品的安全质量控制。饲料生产企业应按照饲料生产有关制度的要求，引入HACCP 体系，建立起完整、有效的质量监控和检测体系。质检部门应设立仪器室、检验操作室和留样观察室，要有严格的质量检验操作规程；要强化对有毒有害物质及添加剂的检测，对于有毒物质及添加剂含量超标的产品要严禁出厂，并及时查清原因、采取纠正措施；质检部门必须有完整的检验记录和检验报告，并保存 2 年以上。饲料标签必须按规定注明产品的商标、名称、分析成分保证值、药物名称及有效成分含量、产品保质期等信息。

（2）储运过程中的安全质量控制。

①储藏过程中的安全质量控制。饲料生产企业应具备与生产能力相适应的仓储能力，仓储设施应当符合防水、防潮、防鼠害的要求，并具有控温、湿性能。在常温仓房内储存饲料，一般要求相对湿度在 70% 以下，饲料的水分含量不应超过 12.5%。杀虫灭鼠要使用高效低毒的化学药剂，严防毒饵混入饲料。要定期对饲料的品质进行检验，并根据饲料产品说明书上所规定的有效期决定储藏时间。配合型的颗粒状饲料储藏期一般为 1~3 个月；粉状配合饲料的储藏期不宜超过 10d；浓缩粉状饲料一般加入了适量抗

氧化剂，储藏期为 3~4 周；添加剂预混饲料一般加入抗氧化剂后，储藏期可达 3~6 个月。

②运输过程中的安全质量控制。饲料包装要具有足够的机械强度和较好的防潮性能，以免因风吹雨淋引起霉烂变质和吸附有毒有害物质。装运前要清洁运输工具，做到"五不装"，即：运输工具不完好不装；运输工具有毒、有异味不装；运输工具未扫干净不装；受污染变质的饲料不装；包装破漏的饲料不装。建议由生产厂家或经销商配备专用运输车辆，实行统一配送、一站式服务，直接将饲料产品送到养殖户手中，减少中间周转环节。

（3）使用过程中的安全质量控制。

①注意检查包装和外观。使用前要仔细察看标签合格证是否齐全，明确添加剂的化学名称、含量、配伍禁忌、使用方法、保存方法、生产日期、保质期及注意事项等。如浓缩饲料已加入添加剂的，就不必再加入，否则会因重复加入导致过量引起中毒。严禁擅自增加使用剂量、延长使用时间。

②严格执行停药期。为了减少抗生素等添加剂在动物体内的残留，应采取间歇饲喂、喂停结合的措施来降低有毒成分在动物体内蓄积，尤其是在动物屠宰前一周以及产蛋期、哺乳期应停止应用抗生素。抗生素的停药期在农业农村部发布的规定中已有明确规定，应严格执行。

参考文献

艾登·康纳利，2013. 从全球饲料业的发展历史看中国饲料业的未来趋势 [J]. 中国饲料广角 (3)：25-28.

白晨，2017. 灌注乳脂前体物对泌乳奶牛生产性能和乳脂合成的影响及机理研究 [D]. 呼和浩特：内蒙古农业大学.

白元生，1999. 饲料原料学 [M]. 北京：中国农业出版社.

CHARLES F，程宗佳，2009. 猪饲料原料粉碎粒度的探讨 [J]. 饲料研究 (1)：72-74.

曹康，郝波，2014. 中国现代饲料工程学 [M]. 上海：沪科文献出版社.

陈代文，2015. 动物营养与饲料学 [M]. 2版. 北京：中国农业出版社.

陈代文，余冰，2020. 动物营养学 [M]. 4版. 北京：中国农业出版社.

陈晓琳，孙娟，陈丹丹，等，2014. 5种常用粗饲料的肉羊瘤胃外流速率 [J]. 动物营养学报，26 (7)：1981-1987.

程光民，林雪彦，李福昌，等，2009. 瘤胃灌注乙丙酸不同摩尔比混合挥发性脂肪酸对奶山羊乳脂合成的影响 [J]. 畜牧兽医学报，40 (7)：1028-1036.

单安山，2020. 饲料与饲养学 [M]. 2版. 北京：中国农业出版社.

单颖，2016. 单核细胞增生李斯特菌：无菌斑马鱼感染模型及 Mmp-9 在抗细菌感染中的作用机制 [D]. 杭州：浙江大学.

刁其玉，2019. 中国肉用绵羊营养需要 [M]. 北京：中国农业出版社.

董滢，2015. 畜牧学综合实训指导书 [M]. 杨凌：西北农林科技大学出版社.

冯定远，2003. 配合饲料学 [M]. 北京：中国农业出版社.

冯定远，2012. 饲料加工及检测技术 [M]. 北京：中国农业出版社.

冯仰廉，2006. 反刍动物营养学 [M]. 北京：科学出版社.

冯仰廉，E R 澳斯柯夫 (φrskov)，1984. 反刍家畜降解蛋白质的研究 (一) 用尼龙袋法测定几种中国精饲料在瘤胃中的降解率及该方法稳定性的研究 [J]. 中国畜牧杂志 (5)：4-7.

郭梦鸿，孙玉琦，刘影，等，2016. 外翻肠囊法研究姜黄素促进葫芦素 B 肠段吸收作用 [J]. 中国医院药学杂志，36 (4)：281-285.

韩旭峰，2015. 日龄、日粮精粗比对陕北白绒山羊瘤胃微生物区系影响的研究 [D]. 杨凌：西北农林科技大学.

贺建华, 2005. 饲料分析与检测 [M]. 北京：中国农业出版社.

胡静, 于子洋, 朱亚骏, 等, 2014. 果寡糖对奶山羊瘤胃微生物区系及常用粗饲料瘤胃降解率的影响 [J]. 动物营养学报, 26 (7): 1988-1995.

胡琳, 王定发, 李韦, 等, 2016. 不同精粗比对木薯茎叶型全混合日粮山羊瘤胃降解率的影响 [J]. 中国畜牧兽医, 43 (11): 2914-2921.

iCAP6000 系列操作手册（中文版）[EB/OL]. https://max.book118.com/html/2017/1006/136153104.shtm.

解孝星, 苗纪昌, 2020. 配合饲料加工工艺对产品质量的影响 [J]. 今日畜牧兽医, 36 (7): 68.

KELLEMS R O, CHURCH D C, 2006. 畜禽饲料与饲养学（第5版）[M]. 姜成钢, 张辉主译. 北京：中国农业大学出版社.

李海文, 马文静, 牛超, 等, 2017. 芦苇瘤胃降解率的研究 [J]. 中国饲料 (17): 42-44.

李辉, 赵峰, 计峰, 等, 2010. 仿生消化系统测定鸭饲料原料代谢能的重复性与精密度检验 [J]. 动物营养学报, 22 (6): 1709-1716.

李洋, 李春雷, 赵洪波, 等, 2015. 不同产地全株玉米青贮的瘤胃降解特性与小肠消化率的研究 [J]. 动物营养学报, 27 (5): 1641-1649.

李胤豪, 张清月, 闫素梅, 2022. 代谢组学在反刍动物营养代谢应用中的研究进展 [J]. 中国农业大学学报, 27 (11): 104-116.

李玉保, 鲍恩东, 王志亮, 等, 2006. 荧光定量 RT-PCR 法检测运输应激猪热休克蛋白 mRNA 转录水平 [J]. 中国农业科学 (390): 187-192.

廖睿, 赵峰, 张虎, 等, 2017. 仿生消化法测定猪饲料原料还原糖释放量的重复性和可加性研究 [J]. 动物营养学报, 29 (1): 168-176.

刘德芳, 1998. 配合饲料学 [M]. 北京：中国农业大学出版社.

刘建新, 2019. 反刍动物营养生理 [M]. 北京：中国农业出版社.

刘佩芹, 1990. 厌氧培养用指示剂 [J]. 江西医学院学报 (2): 46.

刘强, 王聪, 2018. 动物营养学研究方法和技术 [M]. 北京：中国农业大学出版社.

卢运体, 2016. 饲料厂原料管理的注意事项 [J]. 中国禽业导刊 (19): 64-65.

马晓文, 李飞, 李发弟, 等, 2021. 谷物不同加工处理方式在反刍动物饲粮中的应用 [J]. 动物营养学报, 33 (2): 698-709.

马永喜, 王恬, 2021. 饲料加工工艺学 [M]. 北京：中国农业大学出版社.

毛胜勇, 张瑞阳, 王东升, 等, 2014. 应用 454 高通量测序研究高精料对奶牛瘤胃微生物区系的影响 [C]. 中国饲料营养学术研讨会.

美国国家科学院-工程院-医学科学院, 2019. 肉牛养需要（第8次修订版）[M]. 孟庆祥, 周振明, 吴浩主译. 北京：科学出版社.

美国国家科学院科学研究委员会, 2002. 奶牛营养需要（第7次修订版）[M]. 孟庆祥主译. 北京：中国农业大学出版社.

美国国家科学院科学研究委员会, 2014. 猪营养需要（第11次修订版）[M]. 印遇龙，阳成波，敖志刚主译. 北京：科学出版社.

孟春花，乔永浩，钱勇，等，2016. 氨化对油菜秸秆营养成分及山羊瘤胃降解特性的影响 [J]. 动物营养学报，28 (6)：1796-1803.

米法英，2016. 颈静脉灌注十八碳不饱和脂肪酸对泌乳奶牛免疫机能的影响 [D]. 呼和浩特：内蒙古农业大学.

莫放，冯仰廉，杨雅芳，1992. 单、双食糜标记物技术测定真胃食糜干物质流量对比试验 [J]. 中国畜牧杂志 (4)：16-18.

生广旭，李杰，2009. 粉碎粒度对豆粕在绵羊瘤胃内降解和消化的影响 [J]. 动物营养学报，21 (4)：598-602.

宋青春，齐遵利，2010. 水产动物营养与配合饲料学 [M]. 北京：中国农业大学出版社.

宋志芳，邢荷岩，解佑志，等，2017. 动物功能基因组学研究进展 [J]. 中国猪业，12 (6)：69-71.

谭伟，黄莉，谢芝勋，2014. 蛋白质组学研究方法及其应用的研究进展 [J]. 中国畜牧兽医 (41)：40-46

谭周进，肖克宇，肖启明，等，2001. 乳酸菌计数培养基和培养方法的筛选 [J]. 湖南农业大学学报：自然科学版，27 (5)：398-400.

陶莲，冯文晓，王玉荣，等，2016. 微生态制剂对玉米秸秆青贮发酵品质、营养成分及瘤胃降解率的影响 [J]. 草业学报，25 (9)：152-160.

汪水平，王文娟，左福元，等，2010. 常用饲料原料干物质及蛋白质在大足黑山羊瘤胃内降解规律的研究 [J]. 中国畜牧杂志，46 (21)：47-52.

汪玺，1995. 影响尼龙袋法测定牧草消失率因素的分析 [J]. 草业科学 (3)：48-49，52.

王成章，王恬，2003. 饲料学 [M]. 2 版. 北京：中国农业出版社.

王加启，2011. 反刍动物营养学研究方法 [M]. 北京：现代教育出版社.

王加启，于建国，2004. 饲料分析与检验 [M]. 北京：中国计量出版社.

王佳明，赵峰，张虎，等，2016. 仿生消化法评定猪饲料营养价值的研究进展 [J]. 动物营养学报，28 (5)：1324-1331.

王玲. 刘辉，李胜利，等，2010. 十二指肠灌注大豆小肽和氨基酸对奶山羊小肠肽吸收的影响 [J]. 动物营养学报，22 (2)：318-326.

王钰明，2015. 猪模拟小肠液的制备及仿生消化法测定饲料可消化养分含量的研究 [M]. 北京：中国农业科学院.

王潍波，2008. 不同测定方法对饲料粗蛋白测定结果影响的研究 [J]. 饲料与畜牧 (12)：42-46.

王卫国，付旺宁，黄吉新，等，2001. 饲料粉碎粒度与能耗及蛋白质体外消化率的研究 [J]. 饲料工业 (10)：33-37.

王卫国，卢萍，2003. 小麦在猪饲料中的应用研究进展 [J]. 粮食与饲料工业 (4)：24-26.

吴狄华，2019. 饲料加工工艺和设备的发展情况探析 [J]. 南方农机，50（12）：40.

夏中生，2005 年. 饲料学 [M]. 桂林：广西师范大学出版社.

谢秀枝，王欣，刘丽华，等，2011. iTRAQ 技术及其在蛋内质组学中的应用 [J]. 中国生物化学与分子生物学报，27（7）：616-621.

徐运杰，方热军，2009. 外翻肠囊法的应用研究 [J]. 饲料研究（2）：9-12.

徐运杰，方热军，2009. 外翻肠囊法在养分吸收机制中的研究进展 [J]. 饲料博览（1）：5-8.

畜牧产业，2022. 以低碳视角，塑造畜牧业的"高能"未来 [J]. 畜牧产业（7）：30-33.

闫素梅，2014. 饲料质量管理与控制 [M]. 北京：中国农业出版社.

颜品勋，冯仰廉，王燕兵，等，1994. 青粗饲料通过牛瘤胃外流速度的研究 [J]. 动物营养学报（2）：20-22.

杨汉春，2003. 动物免疫学 [M]. 2 版. 北京：中国农业大学出版社.

杨静，姜淑贞，杨在宾，等，2014. 影响尼龙袋法测定营养物质在反刍动物瘤胃降解率的因素 [J]. 中国饲料（8）：11-13.

姚文，朱伟云，韩正康，等，2004. 应用变性梯度凝胶电泳和 16S rDNA 序列分析对山羊瘤胃细菌多样性的研究 [J]. 中国农业科学，37（3）：1374-1378.

于翠平，2016. 饲料加工工艺设计原理 [M]. 郑州：郑州大学出版社.

袁建丰，李林林，孙敏华，等，2013. iTRAQ 标记技术及其在微生物比较蛋白质组学中的研究进展 [J]. 中同预防兽医学报，35（10）：859-862.

袁缨，2006. 动物营养学实验教程 [M]. 北京：中国农业大学出版社.

张博，2004. 内蒙古白绒山羊十二指肠食糜氨基酸流通量及组成比例预测数学模型的研究 [D]. 呼和浩特：内蒙古农业大学.

张宏福，赵峰，张子仪，2011. 仿生消化法评定猪饲料生物学效价的研究进展 [J]. 饲料与畜牧（3）：5-9.

张建智，赵峰，张宏福，等，2011. 基于 T 型套瘘管术的鸡小肠食糜流量变异规律的研究 [J]. 动物营养学报，23（5）：789-798.

张丽英，2006. 饲料分析及饲料质量检测技术 [M]. 2 版. 北京：中国农业大学出版社.

张丽英，2016. 饲料分析及饲料质量检测技术 [M]. 4 版. 北京：中国农业大学出版社.

张蔓蔓，郝维善，1990. 自制袋装厌氧指示剂与 BBL 等产品的应用效果比较 [J]. 中国微生态学杂志（3）：30-31.

张乃锋，王中华，李福昌，等，2005. 非同位素双标记法测定十二指肠、回肠食糜流量方法的研究 [J]. 畜牧兽医学报（3）：225-229.

张群英，王康宁，1996. 用回—直肠吻合术及可操纵回盲瓣瘘管术猪测定菜籽粕氨基酸消化率的比较研究 [J]. 四川农业大学学报（S1）：6-10，74.

张微，莫放，2018. 原位尼龙袋技术在评价饲料营养价值中的应用与建议方案 [J]. 动物营养学报，31（1）：1-14.

张文丽，2013. 饲料配方与质量分析 [M]. 北京：北京理工大学出版社.

张勇，朱宇旌，2008. 饲料与饲料添加剂 [M]. 北京：化学工业出版社.

张元庆，马晓飞，孙长勉，等，2004. 整粒或粉碎玉米和小麦对于生长肉牛的饲喂价值 [J]. 畜牧兽医学报（6）：626-632.

赵丹阳，李军国，秦玉昌，等，2019. 玉米和豆粕不同粉碎粒度组合对颗粒加工质量和肉鸡生长性能的影响 [J]. 动物营养学报（10）：4553-4562.

赵峰，李辉，张宏福，2012. 仿生消化系统测定玉米和大豆粉酶水解物能值影响因素的研究 [J]. 动物营养学报，24（5）：870-876.

赵峰，米宝民，任立芹，等，2014. 基于单胃动物仿生消化系统的鸡仿生消化法测定饲料酶水解物能值变异程度的研究 [J]. 动物营养学报，26（6）：1535-1544.

赵广永，2012. 反刍动物营养 [M]. 北京：中国农业大学出版社.

赵鑫，王佳，邢宇，等，2017. ERIC-PCR 和 PCR-DGGE 技术分析壳聚糖对抗生素引起肠道菌群失调小鼠的影响 [J]. 中国微生态学杂志，29（12）：1378-1381.

中国标准出版社，2017. 饲料工业标准汇编：下册 [M]. 5 版. 北京：中国标准出版社.

周安国，陈代文，1993. 动物营养学 [M]. 3 版. 北京：中国农业出版社.

周明，2010. 饲料学 [M]. 2 版. 合肥：安徽科学技术出版社.

周明，2016. 饲料学导论 [M]. 北京：化学工业出版社.

朱祥宇，刘君芳，周淑佩，等，2017. 无菌大鼠培育的技术创新及其繁育探讨 [J]. 实验动物科学，34（1）：57-61.

朱亚骏，于子洋，袁翠林，等，2014. 山东省羊主要精饲料瘤胃降解率和小肠消化率的研究 [J]. 中国农学通报，30（17）：1-6.

庄晓峰，2012. 仿生法评定猪植物性饲料磷消化率方法的参数研究 [D]. 北京：中国农业科学院.

Al-ASMAKH M, ZADJALI F, 2015. Use of germ-free animal models in microbiota-related research [J]. Microbial Biotechnology, 25（10）：1583-1588.

AMANN R I, LUDWIG W, SCHLEIFER K H, 1995. Phylogenetic identification and in situ detection of individual microbial cells without cultivation [J]. Microbiology and Molecular Biology Reviews, 59（1）：143.

ARENKOV P, KUKHTIN A, GEMMELL A, et al., 2000. Protein microchips: use for immunoassay and enzymatic reactions [J]. Analytical Biochemistry, 278（2）：123-131.

BALL M E E, MAGOWAN E, MCCRACKEN K J, et al., 2015. An investigation into the effect of dietary particle size and pelleting of diets for finishing pigs [J]. Livestock Science, 173：48-54.

BATES J M, MITTGE E, KUHLMAN J, et al., 2006. Distinct signals from the microbiota promote different aspects of zebrafish gut differentiation [J]. Developmental Biology, 297 (2): 374-386.

BELYEA R L, DARCY B K, JONES K S, 1979. Rate and extent of digestion and potentially digestible cell wall of waste papers [J]. Journal of Animal Science, 49 (4): 887-892.

BODDICKE R L, SEIBERT J T, JOHNSON J S, et al., 2014. Gestational heat stress alters postnatal of spring body composition indices and metabolic parameters in pigs [J]. PLoS One, 9 (11): e110859.

BOISEN S, FEMANDEZ J A, 1997. Prediction of the total tract digestibility of energy in feedstuffs and pig diets by in vitro analyses [J]. Animal Feed Science and Technology, 68: 277-286.

BREWIS L A, BRENNAN P, 2010. Proteomics technologies for the global identification and quantification of proteins [J]. Advances in Protein Chemistry and Structural Biology, 80: 1-44.

BRYANT M P, 1972. Commentary on the Hungate technique for culture of anaerobic bacteria [J]. American Journal of Clinical Nutrition, 25: 1324-1328.

CAMPLING R C, 1962. The effect of specific gravity and size on the mean time of retention of inert particles in the alimentary tract of the cow [J]. British Journal of Nutrition, 16 (1): 507-518.

CANDRA J R, BARLETTA R V, MINGOTI R D, et al., 2016. Effects of whole flaxseed, raw soybeans, and calcium salts of fatty acids on measures of cellular immune function of transition dairy cows [J]. Journal of Dairy Science, 99: 4590-4606.

CERQUEIRA L, AZEVEDO N F, ALMEIDAl C, et al., 2008. ONA mimics for the rapid identification of microorganisms by fluorescence situ hybridization (FISH) [J]. International Journal of Molecular Sciences, 9: 1944-1960.

CHEN P, ZHAO M, CHEN Q, et al., 2019. Absorption characteristics of chitobiose and chitopentaose in the human intestinal cell line Caco-2 and everted gut sacs [J] Agricultural and Food Chemistry, 24; 67 (16): 4513-4523.

CORTHALS G L, WASINGER V C, HOCHSTRASSER D F, et al., 2000. The dynamic range of protein expression: a challenge for proteomic research [J]. Electrophoresis, 21 (6): 1104-1115.

DEHORITY B A, TIRABASSO P A, 1964. Antibiosis between ruminal bacteria and ruminal fungi [J]. Applied and Environmental Microbiology, 66 (7): 2921-2927.

DOWNES A M, MCDONALD I W, 1964. The chromium-51 complex of ethylendiamine tetraacetic acid as a soluble rumen marker [J]. British Journal of Nutrition, 18: 153-162.

EGAN J K, DOYLE P T, 1984. A comparison of particulate markers for the estimation of digesta flow from the abomasum of sheep offered chopped oaten hay [J]. Crop and Pasture Science, 35 (2): 279-291.

ELIMAM M E, ØRSKOV E R, 1984. Estimation of rates of outflow of protein supplement on the rumen by determining the rate of excretion of chromium-treated protein supplements in faeces [J]. Animal Production, 39 (1): 77-80.

EVANSG S, FLINTN, SOMERS A S, et al., 1992. The development of a method for the preparation of rat intestinal epithelial cell primary cultures [J]. Journal of Cell Science, 101 (Pt 1): 219-231.

FAHEY G C, JUNG H G, 1983. Lignin as a marker in digestion studies: a review [J]. Journal of Animal Science, 57 (1): 220-225.

FAICHNEY G J, COLEBROOK W F, 1979. A simple technique to establish a self-retaining rumen catheter suitable for long-tenn infusions [J]. Research in Veterinary Science, 26: 385-386

FASTINGER N D, MAHAN D C, 2003. Effect of soybean meal particle size on amino acid and energy digestibility in grower-finisher swine [J]. Journal of Animal Science, 81 (3): 697-704.

FOOTE R F, HILL M R, FLENTIE E H, et al., 1964. Ileorectal anastomosis [J]. Diseases of the Colon & Rectum, 7 (1): 48-54.

GANEV G, ERSKOV E R, SMART R, 1979. The effct of roughage or concentrate feeding and rumen retention time on total degradation of protein in the rumen [J]. The Journal of Agricultural Science, 93 (3): 651-656.

GOETSCH A L, GALYKAN M L, 1982. Effect of dietary concentrate level on rumen fluid dilution rate [J]. Canadian Journal of Animal Science, 62 (2): 649-652.

GONZÁLEZ J, OUARTI M, RODRÍGUEZ C A, et al., 2006. Effects of considering the rate of comminution of particles and microbial contamination on accuracy of in situ studies of feed protein degradability in ruminants [J]. Animal Feed Science and Technology, 125 (1/2): 89-98.

GORHAM J B, WILLIAMS B A, GIDLEY M J, et al., 2016. Visualization of microbe-dietary remnant interactions in digesta from pigs, by fluorescence *in situ* hybridization and staining methods; effects of a dietary arabinoxylan-rich wheat fraction [J]. Food hydrocolloids, 52: 52952-52962.

GOZIL R, KURT I, ERDOGAN D, et al., 2002. Long-term degeneration and regeneration of the rabbit facial nerve blocked with conventional lidocaine and bupivacaine solutions [J]. Anatomia, Histologia, Embryologia, 31 (5): 293-299.

HASSAN A I, GHONEIM M A M, MAHMOUD M G, et al., 2016. Efficacy of polysaccharide from Alcaligenes xylosoxidansMSA3 administration as protection against y-radiation in female rats [J]. Journal of Radiation Research, 57 (2): 189-200.

HEALY B J, HANCOCK J D, KENNEDY G A, et al., 1994. Optimum particle size of corn and hard and soft sorghum for nursery pigs [J] Journal of Animal Science, 72

（9）：2227-2236.

HESS M, SCZYRBA A, EGAN R, et al., 2011. Metagenomic discovery of biomass-degrading genes and genomes from cow rumen [J]. Science,331 (6016)：463-467.

HIETER P, BOGUSKI M, 1997. Functional genomics：it's all how you read it [J]. Science, 278 (5338)：601-602.

HUNGATE R E. 1969. A roll tube method for cultivation of strict anaerobes [J]. Methods in Microbiology, 3 (B)：117-132.

JI X, LI X S, MA Y, et al., 2017. Differences in proteomic profiles of milk fat globule membrane in yak and cow milk [J]. Food Chemistry, 221：1822-1827.

JJANSEN G J, MOOIBROEK M, IDEMA J, et al., 2000. Rapid identification of bacteria in blood cultures by using fluorescently labeled oligonucleotide probes [J]. Journal of Clinical Microbiology, 38 (2)：814-817.

KENNEDY P M, 1988. The nutritional implications of differential passage of particles through the ruminant alimentary tract [J]. Nutrition Research Reviews, 1 (1)：189-208.

KERÉKGYÁRTÓ C, VIRÁG L, TANKÓ L, et al., 1996. Strain differences in the cytotoxic activity and TNF production of murine macrophages stimulated by lentinan [J]. International Journal of Immunopharmacology, 18 (6-7)：347-353.

KIM I B, 2001. Development of in vitro technique for bioavailable corn energy value [J]. Asian-Australian Journal of Animal Science, 14：1645-1646.

KLOSE J, 1975. Protein mapping by combined isoelectric focusing and electrophoresis of mouse tissues. A novel approach to testing for induced point mutations in mammals [J]. Humangenetik, 26 (3)：231-243.

KOZICH J J, WESTCOTT S L, BAXTER N T, et al., 2013. Development of a Dual-Index Sequencing Strategy and Curation pipeline for analyzing amplicon sequence data on the MiSeq Illumina Sequencing platform [J]. Applied and Environmental Microbiology, 79 (17)：5112-5220.

KRAMER S M, CARVER M E, 1986. Serum-free in vitro bioassay for the detection of tumor necrosis factor [J]. Journal of Immunol Methods, 93：201-206.

KWON Y M, RICKE S C, 2011. High-throughput next-generation sequencing, methods and applications. Methods in Molecular Biology：Volume 733 [M]. New Jersey：Humana Press.

LEE S, CANTARE L B, HENRISSAT B, et al., 2014. Gene-targeted metagenomic analysis of glucan-branching enzyme gene profiles among human and animal fecal microbiota [J]. The ISME Journal, 8：493-503.

LEEUWEN P, SAUER W C, HUISMAN J, et al., 1988. Ileo-cecal re-entrant cannulation in baby pigs [J]. Journal of Animal Physiology and Animal Nutrition, 59 (1-5)：59-63.

LIU Q, WANG C, HUANG Y X, et al., 2008. Effects of Lanthanum on rumen fermentation, urinary excretion of purine derivatives and digestibility in steers [J]. Animal Feed Science and Technology, 142 (1-2): 121-132.

MACBEATH G, SCHREIBER S L, 2000. Printing proteins as microarrays for high-throughput function determination [J]. Science, 289 (5485): 1760-1763.

MACLEOD N A, CORRIGAL W, SIRTON R A, et al., 1982. Intragastric infusion of nutrients in cattle [J]. British Journal of Nutrition, 47: 547-552.

MAITI P K, HALDAR J, MUKHERJEE P, et al., 2013. Anaerobic culture on growth efficient bi-layered culture plate in a modified candle jar using a rapid and slow combustion system [J]. Indian Journal of Medical Microbiology, 31 (2): 173-176.

Makkar H P S, McSweeney C S, 2005. Methods in gut microbial ecology for ruminants [M]. Dordrecht: Springer.

MALAWER, POWELL, 1967. Improved turbidimetric analysis of P. E. G. using an emulsifier [J]. Gastroenterology, 53 (2): 250-256.

MAO S Y, HUO W J, ZHU W Y, 2016. Microbiome-metabolome analysis reveals unhealthy alterations in the composition and metabolism of ruminal microbiota with increasing dietary grain in a goat model [J]. Environmental Microbiology, 18 (2): 525-541.

MARSHALL H J, KRISTJAN B, JOSIE A C, et al. , 2012. Animal feeding and nutrition [M]. 11th edition. Iowa: Kendall Hunt Publishing.

MAVROMICHALIS I, HANCOCK J D, SENNE B, et al., 2000. Enzyme supplementation and particle size of wheat in diets for nursery and finishing pigs [J]. Journal of Animal Science, 78 (12): 3086-3095.

MIAO X Y, LUO Q M, ZHAO H J, et al., 2016. Ovarian proteomic study reveals the possible molecular mechanism for hyperprolificacy of Small Tail Han sheep [J]. Scientific Reports, 6: 27606.

MIJALSKI T, HARDER A, HALDER T, et al., 2005. Identification of coexpressed gene clusters in a comparative analysis of transcriptome and proteome in mouse tissues [J]. Proceedings of the National Academy of Sciences of the United States of America, 102 (24): 8621-8626.

MITULOVIC G, MECHTLER K, 2006. HPLC techniques for proteomics analysis—a short overview of latest developments [J]. Briefings in Functional Genomics and Proteomics, 5 (4): 249-260.

MONTGOMERY J B, WICHTEL J J, WICHTEL M G, et al., 2012. The effects of selenium source on measures of selenium status of mares and selenium status and immune function of their foals [J]. Journal of Equine Veterinary Science, 32: 352-359.

NIU Z, ZHU R, ZHANG S, et al., 1997. Studies of the conditions about seperating and culturing of the anaerobion in rabbits instestines [J]. Chinese Journal of Ecology,

16 (4): 68-69.

NOBLET J, JAGUELIN - PEYRAUD Y, 2007. Prediction of digestibility of organic matter and energy in the growing pig from an in vitro method [J]. Animal Feed Science and Technology, 134: 211-222.

NORRIS I R, RIBBONS D W. 1969. Methods in Microbiology, Volume 3A [M]. New-York: Academic Press.

NRC (National research council), 1994. Nutrient requirements of poultry [M]. 9th edition. Washington DC: The National Academies Press.

NRC (National research council), 2001. Nutrient requirements of dairy cattle [M]. 9th edition. Washington DC: The National Academies Press.

NRC (National research council), 2007. Nutrient requirements of horses [M]. 6th edition. Washington DC: The National Academies Press.

NRC (National research council), 2016. Nutrient requirements of beef cattle [M]. 8th edition. Washington DC: The National Academies Press.

OHTSUKA H, FUJIWARA H, NISHIO A, et al., 2014. Effect of oral supplementation of bamboo grass leaves extract on cellular immune function in dairy cows [J]. Acta Veterinaria Brno, 83 (3): 213-218.

OLUBOBOKUN J A, CRAIG W M, NIPPER W A, 1990. Characteristics of protozoal and bacterial fractions from microorganisms associated with ruminal fluid or particles [J]. Journal of Animal Science, 68 (10): 6630-3370.

OLUBOBOKUN J A, CRAIG W M, POND K R, 1990. Effects of mastication and microbial contamination on ruminal in situ forage disappearance [J]. Journal of Animal Science, 68 (10): 3371-3381.

OWENS F N, HANSON C F, 1992. External and internal markers for appraising site and extent of digestion in ruminants [J]. Journal of Dairy Science, 75 (9): 2605-2617.

PUECH C, DEDIEU L, CHANTA L I, et al., 2015. Design and evaluation of a unique SYBR Green real - time RT - PCR assay for quantification of five major cytokines in cattle, sheep and goats [J]. BMC Veterinary Research, 11: 65.

QIN N, YANG F, LI A, et al., 2014. Alterations of the human gut microbiome in liver cirrhosis [J]. Nature, 513: 59-64.

RAUNIYAR N, YATES R, 2014. Isobaric labeling-based relative quantification in shotgun proteomics [J]. Journal of Proteome Research, 13 (12): 5293-5309.

RAWLS J F, SAMUEL B S, GORDON J I, et al., 2004. Gnotobiotic zebrafish reveal evolutionarily conserved responses to the gut microbiota [J]. Proceedings of the National Academy of Sciences of the United States of America, 101 (13): 4596-4601.

REGMI P R, SAUER W C, ZIJLSTRA R T, 2008. Predication of in vivo apparent total tract energy digestibility of barley in grower pigs using an *in vitro* digestibility technique [J]. Journal of Animal Science, 86: 2616-2626.

REYNIERS J A, TREXLER P C, ERVIN R F, et al., 1949. A complete life-cycle in the "Germ-free" Bantam Chickèn [J]. Nature, 163 (4132): 67-68.

RICHARD O K, Church D C, 2010. Livestock feeds and feeding [M]. 6th edition. Boston: Pearson.

SCHUBERT A M, SINANI H, SCHLOSS P D, 2015. Antibiotic-induced alterations of the murine gut microbiota and subsequent effects on colonization resistance against Clostridium difficile [J]. MBio, 6 (4): 00974.

SEMOVA I, CARTEN D, STOMBAUGH J, et al., 2012. Microbiota regulate intestinal absorption and metabolism of fatty acids in the zebrafish [J]. Cell Host Microbe, 12 (3): 277-288.

SINHA R K, 2008. Serotonin synthesis inhibition by pre-treatment of p-CPA alters sleep-electrophysiology in an animal model of acute and chronic heat stress [J]. Journal of Thermal Biology, 33: 261-273.

SINHA R K, RAY A K, 2006. Sleep-wake study in an animal model of acute and chronic heat stress [J]. Physiology & Behavior, 89: 364-372.

SKOCH E R, BBINDERS F, DEYOE C, 1983. Efects of pelleting on growth performance of pigs fed a corn -soya-bean meal diet [J]. Journal of Animal Science, 38: 513-526.

Spear M L, 1960. Specific pathogen free swine [J]. Iowa State University Veterinarian, 22 (3): 2.

TILDEN W P, ARTHUR E C, ROBERT S L, 2003. Feeds and feeding [M]. 6th edition. New Jersey: Prentice Hall.

TRAVNICEK J, MANDEL L, 1979. Gnotobiotic techniques [J]. Folia Microbiol, 24 (1): 6-10.

UDEN P, COLUCCI P E, VAN SOEST P J, 1980. Investigation of chromium, cerium and cobalt as markers in digesta. Rate of passage studies [J]. Journal of The Science of Food and Agriculture, 31 (7): 625-632.

VALM A M, MARK WELCH J L, BORISY G G, 2012. CLASI-FISH: Principles of combinatorial labeling and spectral imaging [J]. Systematic and Applied Microbiology, 35: 496-502.

VON MENTZER A, CONNOR T R, WIELER L H, et al., 2014. Identification of enterotoxigenic Escherichia coli (ETEC) clades with long-term global distribution [J]. Nature Genetics, 46 (12): 1321-1326.

WARREN W P, MARTS F A, ASAY K H, et al., 1974. Digestibility and rate of passage by steers fed tall fescue, alfalfa and orchardgrass hay in 18 and 32 C ambient temperatures [J]. Journal of Animal Science, 39 (1): 93-96.

WASHBURN M P, WOLTERS D, 2001. Yates 3rd J R. Large-scale analysis of the yeast proteome by multidimensional protein identification technology [J]. NatureBiotechnology, 19 (3): 242-247.

WEISS W, GÖRG A, 2009. High-resolution two-dimensional electrophoresis [J]. Methods in Molecular Biology, 564: 13-32.

WELCH W J, 1992. Mammalian stress response: cell physiology, structure/function of stress proteins, and implications for medicine and disease [J]. Physiological Reviews, 72 (4): 1063-1081.

WHEELER W E, DINIUS D A, COOMBE J B, 1979. Digestibility, rate of digestion and ruminoreticulum parameters of beef steers fed low-quality roughages [J]. Journal of Animal Science, 49 (5): 1357-1363.

WHEELOCK J B, RHOADS R P, VAN BAALE M J, et al., 2010. Effects of heat stress on energetic metabolism in lactating Holstein cows [J]. Journal of Dairy Science, 93 (2): 644-655.

XING T, WANG C, ZHAO X, et al., 2017. Proteome Analysis using isobaric tags for relative and absolute analysis quantitation (iTRAQ) reveals alterations in stress-induced dysfunctional chicken muscle [J]. Agricultural and Food Chemistry, 65 (13): 2913-2922.

YANG Y X, BU D, ZHAO X, et al., 2013. Proteomic analysis of cow, yak, buffalo, goat and camel milk whey proteins: quantitative differential expression patterns [J]. Journal of Proteome Research, 12 (4): 1660-1667.

YE H, SUN L, HUANG X, et al., 2010. A proteomic approach for plasma biomarker discovery with 8-plex iTRAQ labeling and SCX-LC-MS/MS [J]. Molecular and Cellular Biochemistry, 343 (1-2): 91-99.

YI J, ZHENG R, LI F, et al., 2012. Temporal and spatial distribution of Bacillus and Clostridium histolyticum in swine manure composting by fluorescent in situ hybridization (FISH) [J]. Applied Microbiology and Biotechnology, 93: 2625-2632.

YI P, LI L J, 2012. The germfree murine animal: an important animal model for research on the relationship between gut microbiota and the host [J]. Veterinary Microbiology, 157 (1-2): 1-7.

ZENG B H, LI G Q, YUAN J, et al., 2013. Effects of age and strain on the microbiota colonization in an infant human flora-associated mouse model [J]. Current microbiology, 67 (3): 313-321.

ZHANG X M, CHEN Y S, PAN J C, et al., 2016. iTRAQ-based quantitative proteomic analysis reveals the distinct early embryo myofiber type characteristics involved in landrace and miniature pig [J]. BMC Genomics, 17: 137.

ZHAO G Y, DURIE M, MACLEOD N A, et al., 1995. The use of intragastric nutrition to study saliva secretion and the relationship between rumen osmotic pressure and water transport [J] British Journal of Nutrition, 73: 155-161.

ZHAO G Y, MA S C, DING X H, et al., 2012. Effect of different molar proportions of isoenergetic volatile fatty acids on the nitrogen retention of lambs sustained by total intragastric infusions [J]. Livestock Science, 150: 364-368.

ZHU H, BILGIN M, BANGHAM R, et al., 2001. Global analysis of protein activities using proteome chips [J]. Science, 293 (5537): 2101-2105.